흐르는
것들의
과학

흐르는 것들의 과학

초판 1쇄 인쇄 2020년 4월 21일
초판 3쇄 발행 2021년 10월 14일

지은이 마크 미오도닉
옮긴이 변정현

펴낸곳 (주)엠아이디미디어
펴낸이 최종현

기획 김동출 최종현
편집 최종현 김한나
교정교열 조한아
일러스트 백선웅
디자인 최재현

주소 서울특별시 마포구 신촌로 162 1202호
전화 (02) 704-3448 **팩스** (02) 6351-3448
이메일 mid@bookmid.com **홈페이지** www.bookmid.com
등록 제2011 - 000250호

ISBN 979-11-90116-22-0 03400

책값은 표지 뒤쪽에 있습니다. 파본은 바꾸어 드립니다.

물질에 집착하는
한 남자의 일상 여행

흐르는
것들의
과학

LIQUID

마크 미오도닉 지음
변정현 옮김

MiD

액체가 이끄는 여행

영국 태생의 과학자인 마크 미오도닉은 『타임즈^{Times}』가 선정한 가장 영향력 있는 과학자 100인 중 한 명이다. 『사소한 것들의 과학』으로 우리에게 잘 알려진 그는 사물의 구조나 성질을 상상하는 책을 주로 쓰고 있다. 『사소한 것들의 과학』이 고체에 대한 이야기라면, 이번 『흐르는 것들의 과학』은 제목 그대로 액체에 관한 이야기이다. 작가 특유의 풍부한 지식과 일상생활에서의 감각들을 동원한 이 책은 재료과학의 다양한 세계를 액체 이야기를 통해 유감없이 소개한다.

마크 미오도닉은 무엇보다 이야기를 재미있게 풀어 나가는 작가다. 그의 이야기를 읽는 것은 추리소설을 읽는 듯한 재미에 빠지게 한다. 마치 양파껍질을 벗기듯 하나하나 재미있게 들추어 결국에는 그 실체를 드러내게 한다. 그의 과학 이야기는 허구의 이야기, 즉 픽션^{fiction}이 아니다. 모두가 딱딱 맞아 떨어지는 팩트fact에 대한 이야기이다. 그러나 그의 글을 읽고 있노라면 이것이 정말 딱딱한 사실을 나열한 글이라는 것을 믿기가 힘들어진다. 액체의 이동성, 수용성, 파괴성, 폭발성, 증발성 등 액체의 수많은 특성을 들춰낼 때마다, 가끔은 무섭고 어렵게만 느껴지는 과학이라는 학문을 이렇게 쉽게 풀어낼 수 있다는 사실에 놀라게 된다.

『흐르는 것들의 과학』은 결국 우리 주변의 사소한 액체들에 대한 과학적 지식을 담은 책이다. 그리고 이 이야기는 우리의 일상생활과 밀접하게 연결되어 있어 유익하기까지 하다. 예를 들어, 비행기에서는 차와 커피 중 어떤 음료를 먹는 것이 더 나을까?와 같은 내용이 그것이다. 비행기 내에서는 기압이 낮기 때문에 물의 끓는점도 92℃로 낮아진다. 우연의 일치이지만 커피가 가장 맛있게 내려지는 온도다. 하지만 차의 경우 끓는점이 낮아질 경우 맛 분자가 적게 추출되어 깊은 맛을 느끼기 어려울 수 있다. 이런 지식은 캠핑을 갈 때도 유용하다. 특히 겨울에 야외에서는 가스버너가 작동이 잘 되지 않는다. 가스를 새것으로 바꾸어도 화력이 약하다. 기체를 액체화시킨 액화가스가 기온이 낮을 때에는 충분히 기체화되지 못하기 때문이다. 화력이 약해질 수밖에 없다. 화력을 높이기 위해서는 따뜻한 곳에서 불을 피우는 것이 낫다.

평소 과학은 어렵고 딱딱하거나, 현실생활과 전혀 동떨어진, 소수 전문가들의 영역으로 생각되어지기 쉽다. 그러나 미오도닉의 액체 이야기처럼 우리 주변의 모든 것들은 곧 과학이다. 과학은 무궁무진하다. 그 끝이 어딘지 알 수가 없다. 동시에 과학은 정직하다. 가짜 지식이 쉽게 범람하는 요즘, 팩트에 대한 중요성이 강조되는 만큼 과학은 갈수록 중요한 분야가 되어가고 있다. 소수의 전문가들만 즐기던 과학이 이제 생활과학과 실용과학으로 영역이 넓어져 일반인들도 즐길 수 있는 세상이 되었다. 이 책 역시 이러한 걸음과 함께 한다. 현상을 과학으로 풀어가는 재미가 너무나 쏠쏠하다.

미오도닉은 학회 참석을 위해 샌프란시스코로 가는 과정을 배경으로, 눈에 보이는 다양한 액체들에 대한 이야기를 13가지의 분야로 나누어 과학자의 눈으로 정리했다. 보통 사람들이 느끼는 평범함을 전문가는 비범함으로 바꾸어 나간다. '평범한 것에 대한 특별한 관찰extra attention to detail'이 평범을 비범으로 만드는 것이다.

그러나 미오도닉의 비범함은 흔히 전문가들, 특히 과학자들의 무미건조한 표현으로 서술되지는 않는다. 미오도닉 특유의 재기발랄하고 부드러운 필체는 딱딱하게 느껴지기 쉬운 과학을 친근하고 재미있게 설명해 주어 흥미를 더욱 북돋아 준다. 액체에 대한 다양한 과학 이야기를 읽으며 미오도닉과 함께 런던에서 샌프란시스코로 날아보는 건 어떨까?

2020년 봄
변정현

차 례

LIQUID

prologue: 프롤로그

기묘하고 놀라운 여행을 약속한다.

언젠가 공항검색대에서 땅콩버터며 꿀, 페스토 소스, 치약, 거기에다 생각만 해도 아까운 싱글몰트 위스키까지 몽땅 압수당한 적이 있다. 너무 황당해서 어쩔 바를 몰랐는데 사실, 어떻게 한다고 해봤자 기껏해야 '당신 상관과 이야기하겠다'라고 이야기하거나, 땅콩버터는 액체가 아니라고 우기는 게 전부였을 것이다. 사실, 땅콩버터는 액체다. 나도 잘 알고 있다. 액체는 담기는 용기에 따라 그 모양이 변하고 땅콩버터도 그렇다. 하지만 아무리 그래도 '스마트' 기술이 가득한 요즘 시대에 공항 보안 시스템이 아직도 '액체 스프레드'와 '액체 폭발물'을 구별하지 못한다는 사실에는 극도로 화가 났다.

100㎖ 이상 액체의 기내 반입이 금지되어 검색대를 통과할 수 없게 된 때가 2006년인데, 탐지 기술은 여전히 당시 수준에 머물러 있다. X-ray

가 탑재된 탐지 장비를 통해 수하물 속을 훤히 들여다 볼 수 있는데, 이 장비는 의심스러운 형태의 물건이 감지되면 경보음을 울린다. 모양이 비슷한 총기와 헤어드라이어를 구분한다거나 칼과 펜을 구별해내는 정도의 수준은 되는 모양이다. 하지만 딱히 정해진 모양이 없이 담겨 있는 용기에 따라 그 모양이 변하는 액체라면 속수무책이다. 그래서인지 공항검색대의 내부투시촬영scanning 기술은 다양한 화학 성분은 물론 그 농도까지 감지해내는 수준에 이르렀다. 하지만 가끔 엉뚱한 문제가 생기곤 한다. 예를 들어, 폭발성 니트로글리세린nitroglycerine과 땅콩버터의 분자 구성은 크게 다르지 않다. 이들 모두 탄소와 수소, 질소 및 산소로 이루어져 있기 때문이다. 하지만 이 중 하나는 액체 폭발물이고, 다른 하나는 그저 맛있기만 하다. 이 세상에는 독소와 독약, 표백제 및 병원균과 같은 다양하고 수많은 위험 물질과, 이것들보다는 그나마 순수한 액체들이 함께 존재하고 있다. 이들 물질을 신속하고 정확하게 구분해내는 일은 매우 어렵기 때문에 이로 인한 공항 보안 관계자들의 고충을 잘 알고 있다. 그럼에도 종종 깜빡하고 기내용 가방에 넣어버린 땅콩버터나 액체들이 위험물질로 탐지되는 경우에는 왠지 못마땅한 기분이 든다.

액체는 고체의 다른 모습이라고도 할 수 있다. 인류의 생활 속에 함께 해 온 의복이나 신발, 전화기, 자동차, 공항 등의 소재가 되는 고체는 고정된 형태를 띤다. 반면, 액체는 그릇에 담겨 있는 동안에만 그 형태를 유지한다. 그렇지 않을 때 액체는 항상 이동하며 스며들고, 무언가를 부식시키고, 방울져 떨어지면서 우리의 통제를 벗어나고자 한다. 특정한 곳에 놓아둔 고체는 우리가 그것을 일부러 제거하지 않는 한 자리에서 제 역할을 해

흐르는 것들의 과학

낸다. 이를 테면 건물을 지탱하거나 지역 곳곳에 전기를 공급하는 것이다. 반면 액체는 무법자다. 사물을 파괴하는 재주를 갖고 있다. 욕실의 갈라진 틈으로 스며든 물이 바닥 아래 고이지 않게 하는 일은 끝없는 전쟁이다. 바닥에 고인 물은 받침목을 썩게 하고 약하게 만드는 골칫거리다. 또 매끄러운 타일 바닥에 떨어진 이 위험한 물에 미끄러져 부상을 입는 경우도 얼마나 많은가? 게다가 욕실 구석에 고여 있기라도 하면 거무스름한 곰팡이나 세균의 온상이 되어 우리 몸을 병들게도 한다. 하지만 이렇게 엄청나고 고약한 행동에도 불구하고 우리는 여전히 액체를 사랑한다. 온몸을 물로 흠뻑 적시거나 욕조에 가득찬 물에 푹 잠겨 있을 때의 행복감은 경이롭다. 병에 담긴 액체비누며 샴푸, 컨디셔너, 크림, 치약이 주는 풍요로움이 없는 욕실을 제대로 된 욕실이라고 할 수 있을까? 그런가 하면 우린 이런 절묘한 재주를 가진 액체를 즐기면서도 한편으로는 걱정을 하기도 한다. 해롭지는 않을까? 암을 유발하지는 않을까? 혹시 환경 파괴범은 아닐까? 액체를 향한 환호와 함께 의심의 눈초리도 꼬리에 꼬리를 문다. 기체도 고체도 아닌 것이, 무엇인가 신비롭고 짐작하기 힘든 변덕쟁이라서일까.

수은을 예로 들어보자. 수은은 오랜 시간 인류에게 즐거움을 주기도, 해를 끼치기도 했다. 어릴 적 액체 수은을 가지고 장난을 칠 때면 나는 테이블 위에서 찰랑거리며 반짝이는 수은의 비현실적 성질에 빠져들곤 했다. 수은의 독성에 대해 알게 되기 전까지는 말이다. 다행히 나는 수은과 멀어질 수 있었지만, 고대에는 그러지 못했다. 고대의 여러 문화에서 수은은 수명을 연장해주고, 골절을 치유해주는 등 건강을 유지시켜 준다고 여겨진 물질이었다. 왜 그렇게 생각했는지는 확실하지 않다. 아마도 수은이

상온에서 액체가 되는 유일한 순수 금속이기 때문이 아닐까? 중국 최초의 황제 진시황은 건강을 위해 수은 알약을 복용했지만 아마도 그 때문인지 서른아홉의 나이에 사망했다. 그리고 그는 다시 수은이 흐르는 강이 있는 무덤에 묻혔다. 고대 그리스인들은 수은을 연고에 사용했다. 연금술사들은 수은과 유황의 적절한 조합이 모든 금속의 기반이 된다고 믿었다. 수은과 유황이 황금비율로 섞이면 금이 만들어진다는 것이다. 이것은 더 나아가 서로 다른 금속이 적당한 비율로 배합되기만 하면 금으로 변할 수 있다는 어처구니없는 생각의 시초가 되었다. 물론 이러한 연금술은 터무니없는 사실로 드러났지만 실제로 금은 수은에 녹는다. 금을 흡수한 수은을 가열하면 수은은 증발하고 금 한 덩어리만 남게 된다. 아마도 이것이 고대인들에겐 마법처럼 보였을 것이다.

다른 물질을 먹어 치운 뒤 속에 그것을 그대로 남겨두고 있는 액체는 수은만이 아니다. 소금을 물에 넣으면 이내 사라진다. 물론 어디엔가 숨어 있겠지만, 도대체 어디로 사라지는 것일까? 한편 기름에 소금을 넣으면 사라지지 않고 그대로 있다. 왜일까? 액체 수은은 고체 상태의 금을 빨아들일 수 있지만 물을 흡수할 수는 없다. 이건 왜 그런 것일까? 물은 산소를 비롯한 기체를 흡수한다. 물이 이러한 성질을 지니지 않았다면 아마 지금 전혀 다른 세상이 펼쳐지고 있겠지만 물속에 녹아있는 이 산소 덕분에 물고기가 숨을 쉴 수 있다. 물론, 물에는 인간이 숨을 쉬기에 충분한 산소가 들어 있지는 않다. 그렇다면 다른 액체는 어떨까? 기름의 일종인 과불화탄소perfluorocarbon, PFC액은 화학적, 전기적으로 매우 안정되어 있다. 또한 불활성이 굉장히 높아 어떠한 화학작용도 일으키지 않기 때문에, 이 액체가 담긴 비커에 휴대전화를 넣어도 정상적으로 작동할 것이다. 뿐만 아니라 인간이 숨을 쉴 수 있을 만큼 높은 농도의 산소를 흡수할 수도 있다. 이런 종류의 액체호흡은 용도가 다양하다. 특히, 호흡장애증후군respiratory-distress syndrome으로 고통받는 미숙아를 치료하는 일에 중요하게 사용된다.

그래도 여전히 궁극적으로 생명의 기원이 되는 것은 액체 상태의 물이다. 물은 산소뿐만 아니라 탄소 기반의 많은 화학물질을 흡수한다. 생명의 출현에 필요한 수성환경을 제공하여 새로운 유기체가 자발적으로 생겨날 수 있도록 말이다. 물론 이론이긴 하지만 이것은 실제로 과학자들이 다른 행성에서 생물체를 찾고자 할 때 제일 먼저 액체 상태의 물을 찾는 이유이기도 하다. 우주에서 액체 상태의 물은 드물게 발견된다. 목성의 위성인 유로파Europa에는 얼음으로 덮인 표면 아래에 액체 상태의 바다가 있을 것으로 추정되고 있다. 토성의 위성인 엔켈라두스Enceladus에도 액체 상태의 물이 있는 것으로 알려져 있다. 그러나 태양계에서 표면에 많은 물을 담고 있는 행성은 지구밖에 없다.

우리가 살고 있는 지구는 절묘한 환경으로 인해 지표면에 적정 온도와 압력이 만들어져 액체 상태의 물을 담아낼 수 있었다. 특히 지구 내부의 용해된 금속으로 이루어진 액체 상태의 핵이 태양풍으로부터 우리를 보호해주는 자기장을 만들어 낸다. 이것이 없었다면 우리는 어떻게 되었을까? 아마도 지구상의 모든 물은 수십억 년 전에 벌써 사라져버렸을 것이다. 다시 말해 지구의 액체가 또 다른 액체를 낳고, 이것이 곧 생명으로 이어진 것이다.

그러나 액체는 파괴적이기도 하다. 고체로 된 스펀지foam는 쉽게 압축되는 성질 때문에 말랑하게 느껴진다. 스펀지 매트리스foam mattress 위로 뛰어들면 발밑에서 매트리스의 폭신함이 느껴진다. 하지만 액체는 그렇지 않다. 액체는 흐른다. 하나의 분자가 빠져나간 자리에 다른 분자가 들어오는 식이다. 강물이 흐르거나 수도꼭지를 틀었을 때, 혹은 스푼으로 커피를 저을 때도 흔히 볼 수 있는 현상이다. 다이빙대에서 뛰어내려 몸이 물에 닿게 되면, 그 자리의 물은 멀리 흘러나간다. 이때 물이 흘러나가기까지는 어느 정도 시간이 걸린다. 물에 닿는 순간 속력이 매우 크면, 그 자리의 물은 빠르게 흘러나가지 못하고 결국 몸을 압박한다. 배치기 자세로 수영장에 뛰어들 때 피부가 따끔하거나, 높은 곳에서 입수할 때 마치 콘크리트 위로 떨어지는 것 같이 느껴지는 것이 바로 이 힘 때문이다. 이러한 물의 압축할 수 없는 성질 때문에 파도는 엄청난 힘을 발휘한다. 쓰나미가 건물과 도시를 파괴하고, 떠내려가는 나무처럼 차량들을 내팽개칠 수 있는 것도 같은 맥락이다. 한 예로, 2004년 인도양에서 발생한 지진으로 인해 일어난 일련의 쓰나미는 총 14개 국가에서 23만 명의 사망자를 내었고, 세계에서 여덟 번째로 큰 자연재해 손실로 기록되었다.

액체의 또 다른 위험한 성질은 폭발성이다. 옥스퍼드대학교에서 박사 과정을 시작할 당시, 전자현미경에 사용할 작은 시료를 준비해야 했다. 이를 위해 전해연마electro-polishing(역주: 금속 표면의 최상층을 용해해 표면 거칠기를 감소시켜 표면의 광학 밝기 또는 반사율을 증가시키는 공정) 용액이라고 불리는 액체를 −20℃로 냉각시켰는데, 이 액체는 부톡시에탄올butoxyethanol, 아세트산acetic acid, 과염소산perchloric acid의 혼합물이었다. 실험실 박사 과정 학생인 앤디 고드프리가 이 방법을 가르쳐줬고, 나는 이를 충분히 숙지했다고 생각했다. 하지만 몇 달 후 앤디는

흐르는 것들의 과학

내가 전해연마 용액의 온도가 높아지도록 내버려두고 있다는 것을 알아차렸다. "나라면 그렇게 안 해." 어느 날 그는 내 어깨너머를 쳐다보며 눈썹을 치켜세우면서 말했다. 내가 이유를 묻자 그는 실험실 위험화학물질 취급 요령을 가리켰다.

과염소산은 부식성 산이며 인체조직에 유해하다. 과염소산은 흡입, 섭취 또는 피부나 눈에 튀는 경우 건강을 해칠 수 있다. 실온 이상으로 가열되거나 72% 이상의 농도로 사용되면(어떤 온도에서든) 과염소산은 강한 산화산이 된다. 특히 유기물질이 과염소산과 혼합되거나 접촉되면 자연발화될 수도 있다. 과염소산 증기는 환기 시스템 배관에서 충격에 민감한 과염소산염perchlorate을 형성할 수 있다.

다시 말해, 폭발할 수 있다는 것이었다.

실험실을 여기저기 뒤져보니 비슷한 무색투명의 액체가 많이 나왔는데, 대부분 서로 구별할 수 없었다. 예를 들어 우리는 불산hydrofluoric acid을 사용했는데, 이것은 콘크리트, 금속, 피부 등을 뚫고 침투할 수 있는 산acid인 동시에 신경 기능을 방해하는 접촉독성물질contact poison이기도 했다. 그런데 이러한 액체는 누구에게나 비밀리에 작용한다. 즉, 사람이 화상을 입는 동안에도 이러한 산성 물질을 느끼지 못할 수 있다는 것이다. 산이 계속 피부를 통해 조직 속으로 침투하는 동안 우연히 증세가 나타나더라도 쉽게 간과되는 경우가 많다.

알코올 역시 독의 범주에 들어간다. 물론 고용량을 섭취했을 때에야 그렇긴 하지만, 알코올은 불산보다 훨씬 많은 사람들의 목숨을 빼앗아간다. 그러나 알코올은 역사적으로 소독제, 기침약, 해독제, 신경 안정제 및 연료로도 사용되어 전 세계 사회와 문화에서 엄청난 역할을 해 왔다. 알코올의 주된 매력은 신경계를 둔하게 만들어 향정신성 약물psychoactive drug로 쓰인다는 점이다. 많은 사람들이 매일 와인을 마시지 않고는 정상적인 활동을 할 수 없고, 사회적 기능의 대부분 또한 알코올이 제공되는 곳을 중심으로 돌아간다. 우리는 알코올이라는 액체를 (곧이곧대로) 믿지는 않지만, 어쨌든 이것을 사랑한다.

알코올이 혈류에 흡수되면서 우리는 그 생리적 효과를 느낀다. 심장 박동이 쿵쾅거리는 소리는 우리 몸에서 혈액의 역할과 혈액 순환의 필요성을 다시금 상기시켜 준다. 이 심장 펌프의 힘으로 우리는 달려가고 이것이 멈추면 죽는다. 세상의 모든 액체 중 혈액은 분명 가장 중요한 물질 중 하나다. 다행히도 이제 심장은 교체될 수 있고, 심혈관은 우회가 가능하며, 몸 안팎에서 관으로 연결될 수도 있다. 혈액 자체는 보충되거나 제거되기도 하고, 저장되었다가 나눠지기도 하며, 냉동되었다가 다시 사용되기도 한다. 혈액은행이 없다면 매년 수백만 명이 수술을 받다가, 또는 전쟁터에서 부상을 입고, 아니면 교통사고로 그냥 죽고 말 것이다.

혈액은 HIV(역주: 인간면역결핍 바이러스, 에이즈를 일으키는 병원체)나 간염과 같은 감염으로 오염될 수도 있어 때로 해를 끼칠 수도 있다. 모든 액체가 그렇듯 혈액 또한 이중적인 성질을 가지고 있다. 이 이중성에서 중요한 것은 특정 액체가 믿을 수 있는지 없는지, 좋은지 나쁜지, 건강에 유익한지 유해한지, 맛있는지 역겨운지 등의 여부가 아니다. 우리가 그것을 통제할 만큼 충분히 그 성질을 이해할 수 있는지가 중요하다.

액체를 통제함으로써 얻게 되는 힘과 즐거움을 보기 위해서는 비행기를 타고 날아가며 만나는 액체를 살펴보는 것보다 더 좋은 방법은 없을 것이다. 이것이 바로 이 책의 내용이다. 책은 대서양 횡단 비행과 관련된 모든 신기하고 놀라운 액체들에 대해 다루고 있다. 다행히도 나는 박사 과정을 밟는 동안 액체의 폭발로 인해 나 자신을 날려버리지는 않았고, 대신 재료과학 연구를 계속하다 결국 유니버시티 칼리지 런던University College London의 메이킹연구소Institute of Making 소장이 되어 비행을 하게 되었다. 이곳에서 수행하는 우리 연구의 일부는 액체가 어떻게 고체로 가장할 수 있는지를 이해하는 것이다. 마치 도로를 만드는 데 사용되는 타르가 땅콩버터처럼 고체의 분위기를 풍기면서도 사실은 액체인 것처럼 말이다. 이러한 우리의 연구로 우리는 전 세계의 여러 학회에 초대를 받을 수 있었는데, 이 책은 바로 필자가 런던에서 출발해 샌프란시스코에서 열린 학회로 가는 비행 중 직접 체험한 이야기를 담고 있다.

이 비행은 분자와 심장박동, 그리고 파도의 언어로 기술되어 있다. 내 목표는 신비한 액체의 성질을 밝혀내고, 우리가 어떻게 이에 의존하게 되었는지를 알리고자 하는 것이다. 비행기는 아이슬란드의 화산과 그린란드의 광활한 얼음 바다, 그리고 허드슨 만 주변에 흩어져있는 호수를 지나 남쪽을 향해 비행하며 우리를 태평양 연안으로 안내한다. 이 여정은 크게는 거대한 바다에서 작게는 구름 속의 물방울까지에 이르는 다양한 액체 이야기를 전개할 수 있는 배경이 되기에 충분하다. 또 좌석 앞의 작은 TV 역할을 하는 모니터 액정과 항공사 승무원이 제공하는 음료, 그리고 비행기를 성층권에서 날게 하는 항공 연료에 대해서도 살펴볼 것이다.

각 장에서는 비행의 여러 가지 색다른 경험을 소개하고 그것을 가능하게 하는 액체의 특성을 다룬다. 예를 들면 액체의 연소와 용해 또는 양조 능력 등이다. 또 심지작용, 물방울 형성, 점도, 용해도, 압력, 표면장력 및 액체의 여러 독특한 특성들이 어떻게 작용하여 우리로 하여금 세계 곳곳을 날아다닐 수 있게 해주는지를 보여준다. 그렇게 함으로써 액체가 왜 나무줄기를 타고 올라가며 또 언덕 아래로 흐르는지, 오일은 왜 끈적끈적한지, 어떻게 파도는 그렇게 멀리 갈 수 있는지, 사물은 왜 마르는지, 액체는 어떻게 결정이 될 수 있는지, 독주를 만들면서 어떻게 중독되지 않을 수 있는지 등을 밝혀낸다. 그리고 아마 가장 중요한 내용일, '완벽한 차 한 잔'을 어떻게 만들 수 있는지 또한 보여줄 것이다. 그러니 나와 함께 비행해주길 바란다. 기묘하고 놀라운 여행을 약속한다.

0 1

폭발적인
Explosive

L I Q U I D

kerosene: 등유

이 램프의 지니는 등유다.
지니는 세상 어디든 가고 싶은 곳으로 우리를 데려다줄 것이다.

히드로 공항. 비행기 문이 닫히고 탑승게이트가 멀어지면서 기내 안전브리핑이 시작되었다.

"안녕하십니까, 신사 숙녀 여러분. 샌프란시스코행 브리티시 항공편에 오신 것을 환영합니다. 출발 전 승무원들의 안전수칙 설명에 주목해주시기 바랍니다."

이런 식으로 비행을 시작하는 것은 언제나 당황스럽다. 안전브리핑의 내용을 들어보면 순 엉터리다. 나는 안전브리핑이 실제로 안전과 관련된 내용을 다루고 있지 않다고 생각한다. 우선, 비행기에 탑재되어 있는 수만 리터의 항공유에 대한 언급이 빠져있다. 우리는 이 항공유에 들어있는 엄청난 양의 에너지 덕분에 비행을 할 수 있다. 항공유의 폭발력이 제트 엔진에 동력을 공급하는데, 이 동력은 400명의 승객을 태운 250톤의 항공기가 시속 800km의 속도로 날아올라 단 몇 분 만에 고도 10km까지 상승할 수 있게 한다. 이 액체의 엄청난 능력 덕분에 인간은 우주 비행이라는 황당하기까지 한 희망도 품게 되었고, 구름 위로 치솟아 몇 시간 안에 세계 어디든 여행할 수 있게 되었다. 최초의 우주 비행사 유리 가가린Yuri Gagarin을 로켓으로 우주에 데려간 것도 이 액체였고, 위성을 대기권으로 발사하는 우주개발기업 스페이스XSpaceX의 최신 로켓 연료로 사용된 것 역시 동일한 액체였다. 이 액체의 이름은 바로 등유kerosene다.

등유는 투명한 무색의 액체로, 물과 구별이 불가능할 정도로 그 모습이 똑같이 생겼다. 그러면 겉으로 드러나지 않는 이 에너지와 능력은 도대체 어디에 저장되어 있는 걸까? 이런 원초적인 힘을 갖고 있는 액체라면 시럽처럼 끈적이거나 조금 더 위험하게 보여야 하지 않을까? 비행 전 안전브리핑에서는 왜 이 등유에 대한 내용이 언급되지 않았을까?

등유를 원자 수준으로 확대해서 보면 아래의 그림과 같이 길쭉한 스파게티 국수 가락처럼 보인다. 가락의 뼈대는 탄소 원자들이 연속적으로 결합되어 길게 늘어선 구조다. 이 뼈대의 모든 탄소 원자에는 수소 원자가 붙어 있는데 양끝에는 3개씩, 나머지에는 각각 2개씩이다.

∴ 등유를 구성하는 탄화수소의 분자 구조

흐르는 것들의 과학

이렇게 확대해서 보아야만 등유와 물을 쉽게 구분할 수 있다. 물은 스파게티 구조가 아니라 작은 V자 모양의 분자(하나의 산소 원자에 두 개의 수소 원자가 붙어 있는 형태, H_2O)가 마구잡이로 뒤섞여 있는 상태다. 분자 구조로 보자면 등유는 오히려 올리브오일과 더 비슷해 보인다. 올리브오일 역시 탄소를 기반으로 한 분자들로 이루어져 있기는 하다. 하지만 스파게티 가락 모양이 아니고 둥글게 말린 가지들이 붙어 있는 꼴이다.

올리브오일의 분자는 등유의 분자보다 더 복잡하게 울퉁불퉁한 형태여서 서로 미끄러져 지나가는 것이 어렵다. 따라서 그만큼 쉽게 흐르지 않는다. 다시 말하자면, 올리브오일은 등유보다 점성이 더 높다. 둘 다 기름이고 원자 수준에서는 그 모습이 비교적 비슷해 보이지만, 이러한 구조적 차이로 인해 올리브오일은 끈적끈적하고 등유는 물처럼 흐른다. 이 차이는 점성뿐만 아니라 기름의 가연성flammable(역주: 쉽게 점화되고 빠르게 타는 성질) 정도를 결정하기도 한다.

페르시아의 의사이자 연금술사인 라제스Rhazes는 9세기에 등유를 발견한 뒤 『비밀의 책』이라는 책을 발간하며 이에 대해 언급한 적이 있다. 어떤 지역에 자연적으로 발생한 샘이 있었는데, 물이 아니라 검고 걸쭉한 유황 액체를 뿜어낸다는 것이었다. 당시 이 타르와 같은 물질은 '고대 아스팔트'로 도로 포장에 널리 쓰였다. 라제스는 이 흑유black oil를 분해하기 위해 증류라고 불리는 화학 공정을 개발했다. 흑유를 가열하여 이로부터 배출된 기체를 모아 다시 냉각시켰더니 액체로 변했다. 처음 추출한 액체는 노랗고 미끌거렸지만, 이 과정을 반복하니 맑고 투명한, 잘 흐르는 성질을 가진 물질이 되었다. 등유를 발견한 것이다.

당시 라제스는 이 액체가 궁극적으로 세상에 어떤 영향을 끼칠지는 몰랐지만, 이것이 가연성을 지니고 있으며 연기 없는 불꽃을 일으킨다는 것은 알고 있었다. 오늘날에는 이것이 사소한 발견처럼 보일 수 있어도, 고대 문명에서는 그렇지 않았다. 실내에서 빛을 내기 위해 당시 사용하던 오일램프에는 빛을 내는 가장 정교한 기술이 들어가 있었지만, 오일을 태우는 과정에서 빛만큼이나 많은 그을음을 만들어 냈다. 그러니 연기가 나지 않는 오일램프는 그야말로 혁신 그 자체였다. 이것이 얼마나 대단한 것이었는지는 『천일야화(아라비안 나이트)』에 등장하는 '알라딘의 요술램프' 이야기에서 확인할 수 있다. 이 이야기에서 알라딘은 마법의 등불인 오일램프를 발견한다. 그가 램프를 문지르자 램프의 요정 '지니'가 나타난다. 지니는 그 시대의 신화에서 자주 등장하는, 연기 없는 불꽃에서 만들어지는 초자연적인 존재다. 이 요정 지니는 마법의 힘을 가진 요술램프를 소유한 사람의 소원을 들어주게 된다. 그러나 이것이 정말 설화 속에서나 나올 법한 이야기일까? 연금술사 라제스가 자신이 발견한 이 액체의 신비로움, 연기가 나지 않는 불꽃을 만들어 내는 능력의 의미를 놓칠 리 없었다. 그런데 페르시아인들은 왜 이 마법을 바로 이용하지 않았을까? 그것은 그들의 경제와 문화 속에서 올리브나무의 존재가 워낙 컸기 때문이었다.

9세기 페르시아에서는 올리브오일이 오일램프의 연료였다. 이 지역에서 번성한 올리브나무는 가뭄을 잘 견디고 열매를 맺어 오일을 짜낼 수 있었다. 올리브오일 한 티스푼을 얻기 위해서는 올리브 열매가 20개 정도 필요했는데, 이는 오일램프로 1시간 동안 빛을 낼 수 있는 양이었다. 일반 가정에서 저녁 5시간 동안 빛을 필요로 한다면 램프 한 개당 하루에 100

∴ 라제스 시대에 사용된 고대 오일램프의 복제품

개, 그리고 1년에 3만 6,000여 개의 올리브 열매가 필요한 셈이다. 때문에 페르시아인들이 자신들의 제국을 밝힐 수 있는 충분한 오일을 생산하기 위해서는 아주 넓은 토지와 많은 시간이 필요했다. 올리브나무는 심은 지 약 20년 후에 열매를 맺기 때문이다. 페르시아인들은 이 귀중한 자원을 갖고 싶어 하는 사람들로부터 그들의 땅을 지켜내야 했다. 그 결과 마을이 조직화되었고, 마을의 모든 사람들이 식용유로 사용하거나 빛을 내기 위해 더 많은 올리브가 필요하게 되었다. 페르시아는 군대를 운용하기 위해 세금으로 올리브 작물의 일정 비율을 세금으로 걷어갔다. 이렇게 올리브오일은 모든 중동 문명에서 그러했듯이 페르시아 사회와 문화의 중심에 있었다. 적어도 에너지와 세금 수입의 새로운 대안이 등장하기 전까지는 말이다. 라제스의 실험을 통해 그 대안이 바로 발밑에 묻혀 있다는 걸 알아냈지만, 등유가 세상에 본격적으로 등장하기까지는 애석하게도 천 년을 더 기다려야 했다.

그러는 동안 오일램프는 진화했다. 9세기의 오일램프는 단순해 보일 수 있지만 놀라울 정도로 정교했다. 올리브오일에 그냥 불을 붙이기는 쉽지 않다. 인화점flashpoint이 아주 높기 때문이다. 가연성 액체의 인화점은 기화된 액체가 공기 중의 산소와 반응하여 화염이 일어날 수 있는 온도를 말한다. 올리브오일의 경우 이 온도가 315℃이다. 올리브오일로 요리하는 것이 안전한 것도 이 때문이다. 주방에 오일을 쏟아도 불이 붙지 않는다. 대부분의 튀김 요리는 올리브오일의 온도를 200℃ 정도까지만 올리면 된다. 올리브오일의 인화점보다 100℃ 이상 낮기 때문에 오일을 태우지 않고도 튀김 요리를 할 수 있다.

하지만 올리브오일의 온도가 315℃를 넘어가면 냄비는 밝게 빛나는 불길에 휩싸이게 된다. 이것은 위험한 것은 물론이고, 오일이 너무 빨리 타버려 불꽃이 오래가지 못한다는 문제가 있다. 조금 더 생각해보면 올리브오일을 태워 빛을 내는 더 좋은 방법이 분명 있다. 바로 실을 꼬아 오일에 담근 후 그 끝부분을 오일 표면 위로 나오게 한 다음 불을 붙이는 것이다. 이렇게 하면 냄비 전체를 데우지 않아도 실의 끝에 밝은 불꽃이 생긴다. 불꽃을 만드는 것은 실이 아니라 실에 적셔진 오일이다. 기발하지 않은가? 실에 계속 불이 붙도록 놔둔다 해도 불꽃은 오일 속으로 내려가지 않을 것이다. 오일이 실을 타고 올라가 끝에 이르러야만 불이 붙어 빛을 내는 시스템이다. 오일의 양이 충분하다면 여러 시간 동안 불꽃을 유지할 수 있다. '위킹wicking(역주: 가는 관을 통해 액체를 흡수 또는 배출하는 모세관 작용, 심지작용이라고도 한다)'이라고 불리는 대단한 기술이다. 오일이 중력을 무시하고 자율적으로 움직일 수 있으니 말이다. 이것은 액체의 표면장력 때문에 가능한 현상이다.

　액체가 흐를 수 있는 것은 그 구조 때문이다. 액체는 혼돈 상태의 기체와 정적인 상태의 고체 사이의(분자의 경우) 중간 상태에 있다고 할 수 있다. 기체는 분자들이 충분한 열에너지를 가지고 있어 서로 떨어진 채로 자유롭게 움직일 수 있는 상태다. 그리고 이 에너지는 기체를 역동적으로 만든다. 기체는 스스로 팽창해 주어진 공간을 가득 채우지만 구조가 없다. 고체의 경우 원자와 원자, 분자와 분자 사이의 인력이 원자, 분자들 각각이 가지고 있는 열에너지보다 훨씬 더 크다. 그래서 그들끼리 서로 결합하고 있는 상태다. 따라서 고체는 다양한 구조를 가지고 있지만 자율성은 거의 없다. 어떤 그릇을 하나 집어 들면 그릇의 모든 원자는 이미 뭉쳐서 하나의 덩어리가 되어 있다. 액체는 이러한 기체와 고체의 중간 상태다. 액체의 원자들은 이웃과의 결합을 어느 정도 끊어낼 수 있는 열에너지를 가지고 있지만, 모든 것을 완전히 끊어버리고 기체처럼 되기에는 충분하지 않다. 이들은 액체 속에 갇혀 있지만 그 안에서 움직일 수는 있다. 분자들이 이리저리 헤엄쳐서 서로 연결을 만들고 또 깨뜨리는 물질, 이것이 바로 액체다.

　액체 표면의 분자와 내부의 분자는 다른 환경에 놓여있다. 표면의 분자는 다른 분자에 완전히 둘러싸여 있지 않기 때문에 액체 속에 있는 분자보다 평균적으로 분자 간 결합이 적다. 액체 표면과 내부의 힘의 불균형은 표면장력이라고 하는 힘을 만들어 낸다. 이 힘은 아주 작지만, 작은 생명체에게는 중력에 대항할 수 있을 만큼 크게 작용한다. 일부 작은 곤충들이

∴ 물 위를 걷는 소금쟁이

연못의 수면 위를 걸을 수 있는 이유다.

물 위를 걷는 소금쟁이를 주의 깊게 살펴보면 다리가 물에 튕기는 것을 볼 수 있다. 표면장력이 물과 곤충의 다리 사이에 중력보다 큰 반발력을 일으키기 때문이다. 어떤 액체와 고체의 상호작용은 반대 현상을 일으켜 분자 사이에 인력을 발생시키기도 한다. 물과 유리가 그렇다. 일례로 물이 담긴 유리잔을 보면 유리가 닿는 곳에 물의 가장자리가 위로 당겨지는 모습을 볼 수 있다. 이를 메니스커스^{meniscus}(역주: 액체 기둥의 상부 표면이 오목 또는 볼록한 모양이 되는 현상)라 하는데, 이것 역시 표면장력에 의해 생기는 현상이다.

식물 역시 이 현상을 이용한다. 뿌리와 줄기, 잎을 관통하는 작은 튜브들을 사용해 중력에 대항하며 땅에서 몸으로 물을 끌어올린다. 이 튜브가 가늘어질수록 액체의 부피에 대한 튜브 내의 표면적 비율이 증가해 그 효과가 더 커진다. 시중에 판매되고 있는 창문 청소용 '마이크로섬유' 천은

흐르는 것들의 과학

식물의 튜브와 유사한 미세 통로를 가지고 있다. 이것이 물을 빨아들여 청소를 더 효율적으로 할 수 있다. 키친타월 역시 같은 방식으로 액체를 닦아낸다. 이 모든 것은 '위킹'의 예로, 오일이 실을 타고 오르게 하는 것과 같은 표면장력 효과다. 더 정확하게는 램프의 심지wick와도 같다.

이 '위킹' 현상으로 양초에 불을 붙일 수 있다. 심지에 불이 붙으면 그 열에 의해 심지 주변의 왁스가 녹아 액체 상태로 흥건하게 고인다. 이 액체왁스가 심지의 미세한 통로를 따라 불꽃으로 이동하고 불꽃은 이 액체왁스를 계속 연소시킨다. 심지의 재료에 문제가 없다면 불꽃은 충분히 뜨거워져서 주변에 액체왁스 웅덩이를 유지하며 끊임없이 불꽃으로 흘러들 것이다. 이 놀라울 만큼 정교한 시스템은 외부의 조작을 거의 필요로 하지 않고 자체적으로 절묘한 균형을 이루며 유지된다. 때문에 오늘날의 우리는 양초를 더 이상 기술의 일부로 생각하지 않는다. 하지만 양초야말로 기본에 충실한 기술의 혁신이 아닐까?

수천 년 동안 '위킹'의 원리는 전 세계에서 실내조명으로 쓰인 양초나 오일램프에 주요하게 사용되어 왔다. 이 두 가지 발명품이 아니었다면, 밤마다 세상은 어둠 속으로 사라졌을 것이다. 당연한 일이겠지만 오일이 풍부한 곳에서는 오일램프가 인기가 있었고 왁스나 동물성 지방을 쉽게 구할 수 있는 곳에서는 양초를 사용했다. 한편 기발하고 독창적인 양초와 오일램프에도 여러 단점이 있었다. 화재의 위험은 당연한 문제였고, 그을음이 생기거나 불꽃의 밝기가 약하다는 것도 단점이었다. 냄새와 비용 문제도 있었다. 이것은 곧 더 나은, 저렴하고 안전한 실내조명을 찾는 사람들이 항상 존재했다는 것을 의미한다. 9세기에 라제스가 발견한 등유가 해결책이 될 수 있지 않았을까? 누군가가 이를 알아챘다면 말이다.

기내에서는 비행 전 안전브리핑이 한창 진행 중이었는데 승무원도 등유는 무시하고 있었다. 여전히 이에 대한 언급이 전혀 없다. 활주로로 가는 바로 그 순간에도 이 혁명적인 물질이 날개 아래의 제트 엔진을 통해 비행기에 동력을 공급하고 있었는데 말이다. 대신 그들은 '객실 압력 손실'이 발생할 경우 무엇을 해야 하는지에 대해 설명하고 있었다. 영국인으로서 나는 이 절제된 표현을 높이 평가한다. 대수롭지 않게 들릴 수도 있겠지만, 엉뚱한 상상을 해보자. 비행기가 높은 고도를 순항하다가 갑자기 객실에 구멍이나 균열이 생기면 모든 공기는 안전벨트를 착용하지 않은 승객과 함께 비행기 밖으로 빨려나간다. 정상적인 호흡을 하기 위한 공기가 부족해지면서 산소마스크가 천장에서 떨어지게 된다. 비행기는 산소가 충분한 낮은 고도에 도달하기 위해 즉시 가파른 하강을 시작한다. 누구든 그때까지 살아남았다면, 안심해도 된다.

산소 부족 현상은 고대의 오일램프도 직면했던 문제였다. 18세기 전까지의 오일램프는 산소가 충분히 공급되지 못하게 설계되어 있었고, 때문에 연료를 완전히 연소시키지 못해 비교적 약한 빛을 발산했다. 이 문제는 아미 아르강Ami Argand이라는 스위스 과학자가 새로운 형태의 오일램프를 발명하면서 어느 정도 해결이 되었다. 아르강이 발명한 '아르강 램프'는 속이 빈 원통 모양의 심지를 투명한 유리관이 둘러싼 형태로, 공기가 불꽃의 중간을 통과하도록 설계되었다. 이렇게 산소 공급량이 늘자 오일램프의 효율과 밝기가 개선되어, 양초 6~7개를 켜는 것과 맞먹을 정도가 되었다. 이 혁신적인 발명품은 더 많은 오일램프의 혁신으로 이어졌고,

그 과정에서 올리브오일을 비롯한 기타 식물성 기름이 이상적인 연료가 아님이 분명해졌다. 더 밝은 빛을 얻으려면 더 높은 온도, 더 빠른 '위킹'이 필요하다. '위킹'의 속도는 액체의 표면장력과 점도에 의해 정해진다. 저렴하면서도 점도가 낮은 오일을 찾으려는 시도는 더 많은 실험과 함께, 안타깝게도 많은 고래의 죽음으로 이어졌다.

고래기름은 고래의 지방조직을 끓여서 만든다. 지방조직에서 뽑아낸 오일은 맑은 꿀색이다. 생선 비린내가 강해 요리나 식용으로 사용하기에는 좋지 않지만, 인화점이 230℃인 데다 점도가 낮아서 오일램프의 연료로는 아주 적합하다.

아르강 램프에 사용되는 고래기름의 수요는 18세기 후반, 특히 유럽과 북미에서 급증했다. 1770년에서 1775년 사이 매사추세츠의 포경꾼들

∴ 존 윌리엄 힐John William Hill의 〈향유고래 잡기〉(1835)

은 매년 4만 5,000배럴의 고래기름을 생산하여 그 수요를 충족시켰다. 실내조명에 기름이 필요한 만큼 포경은 큰 산업이 되었고, 일부 고래 종은 거의 멸종 직전까지 갔다. 19세기까지 25만 마리 이상의 고래가 기름 때문에 목숨을 잃은 것으로 추정된다.

포경을 통한 고래기름 생산은 지속 가능하지 않았지만, 실내조명에 대한 수요는 여전했다. 인구가 늘고 사람들이 부유해짐에 따라 교육이 더욱 중요해졌다. 날이 저문 후에 독서와 오락을 즐기는 문화가 확산되면서 오일에 대한 수요가 늘어났다. 발명가와 과학자들은 이러한 수요를 충족시킬 수 있는 새로운 방안을 모색해야 했다. 그중 1848년 스코틀랜드의 화학자 제임스 영James Young이 오일램프에 적합한 연소 특성을 가진 액체를 석탄에서 추출하는 방법을 발견했다. 영은 이 액체를 '파라핀오일paraffine oil' 이라고 불렀다. 캐나다의 발명가인 아브라함 게스너Abraham Gesner는 같은 방법을 통해 얻은 이것을 '등유'라고 불렀다. 이러한 발견은 미국 남북전쟁이 시작되기 직전에 이루어졌다. 특히 전쟁 당시 포경선이 공격 목표가 되고, 다른 램프용 오일에 대한 세금 징수가 이뤄지자 등유산업은 이것을 발판 삼아 발전을 꾀하기 시작했다. 하지만 등유산업은 발명가들이 석탄이 아니라 탄광 근처에서 발견되는 검은 오일에 주목하고 나서야 도약적으로 발전할 수 있었다. 땅에서 퍼 올려야 했던 이 원유는 검고 냄새가 나는 끈적끈적한 물질이다. 이것을 사용하기 위해서는 먼저 증류를 해야 했다. 바로 라제스가 처음 사용한 그 기발한 수법이었다. 이 과정은 엄청난 수익을 만들어 냈다. 지니가 정말 램프에서 나온 것이다.

내가 탄 비행기에서는 여전히 등유에 대한 어떠한 말도 나오지 않았

흐르는 것들의 과학

다. 안전브리핑은 대부분 비상구에 관한 내용이었다. 내 앞의 승무원은 두 팔을 벌린 채 손가락을 뻗어 비상구의 위치를 가리키고 있었다. 내 뒤에는 두 개의 비상구가 있었고, 비행기 앞부분에 두 개, 그리고 날개 위에도 두 개가 있었다. 그 순간 나는 덧붙이고 싶었다. '우리 발아래의 연료탱크에 등유 5만 리터가 있고, 두 날개에 각각 5만 리터가 더 있습니다.' 내 옆자리에 앉은 수잔의 주의를 끈 것을 보면 내가 뭐라고 중얼거리긴 한 모양이다. 이름은 나중에 알게 됐는데, 여하튼 수잔은 비행기에 오른 후 처음으로 책에서 고개를 들었다. 그리고 빨간 안경 너머로 나와 아주 짧은 순간 눈을 맞추고 다시 책을 읽었다. 그 시선은 1초도 채 안 되었지만 많은 것을 말해주고 있었다. '진정해. 비행은 장거리 여행의 가장 안전한 형태야. 매일 성층권에 비행하는 사람이 백만 명 이상이라는 걸 알고 있어? 나쁜 일이 일어날 가능성은 적어. 아니, 아주 희박해. 진정하고 책이나 읽어.' 물론 오버일 수도 있다. 하지만 그녀의 표정이 다 말해주고 있었다.

하지만 나는 이 상황에서도 등유, 그리고 19세기 중반의 발명가들이 원유를 변형시키는 데 사용한 놀라운 수법에 대한 생각에서 벗어날 수가 없었다. 증류 말이다. 원유를 증류하기 위해 라제스는 알렘빅alembic이라는 장치를 사용했다. 오늘날에는 이를 증류용기distillation vessel라고 부르는데, 정유공장에서 볼 수 있는 높이 솟은 탑들이 바로 그것이다.

원유는 여러 모양의 탄화수소 분자로 이루어진 혼합물이다. 일부는 스파게티처럼 길고, 일부는 더 작고 조밀하며, 다른 일부는 고리 모양으로 연결되어 있다. 각 분자의 뼈대는 탄소 원자로 이루어져 있는데, 각 탄소 원자는 이웃 원자와 결합되어 있다. 각각의 탄소 원자마다 두 개의 수

∴ 정유공장 내 높은 기둥의 증류용기

소 원자가 붙어있는데, 원유를 구성하는 분자들은 탄소 원자를 다섯 개에서 수백 개까지 갖고 있어 그 크기가 다양하다. 원유에는 정말 소수의 분자만이 다섯 개보다 적은 탄소 원자를 갖고 있는데, 작은 분자는 대부분 기체 상태로 날아가 버리기 때문이다. 이렇게 작은 분자들을 메테인, 에테인, 뷰테인이라고 부른다. 분자가 길면 길수록 끓는점이 높기 때문에 실온에서 액체로 존재할 확률이 높다. 그러나 이것은 사십 개의 탄소 원자를 가진 탄화수소 분자까지 유효하다. 만약 분자에 더 많은 탄소 원자가 있다면, 이런 분자들은 흐를 가능성이 거의 없는 타르와 같은 물체가 된다.

원유를 증류할 때는 작은 분자가 먼저 추출된다. 5~8개의 탄소 원자로 이루어진 탄화수소 분자는 가연성이 매우 높은 맑고 투명한 액체를 형성하는데, 인화점이 −45℃라서 영하의 온도에서도 쉽게 발화된다. 사실

흐르는 것들의 과학

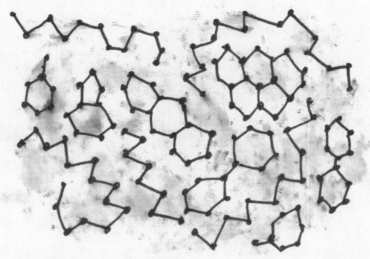

∴ 원유를 구성하는 다양한 탄화수소 분자들(탄소 원자만 나타냄)

이 액체를 오일램프에 넣는 것은 매우 위험해서 석유산업 초기에는 폐기물로 간주되었지만, 나중에는 이 액체에 특별한 용도가 있다는 걸 알게 되었다. 공기와 섞어 불을 붙이면 고온의 기체를 충분히 만들어 피스톤을 구동시킬 수 있다는 점이었다. 그 후 이 액체에 휘발유(또는 가솔린)라는 이름이 붙여졌고, 휘발유 엔진의 연료로 사용되기 시작했다.

탄소 원자가 9~21개인 큰 탄소 분자는 휘발유보다 끓는점이 높은 맑고 투명한 액체가 된다. 이 액체는 느린 속도로 증발하기 때문에 불이 붙기가 쉽지 않다. 하지만 각 분자가 상당히 크기 때문에 산소와 반응할 때 고온의 기체 형태로 많은 에너지를 방출한다. 또한 공기와 섞이지 않으면 발화하지 않고, 불이 붙기 전까지 고밀도로 압축될 수 있다. 이는 루돌프 디젤Rudolf Diesel이 1897년에 발견한 원리로, 그의 이름을 따 디젤이라고 불리는 이 액체는 후에 그의 엄청난 발명품의 토대가 되었다. 바로 20세기 가장 성공적인 엔진이라 불리는 디젤 엔진이다.

그러나 오일산업 초기였던 19세기 중반에는 디젤 엔진이 아직 발명되지 않은 상황이었기에, 오일램프를 위한 가연성 물질이 절실히 필요했다. 오일 생산자들은 이 오일을 찾는 과정에서 탄소 원자가 6~16개인 탄소 분자로 이루어진 액체를 만들었는데, 휘발유와 디젤의 중간쯤인 액체였다. 폭발성 혼합물이 될 정도로 빨리 증발하지 않는다는 장점은 디젤과 비슷하면서도, 점도는 물과 비슷할 정도로 매우 낮은 유체였다. 결과적으로 심지의 '위킹'이 잘 되고 불꽃이 아주 밝았다. 게다가 값이 저렴하고 효과적이어서 올리브나무를 키우거나 고래를 잡을 필요도 없었다. 완벽한 램프 오일, 바로 등유였다.

하지만 등유가 과연 안전할까? 나는 수잔의 암묵적인 지시에 따라 긴장을 풀려 했지만, 다시 승무원들 쪽으로 주의가 돌아갔다. 그들은 이제 구명조끼에 대한 안전브리핑에 열을 올리더니 호루라기를 부는 시늉을 하며 구명조끼 착용 시범을 보이고 있었다. 잠시 비행기가 바다에 추락하는 상상을 해보았다. 밤에 물 위를 둥둥 떠다니며 호루라기를 부는 것이 어떤 기분일지 궁금했다. 그리고 연료탱크 안의 등유는 어떻게 될지 또한 궁금했다. 혹시 폭발하지는 않을까?

확실히 폭발할 수 있는 액체를 하나 알고 있다. 바로 니트로글리세린으로, 등유처럼 무색투명의 기름 같은 액체다. 1847년 이탈리아의 화학자 아스카니오 소브레로^Ascanio Sobrero가 처음 이 액체를 합성했는데, 이것은 그야말로 기적이었다. 니트로글리세린은 엄청나게 위험하고 불안정한 화학

∴ 니트로글리세린의 분자 구조

물질이라서 예기치 않게 폭발할 위험성이 있기 때문이다. 아스카니오는 자신이 발견한 액체의 이러한 잠재적인 효과에 너무 놀라 1년 동안 이에 대해 함구했고, 심지어 다른 사람들이 이 액체를 만들지 못하게 하려 하기 까지 했다. 하지만 그의 제자 알프레드 노벨은 그 잠재력을 알아챘고, 이 액체가 화약을 대체할 수 있다고 생각했다. 결국 노벨은 이 액체를 다루기 에 비교적 안전한 형태로 만드는 데 성공했다. 액체가 우발적으로 폭발하 지 않도록(이것이 그의 동생 에밀을 죽이기는 했지만) 고체로 변형시켜 다이너 마이트를 만든 것이다. 이로 인해 광산업이 성장했고, 덕분에 그는 큰돈을 벌 수 있었다. 다이너마이트가 발명되기 전에는 터널이나 구덩이, 동굴 등 을 파기 위해 많은 인부가 필요했다. 이후 그는 자신의 재산 일부를 사용 해 세계에서 가장 유명한 상인 노벨상을 만들었다.

휘발유, 디젤, 등유와 마찬가지로 니트로글리세린은 주로 탄소와 수소로 이루어져 있다. 여기에 산소와 질소 원자가 추가된다. 이 원자들의 존재와 분자 내의 위치가 니트로글리세린을 불안정하게 만든다. 니트로글리세린 분자는 접촉이나 진동으로 압력을 받으면 쉽게 분해되어 기체 상태가 된다. 조금 더 상세하게 살펴보면 떨어져 나온 질소 원자들은 바로 기체 상태가 되고, 분자 내의 산소 원자가 탄소와 반응하여 이산화탄소를, 수소와 반응해 수증기를 만들고, 나머지는 기체 산소를 형성한다. 한 분자가 분해되면서 발생한 충격파가 이웃 분자들도 분해시켜 더 많은 기체를 만들면서 지속되는 것이다. 궁극적으로 모든 니트로글리세린 분자는 음속의 30배 속도로 발생하는 연쇄 반응으로 분해되어 순간적으로 액체에서 고온의 기체로 변한다. 이 기체의 부피는 액체 상태일 때 부피의 천 배에 달하기 때문에 급속하게 팽창하여 엄청난 폭발을 일으킨다. 때문에 제2차 세계대전에서 니트로글리세린을 기반으로 한 폭발물이 무분별하게 사용되었고, 이는 처참한 결과를 가져왔다.

100ml 이상의 액체를 소지하고 비행기에 오르지 못하게 하는 규정은 비행기를 파괴하기에 충분한 양의 액체 폭발물(예를 들자면 니트로글리세린)의 기내 반입을 금지하려는 의도다. 100ml 정도의 니트로글리세린은 당연히 폭발할 테지만, 폭발해도 비행기를 추락시킬 만한 에너지는 내지 못한다. 하지만 등유는 니트로글리세린보다 리터당 10배나 더 많은 에너지를 가지고 있다. 그런데 이러한 등유가 비행기 한 대의 연료탱크에 수만 리터씩 탑재되어 있다. 생각할수록 등골이 오싹해진다.

물론 등유는 폭발물이 아니다. 저절로 폭발하지는 않는다. 니트로글리세린과 달리 등유의 분자 구조에는 산소와 질소 원자가 없다. 그만큼 쉽게 분해되지 않고 안정된 편이다. 후려치거나, 박살내거나, 그 안에서 목욕을 해도 폭발하지 않는다. 덜 강력한 사촌격의 액체인 니트로글리세린과 달리, 등유의 저력을 확인하려면 뭔가를 해줘야 한다. 즉, 산소와 반응하도록 해야 한다. 등유는 산소와 반응할 때 이산화탄소와 증기를 만들어 낸다. 따라서 등유의 폭발 반응은 산소를 통제하기만 한다면 충분히 제어할 수 있다.

등유의 이 거대한 힘과, 우리가 이 액체를 통제하며 연소시킬 수 있다는 사실 덕분에, 등유는 기술적으로 매우 중요한 액체다. 지구촌 문명은 하루에 약 10억 리터의 등유를 태우고 있다. 대부분 제트 엔진과 우주 로켓에 사용되지만, 여전히 많은 국가에서 조명과 난방을 위해 사용하고 있다. 예를 들어 인도에서는 3억 명 이상의 사람들이 등유램프로 집 안을 밝히고 있다.

이처럼 우리는 대부분 등유가 우리의 통제 아래에 있다고 생각한다. 하지만 이러한 생각만큼 위험한 것도 없다. 2001년 9월 11일의 공포가 바로 그 예다. 그날 나는 집에 있었다. 상황이 믿기지 않아서 그저 텔레비전만 바라보고 있었다. 어느 정도였냐면 두 번째 비행기가 쌍둥이 빌딩 중하나를 향해 날아가는 장면을 생방송으로 본 것인지 아니면 뉴스 재방송으로 본 것인지 기억이 나지 않을 정도다. 텔레비전을 보면서 그저 멍하니 서 있었다. 두 빌딩은 불에 타고 있었고, 또 다른 비행기들이 목표물로 뛰어들 것이라는 보도가 잇따랐다. 최악의 상황이 닥쳤다. 첫 번째 빌딩이 슬로 모션처럼 천천히 무너진 것이다. 그리고 두 번째 빌딩도 내려앉았다.

이번에는 마음의 준비가 되어 있었는데도, 충격적이긴 마찬가지였다.

건물이 붕괴된 원인은 비행기의 연료 때문이었다. 앞서 이야기한 것처럼 등유는 안정된 편이기 때문에 엄밀히 말하면 폭발한 것이 아니었다. FBI의 보고에 따르면 등유가 건물의 손상된 바닥을 통해 불어오는 바람의 산소와 반응하여 바닥 온도를 800℃ 이상으로 높였지만, 그 정도 온도로 빌딩의 철골이 녹지는 않았다(강철은 원래 1,500℃를 초과해야 녹는다). 하지만 800℃에서 철골의 강도가 기존의 약 절반으로 감소하면서 좌굴buckling(역주: 기둥이 세로 방향으로 압력을 받았을 때 길이가 줄어드는 대신 가로 방향으로 휘는 현상)이 발생하기 시작했다. 한 층이 좌굴되어 그 위층 전체가 아래로 무너져 내렸고, 또 다른 좌굴이 생기면서 그처럼 쉽게 무너졌던 것이다. 쌍둥이 빌딩의 붕괴로 뉴욕의 소방관 343명을 포함해 2,700명 이상의 희생자가 나왔다. 9·11 테러는 인류 역사상 중요한 순간이었다. 이 테러가 전쟁의 시작을 알리고, 그에 따른 공포를 일으켰기 때문만은 아니다. 건물들의 붕괴가 민주화된 문명의 취약성을 보여주기에 충분할 만큼 강렬했기 때문이다. 파괴의 순간을 만들어 낸 일등공신은 바로 비행기의 등유였다.

이쯤 되면 내가 왜 안전브리핑에서 등유 이야기가 나오기를 기대했는지 알 수 있을 것이다. 그러나 브리핑은 그대로 끝났다. 15만 리터의 등유에 대해서는 한마디의 언급도 없었다. 등유의 이중성에 대해서도 말이다. 등유는 겉보기에는 완전히 평범한 투명 오일이며, 이것으로 가득 찬 연료 탱크에 성냥불을 던져도 불이 붙지 않을 수 있을 만큼 안정적인 물질이다. 하지만 적절한 양의 산소와 섞이기만 하면 등유는 폭발적인 니트로글리세린보다 10배나 더 강력해질 수 있다. 옆자리의 수잔은 이러한 사실을 전혀 모르는듯 여전히 책에 폭 빠져 있었다.

비록 등유가 비행 전 안전브리핑에서 드러나게 언급되지는 않았지만, 나는 그것이 브리핑에 어떻게든 숨겨져 있다고 생각한다. 안전브리핑은 국적이나 성별 또는 종교와 상관없이 우리 모두가 공유하는 국제적 의식이다. 등유가 점화되고 비행기가 이륙하기 전, 우리는 모두 이 의식에 참여한다. 브리핑에서 경고하듯 물 위에 착륙하게 되는 상황이 발생할 가능성은 매우 낮다. 평생 동안 매일 비행을 하더라도 이를 경험할 일은 거의 없을 것이다. 그렇기 때문에 진짜 요점은 이것이 아니다. 다른 의식과 마찬가지로 브리핑에서 사용되는 언어는 코드화되어 있고 특별한 행위와 소품이 사용된다. 종교의식에서 사용되는 소품에 양초, 향로, 성배가 있듯 비행 전 안전의식에서는 산소마스크, 구명조끼, 안전벨트가 사용된다. 이 비행 전 의식이 전하려는 메시지는 이것이다. '혹시나 일어날 수 있는 위험한 상황을 대비하려는 것일 뿐, 크게 걱정하지 않으셔도 됩니다. 엔지니어들이 이미 거의 완벽하게 조치를 해놓았습니다.' 여기서 '거의'는 앞서 언급한 소품들을 포함한 정교한 행위들로 강조된다. 비행 전에 치러지는 이 의식은, 본인이 스스로 자신의 안전을 책임지는 평범한 일상과는 다른 상황으로 전환됨을 알리는 데에 목적이 있다. 우리가 가고자 하는 목적지에 다다르기 위해 지구상에서 가장 강력한 액체 중 하나를 이용하도록, 이에 대한 통제권을 몇몇 사람들과 공학 시스템에 넘겨야 하기 때문이다. 다시 말해, 그들을 절대적으로 믿어야 한다. 당신의 운명은 그들의 손에 달려 있다. 따라서 비행 전에 행해지는 이 모든 의식은 정말로 심오한 의미를 담고 있는 것이다.

승무원들이 승객들의 안전벨트가 제대로 채워져 있는지, 가방이 선반에 제대로 올려져 있는지 확인하며 통로를 따라 내려가는 것을 보고 안전 의식이 끝나가고 있다는 것을 알았다. 의식의 마지막을 알리는 축도^{blessing}의 순간이었다. 나는 승무원을 향해 엄숙히 머리를 끄덕였다. 활주로에 도착한 비행기는 이륙 준비를 시작했다. 천 년이 넘는 세월 동안 축적된 지식이 진가를 발휘해 액체 등유가 비상하는 순간이었다.

풍선을 날려 풍선의 바람이 방귀를 뀌듯 빠지는 걸 본 적이 있다면, 제트 엔진이 어떻게 작동하는지 이해할 수 있을 것이다. 압축된 공기가 한 방향으로 분출되면 풍선은 그 반대 방향으로 나아간다. 이 현상은 뉴턴의 세 번째 운동 법칙, 즉 모든 행동은 크기가 동일하고 방향이 반대인 반작용을 가진다는 작용-반작용 법칙을 따른다. 그러나 비행기에 동력을 공급하기에 충분할 만큼 어마어마한 양의 압축 기체를 저장하는 것은 상당히 비효율적일 것이다. 다행히도 이와 관련해 영국 엔지니어 프랭크 휘틀^{Frank} ^{Whittle}이 새로운 방법을 고안해냈다. 그는 하늘이 이미 기체로 가득 차 있기 때문에 비행기가 굳이 압축 기체를 실을 필요가 없다고 생각했다. 하늘에 있는 기체를 압축해 뒤쪽으로 방출하면 앞쪽으로 나아갈 수 있다는 것이었다. 즉, 공기를 압축하는 장치만 있으면 된다. 이 압축기는 비행기 날개 아래에 있는데 마치 거대한 환풍기처럼 보이기도 한다. 밖에서는 볼 수 없지만 이 압축기 내부에는 10개 이상의 팬이 있고, 마지막에 있는 팬이 가장 크다. 이 팬들은 공기를 빨아들이고 압축한다. 압축된 공기는 엔진 중간에 있는 연소실로 가서 등유와 섞인 후 점화되어, 엔진 뒤쪽으로 뿜어지는 고온의 기체를 만들어 낸다. 이 설계의 기발한 점은 공기가 엔진을 빠져나오면서 그 일부가 터빈을 회전시키는 데 사용된다는 것이다. 이 터빈들은 엔진 앞쪽에서 압축기를 회전시킨다. 다시 말해, 엔진은 고온의 기체로부터 에너지를 확보하는 동시에 이 에너지를 사용해 하늘을 통과하면서 더 많은 공기를 모으고 압축하는 것이다.

엔진 뒤쪽으로 분출되는 공기는 우리가 타고 있는 약 250톤의 비행기를 가속시킨다. 빠르게 나는 비행기에서 창밖을 내다보면 얼마나 빨리 가고 있는지 짐작하기가 매우 어렵다. 날개는 비행 중 보여 줄 공학 기술을 숨긴 채 활주로의 노면 상태에 따라 어색하게 흔들렸다. 시속 130km에서 덜컹거리고 삐걱거리는 객실 내부의 흔들림은 최고조에 달했다. 혹 비행기를 타본 적이 없는 사람이라면 우리가 과연 지상에서 이륙할 수 있을지 매우 의심스러웠을 것이다.

하지만 순수해 보이는 등유의 에너지는 우리를 점점 더 빠르게 앞으로 밀어붙였다. 비행기는 니트로글리세린보다 더 강력한 연료를 초당 4리터씩 소비하며, 3km 길이의 활주로 끝에 다다를 즈음에는 시속 260km로 달리고 있었다. 이때가 틀림없이 비행 중 가장 위험한 순간일 것이다. 활주로가 얼마 남지 않아 빨리 이륙하지 않으면 연료탱크에 수천 리터의 액체 등유를 담은 채 주위의 건물을 들이받을 기세였다. 그러나 비행기는 마치 호수에서 날아오르는 거위처럼, 모든 건물과 자동차, 그리고 사람들을 지상에 남겨둔 채 몇 초 만에 하늘로 날아올랐다. 비행에서 가장 마음에 드는 순간이다. 특히, 런던의 낮은 구름을 뚫고 밝은 햇살 속으로 날아가는 이 순간은 마치 다른 존재의 영역으로 들어가는 것 같은 느낌이 든다. 이곳은 늘 새롭고 낯설다.

비행기는 어떤 면에서 현대의 요술램프다. 이 램프의 지니는 등유다. 지니는 세상 어디든 가고 싶은 곳으로 우리를 데려다줄 것이다. 마법의 양탄자가 여행 내내 극심한 추위와 바람으로부터 우리를 보호해주는 객실에서 잘 수 있게 해주고, 편안하게 쉴 수도 있게 해줄 것이다.

물론, 모든 지니가 그렇듯 등유도 어두운 면이 분명 존재한다. 우리는 등유의 마법에 빠져있지만, 비행기처럼 원유에 의존하는 제품을 사용하는 행위는 지구 기후에 분명 커다란 타격을 주고 있다. 등유와 같은 오일을 태울 때 배출되는 이산화탄소로 인해 온난화가 빠르게 진행되고 있기 때문이다. 전 세계적으로 우리는 하루에 약 160억 리터의 등유를 소비한다. 그렇다면 요정 지니를 다시 램프 속에 넣어야 하는 것일까? 그게 현명한 것일까? 이 질문은 21세기의 가장 중요한 질문 중 하나일 것이다.

하지만 구름 위에서는 솔직히 이런 생각을 하지 않았다. 그 대신 구름의 경치에 감탄하며, 통로를 따라 즐겁게 구르고 있는 서빙 카트가 가져다줄 한 잔을 기대하고 있었다.

0—2

중독되는
Intoxicating

LIQUID

alcohol: 알코올

알코올은 진정제이자 사회적 윤활제다.
사회에 야기하는 문제보다 더 많은 혜택을 주는,
법적으로 허가된 약물이다.

비행기가 순항 고도에 도달하자 나의 마음은 편해졌다. 창가 쪽 좌석에 앉아 발밑의 구름을 보며 기내로 쏟아져 들어오는 햇볕을 즐길 수 있었다. 고개를 옆으로 돌리자 창밖을 내다보는 수잔과 시선이 마주쳤다.

"지금 뛰어내려 저 푹신하고 따뜻한 구름 속에 파고들면 좋을 것 같네요." 내가 말했다.

"따뜻하지는 않을 거예요." 그녀가 말했다.

"어, 아니, 당신 말이 맞아요." 내가 말했다. "미안해요."

세상에, 내가 정말 그렇게 말했나? 와인 때문인가? 벌써 취한 건가? 녹색 플라스틱으로 된 미니어처 와인의 라벨을 살폈다. 내가 마신 것은 샤르도네 포도로 만든 호주산 와인이었고 '바닐라 버터의 뒷맛과 묵직한 바디감이 느껴지는'이라고 쓰여 있었다. 바닐라향이 느껴지는지 한 모금 마셔보았다. 전혀 아니었다. 오히려 산미가 느껴졌고 꽃향이 은은했다. 와인의 라벨을 다시 보니 알코올이 13% 들어 있었다.

알코올은 등유와 화학적으로 비슷하다. 일단은 불에 탄다. 플람베 Flambé 디저트를 주문하면 알코올이 불에 타는 모습을 볼 수 있는데, 일반적으로 알코올 함량이 40% 정도로 높은 브랜디를 디저트 위에 뿌려 불을 붙이면 푸르스름한 불꽃을 내며 탄다.

순수한 알코올은 더 태우기 쉬워서 자동차의 연료로도 사용될 정도다. 브라질은 사탕수수로 만든 알코올의 주요 생산국으로, 알코올을 운송 연료로 사용한다. 브라질은 가장 지속 가능한 바이오 연료 경제국 중 하나다. 여기서 생산된 알코올의 일부는 브라질 내 94%에 달하는 승용차의 연료로 사용된다. 알코올은 사탕수수를 즙으로 만들어 효모 발효시켜 만든다. 와인과 맥주가 만들어지는 과정과 같다. 효모는 설탕을 소비해 알코올을 만들어 내는데, 바이오 연료의 경우 알코올을 순수 알코올로 정제한다. 세계 다른 지역에서는 브라질에 비해 바이오 연료의 인기가 없다. 다른 화석 연료의 생산비용이 훨씬 저렴하다는 이유도 있지만, 국가 전체의 운송 시스템을 유지하는 데 필요한 규모로 알코올을 생산하기 위해서는 막대한 토지가 필요하기 때문이다. 그래서 전 세계적으로 알코올 작물은 주로 마시기 위해 재배되고 있다.

알코올은 와인, 맥주 등의 발효주와 독한 증류주 같은 대중적인 음료의 주요 성분이지만 독성toxic이 있다. 이 독성 때문에 음료가 사람을 취하게intoxicating 만든다. 때문에 술에 취한다는 것은 독에 취하는 것과 마찬가지라고 할 수 있다. 알코올의 독성은 신경계를 억제하여 인지기능과 운동기

흐르는 것들의 과학

H H
| δ⁻ δ⁺
H - C - O - H
|
H

→ polar

Methanol

H H
| |
H - C - C - O - H δ⁻ δ⁺
| |
H H

→ polar

Ethanol

δ⁺
H
|
δ⁻ O
\
H
δ⁺

→ polar

Water

∴ 메탄올과 에탄올의 화학적 구조 비교 – 둘 다 알코올이지만 메탄올은 탄소 원자가 하나이고 에탄올은 두 개다. 둘 다 수산기를 포함하는 극성 분자로, 한쪽 끝에 OH(산소-수소) 원자가 있다. 물 또한 극성이라 서 메탄올과 에탄올 모두에 잘 섞인다.

능의 상실 및 조절 장애를 일으킨다. 이런 심각한 생리적 효과에도 불구하고 놀라운 점은 우리가 그 가벼운 중독을 즐기게 된다는 것이다. 내 경우에는 술을 마시면 덜 긴장되고, 덜 걱정되고, 대충 웃어넘기게 된다. 과음을 하면 기분을 억제하지 못하고 심하면 춤까지 추게 된다. 또 직장에서 긴 일주일을 보낸 뒤에는 술에 취하는 것만큼 딱 좋은 것도 없다. 와인이 눈길을 준다. '나를 마셔요. 한동안은 세상이 달라질 거예요.'

알코올은 휘발유나 디젤과 비슷한 탄화수소 계열의 분자를 부르는 일반적인 이름이지만, 수소와 산소 원자가 추가적으로 붙어있는 형태다. 이 추가된 원자들을 수산기ʰʸᵈʳᵒˣʸˡ ᵍʳᵒᵘᵖ라고 한다. 서로 다른 종류의 알코올은 분자의 크기가 제각각 다르다. 우리가 마시는 알코올은 탄소 원자가 두 개 있는데, 이것을 우리는 에탄올이라고 부른다. 에탄올은 분자 내부적으로 전하가 분리되어 있는 극성ᵖᵒˡᵃʳ 분자다. 알코올의 이러한 성질은 수산기에 의해 생긴다. 한편 물 분자 또한 수산기를 가지고 있으며, 역시 극성이다. 에탄올이 물에 녹는 것도 바로 이런 유사성 때문이다. 와인 라벨에 표시된 알코올 함량은 얼마나 많은 에탄올을 마시게 될지를 말해주는데, 내가 마신 샤르도네 와인의 경우 13%였다.

알코올 분자의 한쪽은 물과 비슷하지만, 다른 한쪽의 탄화수소 뼈대는 오일 혹은 몸속의 세포를 덮고 있는 지방 분자의 구조와 비슷하다. 덕분에 에탄올은 세포막의 방어를 뚫고 위장 세포벽을 통해 혈류로 직접 들어갈 수 있다. 와인을 마실 때 들이켜는 에탄올의 약 20%가 위벽을 통과하여 혈류로 직접 들어가기 때문에 술을 마신 직후 바로 취기를 느낄 수 있는 것이다.

수잔에게 우스꽝스러운 말을 한 것도 이젠 설명이 될 것 같다. 나는 재빨리 그녀가 짜증이 났는지 살폈다. 그녀는 소설책에 빠져 있었고, 짧은 회색 머리에 빨간 안경을 쓰고 검은색 티셔츠를 입고 있었다. 50대 중반쯤으로 보였다. 티셔츠에는 머리카락이 몇 가닥 늘어져 있었는데 그녀의 머리카락보다 훨씬 길었다. 공항에서 작별 인사를 나누는 동안 연인의 머리카락이 거기에 붙은 것일까? 아니면 그녀가 키우는 강아지의 것일까?

개들도 알코올을 마시면 술에 취하기 때문에 애완동물이 특별한 경우에 마실 수 있도록 고안된 비알코올 와인 시장이 커지고 있다. 인간을 위한 비알코올 와인도 존재하지만, 내 경험상 그건 전혀 와인 같지 않았다. 그 맛을 한 번 보면 알코올 없이 포도 과즙의 단맛과 과일맛 사이의 균형을 맞추는 것이 얼마나 어려운지 알 수 있다. 와인이 세련되고 고급스러운 분위기를 내는 것은 바로 이 때문이다. 알코올은 포도주스를 성인용 음료로 바꾼다. 물론 독은 있지만, 빠져들 수밖에 없는 매력적인 독이다.

이미 약간 취기가 도는 데다 한동안 아무것도 먹지 않았더니 더 취할

흐르는 것들의 과학

것만 같았다. 먹은 음식이 없어 위를 통해 알코올이 흘러가는 속도를 늦출 수 없었다. 알코올은 이제 내 소장으로 향하고 있었다. 이렇게 흘러온 알코올은 이제 혈류를 타고 간으로 향한다. 간은 독소를 제거하지만, 시간당 와인 한 잔의 속도로 에탄올을 신진대사할 뿐이다(간의 크기에 따라 어느 정도 차이는 있다). 와인을 이보다 더 빨리 마시면 에탄올이 대사 속도보다 더 빠르게 혈류에 유입되어, 미처 처리되지 못한 것이 다른 장기에 침투해 신체 전반에 영향을 준다. 알코올이 뇌에 미치는 영향은 사람마다 일정하지 않다. 또 마시는 술의 양, 정신 상태, 그 외 생리기능에 따라 다르다. 하지만 기본적으로 알코올은 신경계를 둔하게 하고, 억제력을 줄여 기분을 변화시킨다.

알코올은 다른 장기에도 영향을 미친다. 심장 근육을 일시적으로 약화시켜 혈압을 낮춘다. 혈액이 폐를 지나며 호흡을 통해 산소를 흡수할 때에는, 신체에 남아 있던 알코올의 일부가 혈액에서 배출되는 이산화탄소와 함께 세포막으로 뛰어든다. 그래서 숨을 내쉬면 알코올 증기가 날숨에 포함되어 냄새를 풍기게 된다. 음주운전이 의심되는 사람의 음주 여부를 검사하기 위해 경찰이 사용하는 음주 측정기는 바로 이 알코올 증기의 존재를 검사하는 것이다.

숨결에 풍겨오는 술냄새는 그닥 좋게 느껴지지 않지만, 에탄올의 다른 성질, 그러니까 물보다 기름에 더 가까운 부분은 우리에게 훨씬 더 향기로운 액체를 선사한다. 그 예가 바로 향수다. 베르가못bergamot이나 오렌지 같은 식물에서 추출한 에센셜 오일, 또는 몰약과 같은 수지, 사향과 같은 동물 유래 성분은 모두 알코올에 용해되면서 향수가 될 수 있다. 따뜻한 피부에 향수를 톡톡 두드려 바르면 알코올이 증발하고 남은 오일이 천천히 공기 중에 퍼지게 되어 그 향기에 감싸이게 된다. 공항 라운지에 쌓여 있는 모든 향수에는 알코올이 가득하다. 보드카와 같은 효과를 낼 수 있기 때문에 취하고 싶다면 향수를 마셔도 된다. 하지만 조심해야 한다. 값싼 향수에 사용되는 알코올 중 일부는 메탄올이기 때문이다.

메탄올은 가장 작은 알코올 분자로, 탄소 원자가 두 개인 에탄올과 달리 탄소 원자가 한 개밖에 없다. 이 작은 차이는 약리학적 효능을 극단적으로 변화시키고, 메탄올의 독성을 에탄올보다 훨씬 더 강하게 만든다. 순수 메탄올 한 잔은 영구적인 실명을 일으킬 수 있으며, 세 잔을 마시면 죽을 수도 있다. 이것은 메탄올이 몸안에 들어가면 소화기관에 의해 포름산과 포름알데히드로 대사되기 때문이다. 이 중에서 포름산은 신경세포, 특히 시신경을 공격한다. 포름산을 많이 들이켜게 되면 시신경의 저하로 시력을 잃을 수도 있다. 바로 여기서 '만취blind drunk'라는 표현이 나온다. 포름산은 또한 신장과 간으로 들어가 치명적인 손상을 일으킨다.

메탄올은 알코올 음료의 발효 과정에서도 만들어진다. 특히 보드카나 위스키 같은 독한 술, 즉 증류주를 생산하는 과정에서 만들어지는데, 양조 과정에서는 제거되기 때문에 상업적 증류주에서 마주칠 가능성은 거의 없다. 하지만 문샤인moonshine, 후치hooch, 포틴poteen과 같은 밀주 또는 집에서 만드는 술의 경우엔 절대 조심해야 한다. 이 음료들은 일반적으로 옥수수, 밀, 감자 같은 작물에서 전분을 발효시켜 만든다. 이 과정에서 매쉬mash라고 불리는 저알코올 혼합물이 생성되는데, 그 혼합물은 증류기에 연결되어 일련의 과정을 거친 후, 가열되어 높은 도수의 술로 증류된다. 증류기

흐르는 것들의 과학

에서 나오는 첫 번째 액체는 농축된 메탄올인데 반드시 버려야 하는 물질이다. 숙련된 양조업자들은 왜 그래야 하는지를 알고 있지만, 밀주를 처음 만드는 사람들은 이 사실을 알지 못해 사망하는 경우가 있다.

또 가난한 술꾼들이 부동액, 세정제, 향수처럼 쉽게 구입할 수 있는 알코올 기반의 액체를 마시는 경우가 있는데, 이는 아주 나쁜 습관이다. 단지 이 액체들의 탁한 맛 때문만이 아니다. 이 액체들은 원래 마실 수 있도록 제조된 것이 아니라서 제조업자들이 제조 과정에서 메탄올을 제거하지 않기 때문이다. 이는 비극적 결과를 가져올 수 있다. 예를 들어, 2016년 12월 러시아에서는 58명이 향기 나는 목욕용 오일을 마시고 사망했다. 이 사고의 원인은 향기로운 화학물질이 아니라 메탄올이었다.

어쨌든 비행기 안에서는 음료 카트가 다시 지나가고 있었다. 확신하건대 메탄올이 전혀 들어 있지 않거나 극소량만 들어 있는 알코올 음료들을 싣고 있을 것이다. 승무원이 다가와서 식사에 함께 마실 음료를 물었다. 수잔은 화이트 와인을 달라고 했고, 나는 레드 와인을 선택했다. "화이트 와인은 바닐라향이 안 나던데, 혹시 모르니 한번 마셔 보세요." 내가 말했다. 수잔은 미소를 지으며 와인을 따른 잔을 내게 들어 올려 보이고는 아무 말 없이 다시 책을 읽기 시작했다. 그녀는 내가 진정하기 시작하자 만족하는 것 같았다. 실제로 나는 진정되는 중이었다. 알코올은 진정제이자 사회적 윤활제다. 다시 말해 사회에 야기하는 문제보다 더 많은 혜택을 주는, 법적으로 허가된 약물이다. 적어도 우리끼리는 그렇게 여기고 넘어가기로 하자. 술에 취하면 사람들은 더 편안해지거나 더 적대적이 된다. 둘 중 어느 경우라도 술에 취한 사람은 명확하고 이성적인 판단을 하기

가 어려워진다. 그렇다면 왜 이러한 중독의 위험을 비행 전 안전브리핑에
서는 언급하지 않았을까? 술에 취한 사람은 비상 상황에서 안전을 챙기기
힘들 뿐더러, 다른 사람들을 위험에 빠트릴 수도 있는데 말이다. 그런데도
브리핑은 실제 안전에 관한 것이라고 한다. 물론, 앞에서도 말했지만 나는
그 말을 믿지 않는다.

와인을 마시는 것은 안전에는 도움이 되지 않을 수 있지만 다른 장점
이 있다. 그중 하나는 앞서 승무원이 슬쩍 물어본 것처럼 식사에 전통적인
반주로 곁들여진다는 점이다. 와인은 그 자체로도 맛있지만, 매우 효과적
인 미각 세정제 역할을 하여 음식 자체를 더 맛있게 한다. 와인의 주요 향
미 성분 중 하나는 '드라이'하고 씁쓸한 느낌의 떫은맛이다. 석류, 피클, 설
익은 과일 등에서 느낄 수 있는 그런 맛이다. 와인의 떫은맛은 탄닌^{tannin}에
서 오는데, 포도 껍질에서 나온 탄닌의 분자들은 타액의 윤활 단백질을 분
해하여 입안을 '드라이'하게 만든다. 이 가벼운 떫은맛은 즐길 만하다. 특
히 지방이 많은 음식을 먹을 때 함께 마시면 더욱 그렇다. 지방은 입안을
기름지게 하여 요리의 맛을 풍부하고 고급스럽게 느껴지게 하지만, 과다
하면 맛을 가리고 입에 찌꺼기와 역겨운 기름기를 남긴다. 떫은맛은 이 느
끼함을 상쇄하고 입안을 개운하게 하여 음식의 뒷맛을 없애고 미각을 중
립 상태로 되돌려 준다.

연구에 따르면, 지방이 많은 음식을 먹는 사이사이에 떫은 음료를 한
모금씩 마시면 미각 세정 효과가 가장 크다고 한다. 이렇게 궁합을 맞춰
먹게 되면 느끼함이 줄어드는 만큼 높은 탄닌으로 인한 '드라이'한 느낌
의 떫은맛도 줄어든다. 다시 말해, 스테이크 외에도 연어와 같이 지방이

흐르는 것들의 과학

많은 생선에는 레드 와인을 곁들이는 게 맞다는 것이다. 생선에 레드 와인을 마신다고 누가 뭐라 하든 간에 말이다. 사람들은 레드 와인이 생선의 섬세한 맛과 향을 꺾는다고 생각해서 보통 생선 요리엔 화이트 와인을 추천한다. 그러나 사실 화이트 와인과 레드 와인은 겹치는 맛(과일향, 바닐라향 등)이 있어 꼭 그렇게 일괄적으로 적용되지는 않는다. 실제로 식사에 곁들일 와인을 고를 때는 와인의 산도와 당도를 고려하는 게 훨씬 더 중요하다. 산도는 음료의 신맛을 나타내고, 당도는 입안의 '드라이'한 정도를 나타낸다. 예를 들어 음식의 쓴맛을 균형 있게 만드는 것을 선호하는 사람들은 식사에 '드라이'하고 산미가 있는 와인이 어울린다고 생각한다. 풍미가 강한 화이트 와인 리오하Rioja는 기름이 반질반질한 햄과 잘 어울리고, 레드 와인 피노 누아Pinot Noir는 지중해식 생선 스튜와 궁합이 잘 맞는 식이다.

한편 많은 문화권에서 대부분의 음식은 와인보다 보드카와 같은 증류주와 짝을 이룬다. 증류주는 40%로 높은 함량의 에탄올을 포함하고 있어 강한 떫은맛을 내는 만큼 매우 효과적인 미각 세정제다. 또한 이 알코올은 입안의 오일과 지방은 물론 남겨진 맛까지 함께 용해시킨다. 순수 증류주는 맛이 거의 느껴지지 않기 때문에 음식에 곁들여 마시면 좋다. 절인 청어와 같은 강한맛의 요리와 함께라도 어색하지 않게 잘 어울린다.

순수 보드카에서 맛이 느껴지지 않는 이유는 냄새가 거의 없기 때문이다. 짠맛, 단맛, 신맛, 감칠맛, 쓴맛의 기본적인 맛은 입안의 미뢰가 감지하지만, 음식과 음료가 뒤섞인 복잡한 맛은 코에 있는 수천 개의 후각 수용체가 담당한다. 와인 애호가들이 와인을 마시기 전에 먼저 냄새를 맡는 이유는 향이 그만큼 중요하게 작용하기 때문이다. 사람이 느낄 수 있는 와인 맛의 대부분은 와인의 향에서 나온다. 와인 잔이 크게 설계된 것도 바로 이 때문이다. 즐겁고 고마운 와인의 향기가 바로 여기에 담긴다.

음식의 향미는 대부분 음식을 먹을 때 입안에서 느끼게 된다. 그래서 감기에 걸리면 후각 수용체를 덮은 콧물 때문에 어떤 요리를 먹든 음식의 미묘한 맛을 느낄 수 없는 것이다. 같은 이유로 온도가 다르면 와인의 맛도 달라진다. 와인이 차가우면 입안에서 강한 휘발성 물질만이 기체로 바뀌면서 향미를 내뿜는다. 그러나 와인이 따뜻해지면 냄새는 달라진다. 열로 인해 생긴 여분의 에너지가 액체 속의 더 많은 맛 분자flavour molecule를 증발시키면서 와인의 향기와 맛을 변화시킨다. 레드 와인과 화이트 와인이 서로 다른 맛을 내는 이유 중 하나는 둘을 각기 다른 온도에서 내놓기 때문이다. 두 종류의 와인을 모두 차갑게 두고 블라인드 테스트를 하면 무슨 뜻인지 알게 될 것이다. 더 차가운 온도에서는 과일향의 맛 분자 대부분이 액체 속에 녹아 갇혀 향기를 내지 못하게 된다. 이것이 맛의 균형을 변화시켜 산미와 '드라이'한 느낌이 뚜렷해지고, 사람들은 생동감crispness과 깔끔함clarity을 느끼기도 한다. 여기에 미뢰를 시원하게 만들어 주는 효과가 더해지면 매우 환상적인 클래식 화이트 와인을 경험할 수 있게 된다. 같은 와인을 상온에서 내어주면 맛은 완전히 달라진다. 과일향이 산미를 가려버리면서 차가운 와인에 비해 생동감보다 따뜻함이 강렬하게 느껴진다. 여기에 옳고 그름은 없다. 단지 무엇을 즐기느냐의 문제인 것이다.

비행기에서 마셨던 레드 와인은 온도가 아마 22℃ 정도였을 것이다. 작은 병에 담겨 있어 조금 전 유리잔에 부었을 때는 비행기 내부의 온도에 충분히 맞춰져 있을 것이기 때문이다.

흐르는 것들의 과학

∴ 마랑고니 효과를 보여주는 유리잔의 레드 와인

　나는 와인 잔을 빙글빙글 돌려보았다. 와인이 유리잔을 따라 흘러내리며 눈물이 맺히는 마랑고니 효과Marangoni effect(역주: 액체 간 표면장력의 차이로 인해 두 액체의 계면을 따라 물질이 전달되는 현상)를 보기 위해서였다. 와인을 잔에 부으면, 와인에 들어 있는 에탄올이 유리와 닿는 표면에서 표면장력을 낮추면서 와인 잔 안쪽 벽에 얇은 막을 형성한다. 이 막의 알코올은 빠르게 증발한다. 알코올이 증발하게 되면 주변의 다른 영역에 비해 알코올 농도가 낮은 곳이 생기고, 물의 표면장력이 에탄올보다 높기 때문에 이곳의 표면장력은 주변에 비해 높아지게 된다. 표면장력의 차이는 액체를 서로 다르게 끌어올리면서 눈물 형태로 맺혀 흘러내리게 한다. 이러한 현상은 와인의 알코올 농도가 높을수록 더 뚜렷하게 나타난다. 덕분에 마랑고니 효과로 와인의 알코올 함유량을 짐작할 수 있다. 내가 들고 있는 레드 와인은 진한 눈물을 흘렸다. 나는 이것이 알코올 함량이 14% 정도 되는 독한 와인일 것이라 생각했다.

눈을 감은 채 와인을 크게 한 모금 마셨다. 라벨의 설명은 보지 않았다. 강건하고 과일향이 나는, 뭐랄까, 그야말로 레드 와인 맛이 났다. 쓴맛은 아니었지만 단맛도 아니었다. 균형 잡힌 맛이라고 하는 게 맞을 것 같았다. 사실 부드럽다고 할 수도 있다. 내가 지금 뭐라고 한 거지? 이것은 분명 액체였고, 액체는 그 자체로 매끄러운 질감이 느껴지지 않는가. 내 말은, '드라이'하거나 톡톡 쏘는 게 없이 떫지 않다는 뜻이었던 것 같다. 나는 이 맛이 맘에 들었고, 어떤 맛인지 확인하려 라벨을 들여다보았다.

'진한 보랏빛의 블랙커런트향과 체리향을 풍기는, 나무향의 여운을 느낄 수 있는, 신선한 탄닌과의 조화가 일품인, 가벼운 바디감, 과일향의 끝맛이 특징인…'

'아, 이 맛이었군!' 수잔이 여전히 책을 읽고 있는지 보려고 슬쩍 그녀를 쳐다보며 생각했다. 수잔이 의아한 표정으로 고개를 들었을 때 나는 내가 큰 소리로 말했다는 것을 깨달았다. 나도 내가 약간 취한 것을 알게 되었다. 그래도, 다행히 나는 취한 것을 모를 만큼 취하지는 않았다.

와인의 맛은 많은 와인 전문가들의 품평보다 오히려 와인의 외관(특히 라벨)과 문화적 배경에 의해 결정된다. 연구에 따르면 일반적으로 향은 입의 미뢰와 코의 후각세포로부터 정보를 입력 받아 뇌에서 만들어지지만, 어떤 맛을 맛볼지에 대한 뇌의 기대감 또한 향을 결정하는 데 중요한 요소

호르는 것들의 과학

로 작용한다. 예를 들어, 향을 바꾸지 않고 딸기 아이스크림의 색만을 녹색, 노란색, 주황색 등으로 바꾸게 되면 아이스크림을 맛보는 사람들은 딸기 향을 감지하는 데 어려움을 겪는다. 십중팔구 색과 관련된 맛을 느낄 것이다. 아이스크림이 주황색이라면 '복숭아'맛이 날 가능성이 높고, 노란색이라면 '바닐라'맛이, 녹색은 '라임'맛이 날 것이다. 하지만 정말 놀라운 점은, 내가 먹고 있던 주황색 아이스크림이 실제로 딸기 아이스크림이라는 것을 알게 되었을 때도 여전히 복숭아맛을 느낀다는 것이다. 확실히 맛은 다중감각적인 경험이다. 그러나 뇌가 여러 기관에서 입력된 감각을 통해 음식이나 음료의 맛을 정할 때, 시각적인 영향은 생각보다 결정적이어서 다른 감각의 영향은 무시되기도 한다.

왜 시각이 맛에 그렇게 커다란 영향을 끼치는지를 설명하는 이론은 많다. 그중 하나는 우리의 뇌가 향기를 어떻게 해석하는지와 관련이 있다. 맛은 냄새에서부터 만들어지고, 냄새를 감지하는 속도는 시각적 감지 속도보다 10배 정도 느리다. 우리는 특정한 분자의 냄새를 식별하는 것을 힘들어하는데, 이는 한 가지 냄새를 코의 여러 수용체가 감지하기 때문이다. 냄새로부터 특정 분자 성분을 감지하는 훈련을 해 온 전문가들조차도 4~5개의 냄새가 섞이면 개별적인 냄새를 식별하지 못한다. 특히 와인에는 수천 가지의 개별적인 맛 분자가 있다 보니 그 미묘한 맛을 감별해 내는 것 자체가 엄청난 도전인 것이다. 여러 냄새가 섞여 있을 때 후각만으로는 각각의 냄새를 확실하게 구별할 수 없다. 이는 아주 간단한 게임으로도 확인할 수 있다. 적당한 날 저녁, 친구들의 눈을 가린 채 잔을 건네주며 그 안에 든 액체(예를 들어 오렌지주스, 우유, 차가운 커피)를 식별해보라고 하

자. 이때 맛을 보거나 눈으로 봐서는 안 되고, 물질의 냄새만 맡을 수 있다. 일부 음료는 쉽게 식별 가능하겠지만, 대부분의 음료는 그 냄새를 정확하게 감지하기 어려울 것이다. 그 후, 답을 밝히지 말고 대신 손님들이 눈가리개를 벗고 냄새와 시력을 사용해 물질을 식별할 수 있도록 하자. 이번에는 당연히 쉽게 식별이 가능할 것인데 그 이유는 과거에 그 음료를 보고, 냄새를 맡았던 경험 덕분이다. 이 게임은 우리가 시각에 얼마나 의존하여 냄새를 식별하는지, 즉 맛을 느끼는지를 보여준다.

와인을 음미하는 데 있어 시각의 중요성은 2001년 프랑스에서 수행된 과학 연구에서 극적으로 입증된 바 있다. 54명의 시음자 패널이 두 가지 와인의 향기를 맡고 그에 대해 품평을 하는 것이었다. 둘 다 보르도 와인으로, 하나는 세미용과 소비뇽 포도로 만든 화이트 와인이었고, 다른 하나는 카베르네 소비뇽과 메를로 포도로 만든 레드 와인이었다. 그러나 참가자들은 화이트 와인에 향이 없는 붉은 염료가 첨가된 줄 모르고 두 잔의 붉은 와인의 냄새를 맡고 구별해야 했다. 와인 향기에 대한 평은 그 색에 의해 완전히 좌우되었다. 참가자들은 두 와인을 '향신료향이 나는spicy', '강렬한intense', '블랙커런트향이 나는' 같은 단어를 사용해 표현했는데, 그중 하나는 이런 표현에 걸맞지 않은 향을 가진 화이트 와인이었다.

음료의 색깔을 어떻게 조작하든 간에, 실제 맛보는 풍미가 음료의 외관을 보고 기대한 맛과 일치할 때 우리는 그 음료를 더욱 즐기게 된다. 마찬가지로 그 음료를 따른 병, 우리가 있는 공간의 청결함과 분위기, 대접하는 사람의 매력도 영향을 미치는데, 특히 와인의 경우 그 품질과 세련된 외적 요소가 모두 결합되어 술맛을 결정한다. 실험 결과에 따르면, 라벨에

흐르는 것들의 과학

표기된 생산지에 따라 와인에 대한 선호도가 어느 정도 다르게 나타났다. 또 와인을 마시기 전에 이에 대한 좋은 이야기, 예를 들어 상을 수상했다는 등의 말을 들으면 그 와인을 더 즐길 가능성이 높다고 한다. 여담으로, 상당히 많은 와인이 상을 받고 있다. 많은 대회에서 다양한 제조업체가 출품한 대다수의 와인이 상을 받는다.

식당에서 와인 목록을 건네받을 때 와인에 대해 아무것도 모른다고 당황할 필요는 없다. 낯선 포도 품종, 원산지, 생산 날짜를 자동차의 사양처럼 생각해보라. 차가 휘발유 엔진인지 디젤 엔진인지, 1.4리터인지 2.0리터인지에 대해 자세히 알고자 하는 사람이 있는가 하면, 이런 세부 사항에는 관심이 조금도 없는 사람이 있다. 어떤 사람들은 이런 것보다는, 단지 차를 타고 출발지에서 목적지까지 확실히 갈 수 있기만을 바란다. 이것이 제일 중요하다. 중간대 가격의 와인 대부분은 기분 전환이나 생일을 축하하는 수단 또는 음식에 곁들일 훌륭한 반주의 역할을 완벽하게 수행할 것이다. 하지만 누군가는 출발지에서 목적지로 가는 과정에서 보다 많은 것을 원할 수도 있다. 예를 들어 비명을 지르며 빠르게 모퉁이를 돌거나, 아니면 부드럽게 미끄러지는 느낌을 즐길지도 모른다. 어떤 와인은 다른 와인보다 더욱 좋은 감칠맛을 선사하기도 하고, 어떤 와인, 예를 들어 '내추럴 와인'과 같은 특별한 와인은 기존 와인에서 기대할 수 있는 것과는 또 다른 맛을 내기도 한다. 이 와인들에 더 좋고 나쁘고는 없다. 그냥 서로 다른 와인일 뿐이다. 모든 맛은 주관적이고, 자동차(그리고 대부분의 인생)와 마찬가지로 가격이 이런 가치 판단에 정확성을 더할 수는 없다. 와인을 즐기다 보면 자동차를 타는 것처럼 여러 감각적인 경험을 하게 된다. 비싼 브랜드의 자동차를 구입하는 경우 실제로는 그 브랜드에 돈을 지불하는 것이지 경험을 사는 것은 아니다. 어떤 사람들은 가장 비싼 차를 가지고 싶어 하고, 그 차가 자신을 표출하는 수단이라며 거기에서 진정한 즐거움을 얻기도 한다. 와인도 마찬가지다. 하지만 그렇다고 해서 비싼 것이 더 좋은 와인이라거나 더 나은 자동차라는 뜻은 아니다. 당연히 주인들이 더 잘난 사람들이라는 뜻도 아니다. 따라서 비싼 와인을 갖고 있는 것이 당신을 뿌듯하게 해 주지 않는다면, 당신은 돈을 낭비하고 있는 것이다. 대부분의 중간 가격대 와인과 저렴한 와인 역시 최고가 와인만큼이나 미묘한 풍미를 가지고 있다. 블라인드 테스트가 증명해주지 않았는가.

비행기 안에서 와인 한 잔을 더 마시자 두통이 느껴졌다. 그런데 숙취가 벌써 일어날 리가 없지 않은가? 아니면 그냥 탈수현상인 것일까? 알코올이 몸에 가하는 생리적 작용 중 하나는 신장에 물을 보존하라고 신호를 보내는 호르몬의 분비를 억제하는 것이다. 따라서 탈수현상을 일으키지 않으려면 물을 마셔 수분을 보충해줘야 한다. 아무리 찾아도 승무원들이 보이지 않아서 어쩔 수 없이 탑승 전에 구입한 비싼 물병을 꺼냈다. 병을 쉭 열고 벌컥벌컥 게걸스럽게 물을 마셨다. 기분이 좋아졌다. 창밖을 내다보니 훨씬 더 큰 액체 덩어리가 보였다. 아름다운 푸른 바다가 수평선까지 뻗어 있었다.

흐르는 것들의 과학

03

깊은 Deep

LIQUID

LIQUID

sea: 바다

≋

바다는 우리에게 외계나 다름없다.
고글을 쓰고 물속에서 몸을 숙여 다리를 빠르게 차면
우리는 그곳에 갈 수 있다.

비행기의 타원형 창문 너머로 보이는 바다의 물은 내가 들고 있는 플라스틱병 속의 물과는 상당히 다르다. 소금 함량과 같은 구성 성분에만 차이가 있는 것이 아니다. 그 움직임도 다르다. 지구의 바다에는 일정한 흐름이 있어 바람을 일으키고, 또 그 바람이 바닷물을 움직인다. 구름을 만들고 기상현상을 일으키면서, 또 그 영향을 받는다. 대기를 가열하지만, 또 열을 저장한다. 이렇게 바다에는 전 지구적인 흐름이 있어 이것이 지구의 기후에 영향을 미친다. 때문에, 이 플라스틱병 속의 물과 비슷한 분자들로 구성되어 있음에도 불구하고, 지표면의 70%를 덮고 있는 바다는 그저 플라스틱병의 물을 엄청나게 늘려놓은 것과는 그 성질이 다르다. 바다는 완전히 다른 짐승이다.

'짐승'이란 단어는 아마도 바다를 표현하기에 적절한 단어일 것이다.

바다에서는 아무리 수영을 잘해도 위험하다. 바다에 몇 시간 이상 계속 떠다니는 것은 매우 어렵다. 바다에 좌초되었을 때는 해류와 싸우려고 애쓰지 않는 것이 좋다. 대신 구조될 때까지 바닷물 위에서 떠다니는 것이 더 현명하다. 그런데, 내 생각에 인간이 물속에서 살기 위해 몸부림치는 일을 '떠다니는 것floating'이라는 단어로 간단히 묘사하는 것은 정말 잘못된 것 같다. 배가 하는 일은 떠다니는 것이다. 꽤나 위엄 있어 보인다. 그 거대한 몸체의 작은 부분만 물에 잠긴 채 항해한다. 하지만 나는 '떠오르려고' 할 때마다 내 몸의 대부분이 가라앉는다. 운이 좋다면 고래처럼 쿵쿵거리며 코를 치켜들고 숨을 쉬면서 물이 들어차지 않도록 노력할 수 있을 것이다. 대개는 실패로 끝나겠지만 말이다. 내 생각에 진짜 '떠다닌다'고 할 수 있으려면 단순히 물 위에 누워 있는 것이 아니라, '쉽게' 그렇게 할 수 있어야 한다. 그러나 그것은 표준적인 정의가 아니다. 더욱이, 아르키메데스가 2,000년 전에 뜬다는 것의 원리를 발견하고 욕조에서 "유레카!"라고 소리쳤을 때 의미했던 것은 확실히 아니다.

그리스의 수학자이자 공학자였던 아르키메데스는 사람이 욕조에 들어갈 때 수위가 올라간다는 것을 알아차렸다. 그 이유는 분명하다. 물이 있던 바로 그 자리에 사람이 앉아 있기 때문이다. 이 물은 스펀지처럼 압축되지 않고, 대신 액체의 특성대로 사람 주위의 다른 곳으로 흘러간다. 욕조 안의 한정된 공간에서 그것이 갈 수 있는 유일한 장소는 처음의 수위보다 높은 곳뿐이다. 들어갈 때 욕조가 이미 물로 가득 차 있었다면, 물은 욕조의 가장자리를 넘어 바닥으로 흘러갈 것이다. 아르키메데스의 유명한 실험이 시작되는 곳이 바로 여기다. 욕조의 가장자리 위로 넘쳐흐르는 물

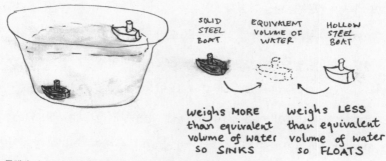

SOLID
STEEL
BOAT

EQUIVALENT
VOLUME OF
WATER

HOLLOW
STEEL
BOAT

weighs MORE
than equivalent
volume of water
so SINKS

weighs LESS
than equivalent
volume of water
so FLOATS

∴ 물체가 떠다니거나 가라앉는 것은 물체와 같은 부피의 물의 무게에 달려 있다.

을 모으면 흥미로운 사실이 드러난다. 넘쳐흐른 물의 무게가 사람에게 작용하는 부력과 같다는 것이다. 만약 부력이 사람의 체중보다 작다면 사람은 가라앉을 것이고, 그렇지 않다면 떠오를 것이다. 그리고 이것은 사람뿐 아니라 어떤 물체에게나 적용된다. 유레카!

아르키메데스가 발견한 것은, 넘쳐흐르는 물의 무게를 계산함으로써 어떤 것이 떠오르고 가라앉을지를 예측할 수 있다는 사실이다. 고체라면 단순히 물질의 밀도와 물의 밀도를 비교하면 된다. 물보다 부피당 무게가 적게 나가는 나무는 물보다 밀도가 낮아서 떠다니고, 강철은 물보다 밀도가 높아서 가라앉는 것이다. 하지만 여기서 강철도 물에 뜰 수 있게 하는 속임수를 쓸 수 있다. 바로 속이 빈 상태의 배를 만들면 된다. 그러면 배의 평균 밀도가 물보다 낮아서 떠다니게 된다. 엄청 간단하지 않은가? 아르키메데스가 활동하던 시기로부터 2,000년이 지난 지금도 이런 원리를 이용해 선박을 건조한다. 물론 그 정도로 강철의 가격이 충분히 낮아졌기에 가능했을 것이다. 세계 무역 상품의 90%를 운송하는 현재의 해상 선박은 거의 전부가 강철로 만들어졌다.

인체를 구성하는 다양한 물질은 밀도가 제각각이다. 뼈는 밀도가 높고 세포 조직은 밀도가 낮으며 어떤 곳은 속이 비어 있다. 전체적으로는 물보다 밀도가 약간 낮기 때문에 물에 떠 있을 수 있다. 그러나 밀도를 물과 정확히 일치시키면, 예를 들어 금속벨트같이 무거운 것을 적당한 무게로 착용하면, 가라앉지도 떠오르지도 않게 된다. 부력이 중력과 상쇄되어 스쿠버다이빙을 하기에 이상적인 상태가 된다. 물속에서 부력이 중력과 평형을 이루게 되면 당신을 수면으로 뜨게 하는 힘도, 바다 밑으로 가라앉게 하는 힘도 없다. 그리고 스쿠버 장비를 사용하면 사실상 무중력 상태에서 바닷속 깊은 곳에 있는 산호초와 침몰된 난파선을 자유롭게 탐험할 수 있다. 이는 우주의 무중력 상태와 아주 가깝기 때문에 우주 비행사들은 수영장에서 훈련을 하기도 한다.

스쿠버 장비의 도움이 없으면 인체는 뜨게 된다. 하지만 우리의 몸은 물보다 아주 약간 밀도가 낮을 뿐이라서, 사람 몸무게만큼의 물을 대신하기 위해서는 몸의 90% 이상이 물에 잠겨야 한다. 뚱뚱한 사람들은 마른 사람에 비해 체지방 비율이 높은데, 뼈보다 체지방의 밀도가 낮기 때문에 마른 사람들보다 더 뜨기 쉽다. 또, 전신수영슈트는 우리 몸을 더 뜨기 쉽게 만든다. 물보다 밀도가 낮은 물질로 이루어져 있기 때문이다. 한편, 수영장보다는 바다에 떠 있는 것이 조금 더 쉽다. 소금, 즉 염화나트륨 같은 미네랄이 녹아 있기 때문이다. 염화나트륨의 나트륨과 염소는 갈라져서 물 분자들 사이사이에 들어가 바닷물에 녹아든다. 이 원자들로 인해 물이 더 빽빽해지기 때문에, 순수한 물보다 몸무게만큼 밀어 올려야 하는 양이

∴ 사해에 떠 있는 남자

적어진다. 중동의 사해는 소금이 너무 많아서(대서양의 10배) 물 위에서 마치 오리처럼 자유자재로 뒹굴 수 있을 정도다.

　일단 뜰 수만 있다면, 수영도 할 수 있다. 수영은 인생에서 가장 큰 즐거움 중 하나다. 물속에서는 깃털처럼 가벼워질 수 있고 무용수처럼 미끄러질 수 있다. 수면 바로 아래에는 숨겨진 세계가 있다. 화성에 가는 비용이나 다른 행성에서 생명체를 찾았을 때의 흥분은 잊어도 좋다. 바다는 우리에게 외계나 다름없다. 고글을 쓰고 물속에서 몸을 숙여 다리를 빠르게 차면 그곳에 갈 수 있다. 청록색의 산호초가 있는 곳까지 미끄러지듯 내려가면 놀라운 일을 경험할 것이다. 물고기는 심드렁한 눈으로 당신을 관찰하고 꼬리를 흔들어 능숙하게 길을 비켜준다. 수영을 할 때는 한 팔을 앞으로 뻗었다가 뒤로 당기는데, 이렇게 하면 주변의 액체가 빠르게 움직이며 물 분자들이 서로를 평소처럼 지나치지 못하게 만든다. 그렇게 물 분자들은 서로 부딪히며 당신에게 힘을 가하여 당신을 앞으로 나아가게 만든다. 이것이 수영의 본질이다. 팔과 다리는 끊임없이 뒤에서 물을 움직여 당신을 앞으로 나아가게 한다. 이 정도로 감격해서는 안된다. 여기서 당신은 전혀 다른 존재가 된다. 육지에서는 서툴지라도, 물속에서는 돌고래처럼 소용돌이를 만들며 활공할 수도 있다. 당신은 자유다.

더블린의 던리어리라는 동네에서 살던 때가 있었다. 그곳에서 걸어서 갈 수 있는 거리에는 수 세기 동안 한 수영클럽의 본거지가 되어 준, '포티풋Forty Foot'이라는 더블린 만(灣)의 바위 절벽이 있었다. 제임스 조이스James Joyce의 『율리시즈』에 나와 유명한 곳이다. 1999년 겨울에 이곳에 들렀을 때, 대부분 노인들이기는 했지만 다양한 연령층의 사람들이 수영을 하기 위해 바다로 뛰어드는 것을 보았다. 기온은 12℃정도였고, 해수 온도는 약 10℃ 정도였다. 두터운 외투를 입고 있었는데도 아일랜드 해에서 불어오는 바람이 세차게 불자, 파도가 콘크리트 부두를 거칠게 때려 여전히 쌀쌀하게 느껴졌다. 그럼에도 이곳의 노인들은 차가운 물속으로 뛰어드는 것이었다. 아마 그 노인들의 담당의가 이들을 봤다면, 당장 따뜻하게 몸을 감싸라고 권했을 것이다. 이후 나는 그들 중 몸을 말리는 몇 명과 이야기를 나누었는데, 모두 행복하게 웃으며 기뻐했다. 말하다가 이를 딱딱 마주치게 될 정도로 추웠지만, 확실히 기분이 좋다는 것을 알 수 있었다. 노인들은 따뜻한 날씨에는 물론이고 추운 날씨에도 매일 수영을 한다고 했다. 내가 그곳에서 일할 때 아일랜드가 실제로 따뜻해지는 경우는 거의 없었지만 말이다.

나도 그들과 함께하기로 했고, 바로 그날 수영 모자를 샀다. 그때부터

∴ 더블린의 '포티풋'에서 수영한 후의 저자

매주 '포티풋'에서 수영을 했다. 돌이켜보면, 수영을 즐기던 것이 더블린
에서의 생활에서 가장 그리운 일 중 하나인 것 같다. 왜 그렇게 수영을 좋
아했을까 싶다.

　　10℃의 물속에 뛰어드는 것은 그리 기분 좋은 일은 아니다. 화들짝 놀
랄 만한 경험에 가깝다. 날씨가 너무 추워서가 아니라, 체온보다 25℃씩이
나 더 차가운 온도로 피부를 감싸는 것이 바로 물이기 때문이다. 물 분자
는 액체일 때나 기체일 때 모두 열을 빼앗아 간다. 하지만 액체가 기체보
다 밀도가 높기 때문에 공기에 노출되었을 때보다 물속에 있을 때 매 초당
더 많은 분자가 피부와 상호작용한다. 따라서 따뜻한 피부로부터 열을 빼
앗기는 정도는 물속이 훨씬 더 심하다.

더 심하다고 느끼는 것은 열용량heat capacity이라고 불리는 물의 또 다른 특징 때문이다. 물 분자는 뜨거운 것에 노출되면 더 빨리 움직인다. 이 움직임, 즉 진동을 바로 온도라고 부른다. 분자들이 더 빨리 움직일수록 물은 더 뜨거워진다. 액체 상태일 때 물 분자를 묶는 수소의 결합은 이 진동에 강하게 저항하기 때문에, 물 분자 1리터의 평균 온도를 1℃ 올리려면 다른 물질에 비해 많은 열이 필요하다. 물을 데우기 위해서는 같은 질량의 구리를 데우는 것보다 10배나 더 많은 에너지가 필요하다. 이처럼 물의 특별히 높은 열용량은 차 한 잔을 만드는 데 왜 그렇게 많은 열이 필요한지를 잘 설명해 주고 있다. 전기 주전자가 주방에서 가장 많은 에너지를 소비하는 기기인 이유이기도 하다. 이 밖에도 물의 높은 열용량(암모니아를 제외한 모든 액체 중에서 가장 높은)이 미치는 효과는 여러 가지가 있다. 이것이 바다로 하여금 많은 열을 저장할 수 있게 만들기 때문에, 대기의 온도 변화에 비해 바다의 온도 변화는 항상 느린 편이다. 따라서 더블린의 기온이 22℃까지 올라가는 화창한 날에도 해수 온도는 10℃에서 거의 변하지 않는다. 슬프게도 이것은 아일랜드 사람들에게 바다가 여름에도 태양의 열로 결코 따뜻해지지 않을 것이라는 것을 의미한다. 겨울이 다시 찾아오면 바다의 온도는 더 내려갈 것이다. 그러나 바다의 높은 열용량이 기후 변화로 인해 발생한 과도한 열을 흡수할 수 있게 해준다는 사실은 인류 입장에서는 큰 다행이다. 다시 말해 바다는 기후를 안정시켜 겨울에는 덜 춥게, 여름에는 덜 덥게 한다.

하지만 그 어느 것도 내가 왜 차가운 바다에서 수영을 즐기게 되었는지에 대해서는 설명해주지 못한다. 나는 추위와 축축한 것을 즐기는 체력 좋은 야외활동가 타입이 아니다. 나는 과학자이자 공학자이며 대부분의 시간을 실험실이나 작업실에서 보낸다. 어쩌면 이래서일지도 모르겠다. 바다는 너무나도 황량하고 예측하기 어렵다. 그래서 단조로운 일상과는 전혀 다른 무언가에 무의식적으로 나 자신을 노출시키고 싶었는지도 모른다. 차가운 바다로 뛰어들면 계속 헤엄쳐야 한다. 그래야 이성적 사고를 할 수 있는 의식을 유지할 수 있기 때문이다. 수영을 하며 숨이 가빠서 헐떡거릴 때는, 실패했거나 이론대로 되지 않는 실험, 심지어 실패한 관계에 대해서도 걱정할 필요가 없다. 통제할 수 없는 험악한 물속으로 뛰어들기로 작정했으니 그저 가쁜 숨을 황급히 내쉴 뿐이다.

찬물에서 수영을 할 때면 항상 저체온증을 염려해야 한다. 저체온증은 중심체온이 35℃ 이하로 떨어지면 시작된다. 몸이 정신없이 떨리기 시작하고 피부 혈관이 수축하여 피부가 변색이 되면서 혈액이 주요 장기 쪽으로 몰린다. 처음에는 창백해지다가 나중에는 팔다리가 파랗게 변한다. 아주 차가운 물에 노출이 되면 그 충격에 의해 호흡이 통제할 수 없이 빨라지면서 호흡곤란과 엄청난 심박수 상승을 유발하는데, 심해지면 공황과 혼란 그리고 익사 등으로 이어질 수 있다. 마음이 평온한 상태를 유지하더라도 저체온증이 시작되면 근육이 뻣뻣해지기 때문에 0℃의 물속에서 15분 이상 수영하는 것은 치명적일 수밖에 없다.

결국 이 차가운 죽음의 손길이 나를 '포티풋'까지 이끌었던 것 같다. 평균 수온이 10℃였던, 그 얼음 같은 잿빛의 한겨울 아침에 말이다. 죽음의 문턱에서 희롱당하고, 다시 물에서 걸어 나오던 것이 더 생생하게 느껴졌다. 물론 다행히 '거의' 다치지는 않았지만, 그날따라 일이 잘 풀리지 않왔었다. 2월의 어느 토요일에 '포티풋'에 도착해 보니 텅 비어 있었다. 노인회 멤버들도 보이지 않았다. 조수가 높고 파도가 일었다. 가끔씩 커다란 파도가 수영복을 갈아입는 부두로까지 밀려 들어왔다. 몸은 떨렸고 차가운 바람 때문에 피부에 닭살이 돋았다. 나는 뛰어내릴 준비가 되어 있었지만 잠시 망설였다. 여기서 혼자 수영을 해본 적이 없을 뿐더러, 바다는 이때까지 경험했던 것보다 더 거칠었다. '어쩌면, 이래서 오늘 아무도 수영을 하지 않는 것일까?' 의심의 순간이 지나갔다. 나는 스스로를 밀어붙이며 생각했던 말을 기억한다. '어렵사리 수영복으로 갈아입어 놓고 겁이 난다고 수영을 포기해?' 결국 나는 뛰어들었다.

평소처럼 뺨을 때리고 온몸을 공격하는 느낌, 바다가 내 생명을 빨아들이고 있다는 느낌이 들었다. 항상 그랬던 것처럼 격렬하게 수영하면서 이러한 느낌을 잊으려 했다. 바다로 나가 파도와 싸우며 내 팔다리에 스며드는 강렬한 추위를 무시하려 애썼다. 비교적 잘 해낸 듯했다. 숨을 쉬기 위해 멈춰 섰다가 파도에 얼굴을 맞기 전까지는 말이다. 물을 한 모금 삼켜 캑캑거리며 기침을 했고, 심호흡을 한 번 하자 다시 파도에 얼굴에 맞았다. 이번에는 사레가 들렸다. 물이 내 기관지 안으로 흘러들어오자, 나는 잠깐만이라도 제대로 숨을 쉬려고 물 위로 멀리 솟아오르려 허둥댔다. 하지만 그럴 수가 없었다. 물은 너무 거칠었고 파도는 계속 나를 내리쳤다. 당황한 나머지 과호흡 상태에서 물에 빠지지 않으려고 필사적으로 다리를 차기 시작했다. 그때 또 한 번 큰 파도가 몰아쳤고 나는 공포로 인해 기진맥진했다. 나는 이길 수 없었다. 춥고 죽기 직전까지 지쳐 있었다.

그때 바위에 부딪혔다. 얼마나 오랫동안 숨이 막혔는지는 모르겠지만, 파도와 조수가 '포티풋'의 버팀목이자, 겨울 폭풍으로부터 '포티풋'을 보호해 주는 바위 쪽으로 나를 밀어붙이고 있었다. 소형 자동차 크기의 바위들은 항구 방파제를 만들기 위해 크레인으로 그 자리에 옮겨 놓은 것들이었다. 파도에 밀려 그런 바위에 부딪히는 것만은 피해야 했다. 바위에 부딪히는 속도를 밀려가는 사람이 제어할 수 없기 때문이다. 그 속도는 사람이 아닌 파도의 크기, 높이, 속도에 의해 결정된다. 이런 위험에도 불구하고, 바위에 부딪히던 그 순간 나는 안심이 되었다. 바위에 부딪히면서 많은 상처와 멍이 생겼지만, 한편으로는 벗어날 기회를 잡았기 때문이다. 쉽지는 않았다. 나를 바위에 부딪히게 했던 그 파도는 물러나며 나를 바다로 계속 끌어당겼다. 파도에 서너 번 치이고 긁히며 피를 흘리고서야 단단한 것을 잡고 올라와 마침내 바다에서 도망칠 수 있었다.

나는 바다의 극단적이고 무자비한 아름다움을 바라볼 때마다 이 상황을 다시 떠올리곤 한다. 그런데 이 비행기 안, 1만 2천 미터의 상공에서는 그때 느꼈던 무력감이 더욱 커진다. 파도가 한 번 더 나를 삼켰거나, 혹은 조류가 나를 바위가 아닌 바다로 데려갔다면 그날 나는 익사할 수도 있었을 것이다. 많은 사람들이 비슷한 상황에서 죽는다. 물론 나도 어리석었다. 거칠고 끝없이 펼쳐지는 바다를 성층권에서 바라보면, 흔적도 없이 모든 것을 삼켜버리는 바다의 능력이 무시무시하게 드러나 보인다. 수잔에게 몸을 돌려 그녀가 바다와 파도, 그리고 우발적인 익사에 대해 어떻게 생각하는지 묻고 싶었지만, 그녀는 무릎을 가슴에 대고 담요를 싸맨 채 공상과학 영화를 보고 있었다. 화면에는 거대한 행성을 중심으로 궤도를 도는 우주선이 보였다.

물이 뭉쳐서 흐르게 될 때는 그 크기가 중요하다. 작은 연못 위에 바람이 불면 마찰이 생겨 바람은 느려지고 물을 밀어붙인다. 이로 인해 수면이 오목해지고, 마치 고무줄이 늘어나면서 저항이 생기는 것처럼 물의 표면장력이 이러한 변화에 저항하기 시작한다. 바람이 멈추면 중력과 함께 장력이 풀리면서 고무줄처럼 수면이 원래 형태로 회복된다. 이때, 하나의 물 분자가 다른 물 분자의 자리로 이동하고, 또 다른 물 분자가 다른 물 분자 자리로 이동하는 것처럼 바깥쪽으로 퍼져나가는 물결이 발생한다. 이 물결은 에너지를 전달한다. 바람에서 온 에너지는 이제 연못의 수면에 달라붙게 된다. 연못의 수면은 거칠어지고, 수면에 부는 바람에 대한 저항이 증가한다. 따라서 하나의 물결은 다른 물결과 합쳐져 더 높아진다. 물결이 높아질수록 이를 다시 끌어내리려는 복원력이 강해져 연못은 더욱 거칠어진다. 그러나 이 물결이 높게 올라가는 데에는 한계가 있다. 결국에는 연못의 가장자리에 부딪히게 되고, 대부분의 에너지는 땅에 흡수된다. 하지만 파동이 오래 진행될수록 더 높아지기 때문에, 작은 연못에서는 파동이 결코 크지 않지만, 보다 넓은 호수에서는 바람에 의해 파도로 변할 만큼 파동이 커질 수 있다.

파도의 꼭대기는 마루라 하고, 바닥은 골이라 하는데 마루에서 골 사이의 거리가 바로 파도의 크기다. 파도의 크기가 호수의 깊이보다 작으면 파도는 저항 없이 진행한다. 그러나 파도가 얕은 물가에 다가가면, 파도의 골은 호수 바닥과 상호작용하여 일종의 마찰을 유발한다. 결국 파도는 늦춰지고 부서지면서 물가에 갇히게 된다.

폭이 수천 킬로미터에 달하는 바다에서 처음 만들어진 작은 파동은 수 미터의 높이로 커질 수 있는 시간적, 공간적 여유가 있다. 시속 20km로 2시간 동안 바다 수면에 불어오는 바람은 파도를 30cm 높이로 만들고, 하루 종일 시속 50km로 불어오면 파도를 4m 높이로 만들 수 있다. 또 시속 75km로 3~4일 동안 불어오는 폭풍은 8m 높이의 파도를 만들 수 있다. 이렇게 만들어진 파도 중 가장 큰 파도는 2007년 대만 해역에서 몰아친 태풍으로 인한 파도로, 그 높이가 32m로 기록되었다.

　폭풍우가 몰아칠 때 발생한 파도는 쉽게 가라앉지 않는다. 연못의 파동처럼 파도는 바다를 가로질러 이동하는데, 여기서 파도의 길이가 중요하다. 파도의 길이는 그 마루에서 다음 파도 마루까지의 거리다. 폭풍우가 몰아치는 바다에서는 여러 파도가 서로 뒤섞여 그 길이를 파악하기가 어렵다. 마치 성난 물이 얽히고설켜 몰아치는 것처럼 보인다. 하지만 폭풍이 잠잠해지면 파도는 각기 제 갈 길을 간다. 이때 파도의 파장은 모두 다르기 때문에 진행하는 속도가 다르다. 따라서 수백 킬로미터의 바다를 가로질러 이동할 때 파도는 속도가 비슷한 것들끼리 무리를 지어서 다닌다. 무리 내에서 파도는 나란히 배치되어 서로 평행하게 진행한다. 결국 각 무리는 규칙적인 패턴으로 순서지어 해안에 도착한다. 따라서 해변에서 파도가 치는 소리는 본질적으로 아주 먼 곳에서 몰아친 폭풍의 소리다. 이 아름답고 최면을 거는 듯한 리듬은 바다의 복잡한 움직임 덕분이다.

　폭풍이 바다 전역에서 파도를 발생시킨다는 것을 감안할 때, 파도가 보통 해변에 수직 방향으로 접근한다는 것은 놀라운 사실이다. 누군가는 당연히 파도가 생겨난 곳에서부터 쭉 이어지는 일관된 각도로 육지에 접근해야 한다고 생각할지도 모른다. 하지만 아니다. 파도는 그보다 훨씬 더 복잡하다. 파도가 깊은 바다를 가로질러 움직일 때 파도의 속도는 일정하다. 파도를 느리게 만드는 것이 거의 없기 때문이다. 그러나 육지에 가까워지면서 물은 얕아지고, 파도의 골은 얕아진 바닥과 상호작용을 해 파도의 일부분이 늦춰지게 된다. 그러나 아직 얕은 물에 닿지 않은 부분은 같은 속도로 계속 진행한다. 이러한 파도의 속도 차이는 파도의 진행 방향을 바꾼다. 차의 한쪽 바퀴에 제동을 걸면 자동차의 진행 방향이 바뀌는 것과 같은 이치다. 결과적으로 파도가 육지에 가까워질수록 파도는 해저 등고선(해안에서부터 깊은 바다로 나갈수록 서서히 바닥이 깊어진다)과 나란하게 되도록 방향을 틀게 된다. 따라서 파도는 해안선에 직각 방향으로 접근하려는 경향을 띠고 대부분 같은 방향에서 해변으로 밀려든다.

서퍼들은 모두 이 사실을 알고 있다. 그들은 또 천수 효과shoaling effect에 대해서도 알고 있다. 천수 효과는 서핑을 아주 짜릿한 스포츠로 만든다. 서핑보드에 앉아 해변을 내다보는 모습을 상상해보자. 파도가 언제, 어디서 나타날지가 궁금해진다. 파도가 해안가로 들어오면 얕은 바닥에 부딪히며 속도가 느려진다. 하지만 동시에 파도의 높이는 높아진다. 이것이 천수 효과다. 물이 얕아질수록 파도는 더 높아진다. 파도의 높이가 너무 높아져 불안정해지기 전까지 말이다. 파도가 충분히 가파르게 되면 마치 스키를 타고 산비탈을 내려가는 것처럼 서핑보드를 타고 위에서 미끄러지듯 내려올 수 있다.

서핑을 하려면 균형, 타이밍, 그리고 파도가 어떻게 진행하는지에 대한 이해가 필요하다. 파도를 따라 서핑을 즐기려면, 파도의 일부분이 다른 곳보다 먼저 '부서져야' 한다. 이를 위해서는 해변의 등고선이 완만하게 경사져야 한다. 파도가 '부서지는' 순간은 파도가 이동해 오는 경로에 있는 수심에 따라 결정되기 때문이다. 또한 달과 태양의 중력에 따라 하루 종일 물의 깊이를 변화시키는 조수를 이해해야 한다.

간단히 말하자면, 파도를 타기 위해서는 먼 바다에서 폭풍이 일어 대양(大洋)을 건너올 만큼 커다란 파도가 만들어져야 하고, 이 파도가 적절한 등고선을 가진 해변으로 와야 한다는 소리다. 또, 이 파도가 조수와 맞물리는 시간에 딱 맞게 도착해야 한다. 그리고 바로 그 순간, 서핑복을 입고 서핑보드를 손에 들고 준비하고 있다면, 해변으로 몰아치는 멋진 파도를 탈 수 있다. 이 모든 것이 절묘한 타이밍을 이루며 합쳐질 때 서핑은 특별한 스포츠가 된다. 서퍼들이 바다에서의 폭풍, 태양, 달, 그리고 그들이 타고 있는 물과 완전히 조화를 이루게 되면서 말이다.

파도 전문가가 아니더라도, 천수 효과를 이해하고 있으면 도움이 된다. 이 지식이 목숨을 구할 수도 있다. 2004년 12월 26일 아침, 태국 푸켓 섬의 해변을 걷던 관광객들은 이상한 것을 발견했다. 바닷물이 빠르게 빠져나가면서 평소엔 물에 잠겨있던 바위가 노출되고 배들이 만에서 좌초된 것이다. 아이들은 신기해했고, 부모들도 이 현상을 신기하다며 지켜보고 있었다. 그리고 갑자기 큰 파도가 나타났다. 그들은 이런 현상을 본 적이 없다고 생각했다. 하지만 분명 본 적이 있었을 것이다. 이것은 바로 파도의 천수 효과였고, 단지 이 경우는 파도의 크기가 엄청나다는 차이가 있었을 뿐이었다. 쓰나미였다.

그보다 몇 시간 전에 인도양 한가운데서 지구 지각의 일부가 파열되어 리히터 규모^{Richter magnitude scale} 9.3의 지진이 발생했다. 어떤 기준으로 봐도 엄청난 지진이다. 방출된 에너지는 히로시마에 떨어진 원자폭탄의 에너지보다 만 배 더 큰 것으로 추정되었다. 그럼에도 불구하고 먼 바다에서 발생했기에 즉각적인 피해나 인명 손실을 초래하지는 않았다. 하지만 이 지진은 지각판을 전단shear(역주: 물체의 단면에 서로 반대 방향의 힘을 가할 때 물체가 그 면을 따라 미끄러져 절단되는 현상)하는 데 그치지 않았다. 지진은 해저를 몇 미터 끌어올려 30km³의 물을 이탈시켰다. 이는 올림픽 수영장 천만 개를 채울 수 있는 양이다. 그리고 욕조에서 갑자기 움직이면 물이 앞뒤로 출렁이는 것처럼, 지진으로 엄청난 양의 물이 이동하게 되었다.

이 출렁임은 파도가 되어 바다를 가로질러 사방으로 퍼져나갔다. 쓰나미가 시작되는 순간을 비행기에서 내려다봤다면, 아마 그렇게까지 걱정되는 광경은 아니었을 것이다. 파도는 아주 멀고 깊은 물에 퍼져 있어서 작은 혹 같은 것만이 눈에 띄었을 것이다. 그러나 파도가 이동하는 속도에는 놀랐을 수 있다. 지진의 강도와 짧은 시간 동안 방출되는 엄청난 양의 에너지 때문에 파도는 시속 약 480~970km의 제트기 속도로 이동했다. 파도가 안다만 해안Andaman sea의 얕은 물에 접근하자 속도는 늦춰지고 높이는 더욱 높아졌다. 해변에 가까이 갈수록 천수 효과가 뚜렷이 나타난 것이다. 파도의 길이가 수백 미터에 달했기 때문에, 해변에 있던 사람들이 가장 먼저 목격한 것은 바다로 빨려 들어가는 물이었다. 만약 그들이 이것이 천수 효과인 것을 눈치챘더라면 더 높은 지대로 대피할 시간이 1분 정도는 더 있었을 것이다. 그러나 비극적이게도 그들 대부분은 무슨 일이 일어나고 있는지 몰랐다. 해변 근처의 동물들은 뭔가가 일어나고 있다는 것을 감지하고 도망친 것으로 보이지만 미처 피하지 못한 사람들은 해안에서 높이

흐르는 것들의 과학

∴ 쓰나미가 닥쳤을 때의 모습

가 10m까지 솟은 첫 번째 파도에 휩쓸렸다.

　　결국 쓰나미는 15개국의 해안선을 따라 약 23만 명의 사망자를 냈다. 쓰나미가 이렇게 위험한 이유는 해안에 쏟아붓는 막대한 양의 물뿐만 아니라 물이 닿는 모든 것에 미치는 힘 때문이다.

　　1m³의 물은 무게가 1톤인데 쓰나미는 무려 300억m³의 물을 옮겨 놓는다. 오두막과 나무, 자동차를 파괴하며 강으로 쓸려 온 각종 잔해 더미는 마주치는 모든 것들에 타격을 가했다. 유조선과 주택을 휩쓸고, 다리와 고가 송전탑을 덮치며 치명적인 화재를 일으켰다.

　　파도에 휩쓸린 사람들은 빠르게 흘러가는 잔해에 실려 부딪히고 난타당해 뒤엉켜 쓰러졌다. 이로 인해 많은 사람들이 의식을 잃거나 부상을 당해 떠 있지도 못하는 상태가 되었다. 폭풍에 의한 파도와 마찬가지로 쓰나미는 한꺼번에 몰려 왔다. 해안에서 무려 2km나 내륙으로 밀려들어갔던 첫 번째 파도는 두 번째 파도와 얽혀 뒤로 당겨지면서 물살이 뒤집혔고, 이 맹공격에 휘말린 사람들과 잔해를 바다로 끌어당겼다.

불행히도 이 끔찍한 재앙에서 극적으로 살아남은 사람들 역시 그 여파로 인한 여러 가지 위험에 처해 있었다. 수질 오염은 가장 심각한 문제 중 하나였다. 쓰나미가 덮치며 하수도가 파괴되었고, 소금물이 침투하면서 지역의 담수(역주: 염분의 함량이 매우 낮아 식수로 이용할 수 있는 순수한 물)는 오염되어 더이상 식수로 사용할 수가 없어졌다. 파도에 휩쓸려 죽은 수십만 명의 사람들은 질병과 해충의 확산을 막기 위해 가능한 한 빨리 묻어야만 했다. 이 지역의 경작지는 소금물이 장기간 녹아들고 황폐해지면서 농작물을 경작할 수 없게 되었다.

2004년의 쓰나미도 커다란 재앙이었지만, 2011년 일본 해안에서 발생한 쓰나미는 그보다도 훨씬 더 큰 재앙이었다. 이 쓰나미는 역사상 기록된 것 중에 네 번째로 강력한 지진에 의해 만들어졌으며, 진앙지는 일본 열도의 가장 큰 섬인 혼슈 해안에서 70km 떨어진 바다에 있었다. 육지에서는 6분 동안 흔들림이 느껴졌는데 최악의 피해는 지진의 여파로 쓰나미가 생겨나면서 시작됐다. 쓰나미는 해안을 강타해 마을 전체를 초토화시켰고 후쿠시마 제1원자력발전소를 덮쳤다.

후쿠시마 제1원자력발전소는 1971년에 건설되어 6개의 핵분열 원자로를 사용하고 있었다. 핵분열 원자로는 원자로 노심 내부에 다발로 묶여 있는 산화우라늄봉으로 구성된다. 원자로는 매우 높은 에너지 입자 형태

흐르는 것들의 과학

로 방사선을 방출한다. 원자력발전소에서 이 에너지의 대부분은 물을 가열해 증기를 발생시키고, 이 증기가 터빈을 돌려 전기를 만들어 낸다. 이렇게 만들어지는 핵에너지는 매우 강력해 소형차 크기의 산화우라늄봉으로 2년 동안 백만 명이 사는 도시를 운영하는 데 충분한 전기를 생산할 정도다. 2011년 쓰나미 이전의 후쿠시마 제1원자력발전소에는 이러한 원자로가 6개 있었는데 각각 1년 365일, 하루 24시간 내내 약 500만 명이 사용할 수 있는 전기를 생산하고 있었다.

일본은 지진과 오랜 역사를 함께 하고 있다. 두 개의 큰 지각판 경계에 위치해 있기 때문이다. 후쿠시마 제1원자력발전소는 지진에 잘 견디도록 지어졌고, 실제로도 지진을 잘 견딜 수 있었다. 일본의 다른 54개 원자로도 마찬가지였다. 2011년 3월 11일 지진이 발생했을 때도 원자로는 전혀 손상되지 않았다. 그러나 법적으로 의무화된 안전 예방 조치로 인해 원자로 3개(1, 2, 3원자로)는 모두 폐쇄되었다(4, 5, 6원자로는 이미 재장전을 위해 가동이 중지되어 있었다). 그런데 핵연료는 그냥 바로 '꺼'버릴 수 없다. 원자로가 꺼져 있어도 열과 방사능이 계속 나오기 때문이다. 그래서 산화우라늄이 녹지 않도록 강제로 냉각하는 작업이 필요한데, 원자로가 가동을 멈추었을 때는 디젤 발전기를 돌려 냉각수를 순환시키는 펌프에 전력을 공급한다.

2011년 지진으로 1만 3,000여 명이 사망했다. 그러나 지진이 멈추고 원자로가 멈추었을 때까지만 해도 그들 중 90%는 여전히 살아있었다. 그후 50분이 지나고 평균 시속 500km로 움직이는 높이 13m의 쓰나미가 발전소를 덮쳤다. 이 물은 발전소의 방파제를 파괴하고 핵연료봉을 냉각시키고 있던 디젤 발전기가 있는 건물에 범람했다. 발전기가 고장나자 몇 개의 전기 배터리로 구성된 두 번째 백업 시스템이 작동되었다. 이 배터리 용량으로 발전소의 냉각 시스템을 24시간 동안 가동할 수 있었다. 정상적인 상황에서는 디젤 발전기를 복구하거나 더 많은 배터리를 확보하기에 충분한 시간이었을 것이다. 그러나 일본이 근대에 들어 접한 가장 큰 쓰나미는 모든 것을 파괴했다. 순전히 물의 힘만으로 건물 4만 5,000채와 차량 25만여 대를 비롯한 지역 전체가 초토화되었고, 그 일대 도로와 다리 역시 엉망이 됐다. 쓰나미가 덮친 지역은 사실상 모든 기능이 멈췄다. 생존자들이 의료 지원을 받을 수가 없는 지경이었고, 냉각 시스템을 가동하는 배터리를 백업 배터리로 제때 교체하는 것도 불가능했다. 쓰나미가 발생한 지 24시간이 지나자, 배터리는 방전되었고 원자로 중심부의 온도는 상승하기 시작했다.

핵연료봉이 녹은 액체는 용암처럼 보이는데 실제로는 그보다 훨씬 더 뜨겁다. 용암은 보통 1,000℃의 뜨거운 화산에서 분출된다. 그런데 액상 산화우라늄 핵연료는 온도가 3,000℃를 초과하는, 용암보다 훨씬 더 무시무시하고 뜨거운 액체다. 이 액체는 접촉하는 거의 모든 것을 녹이고 융해시킬 정도다. 당시 후쿠시마에서는 이 액체가 강철로 된 두꺼운 용기를 녹여버린 다음, 최소 한 개 이상 원자로의 콘크리트 바닥을 침식시켰다. 하지만 이것은 시작에 불과했다.

원자로의 핵연료는 지르코늄으로 만든 합금에 싸여 있어 부식에는 아주 강하지만 고온에는 그렇지 못하다. 보통 지르코늄 합금은 3,000℃에서 물과 강렬하게 반응하여 수소 가스를 생성하는데, 이 융해로 인해 발전소의 각 원자로에서 1,000kg의 수소 가스가 생성된 것으로 추정된다. 결국 3월 12일, 수소 가스는 원자로 격납 건물 내부의 공기와 반응해 폭발을 일으키며 건물을 파손했다.

액체는 봉쇄하기가 엄청나게 어렵다. 때문에 핵융해로 인한 막대한 양의 방사능 오염물질이 이 지역의 급수 시스템은 물론 결과적으로 바다로까지 흘러 들어갔다. 바다로 흘러 들어간 다음부터는 아마도 어디든 갈 수 있지 않았을까? 이것이 방사능 오염물질 저장 시설에 물이 침투하는 것을 막아야 하는 이유이자 모든 핵폐기물 전문가들이 가장 염려하는 부분이다. 하지만 대부분의 원자력발전소는 큰 수역 근처에 건설된다. 안전보다는 비용 때문이다. 원자로는 냉각을 위해 물을 사용해야만 하는데, 물을 대량으로 공급할 수 있게 되면 발전소의 에너지와 비용 효율성은 훨씬 더 높아진다. 하지만 후쿠시마에서 보았듯이 재난이 발생할 경우 이 수원 water supply은 엄청난 양의 방사성 폐기물에 노출되고 만다.

이것은 핵 문제에만 해당되지 않는다. 역사적으로 국가 간 무역에는 항구가 필요했기 때문에 세계의 거의 모든 주요 도시들은 해안에 위치해 있다. 그러나 지구 기후 변화의 결과로 해수면이 상승함에 따라 이 도시들과 이곳에 사는 사람들은 쓰나미와 허리케인, 폭풍의 영향에 더욱 많이 노출되어 있다. 이 위협으로부터 우리를 보호하는 유일한 방법은 더 높은 지대로 가거나 공중으로 날아다니는 것 정도가 아닐까? 높디 높은 비행기 위에 앉아 물을 홀짝이면서 전능하게 느껴지는 광활한 대서양을 내려다보며 황당한 생각을 해보았다. 평온하고 맑은 날이었고, 바다는 천진난만해 보였다.

하지만 그때 비행기가 덜컥덜컥 흔들렸다. 비행기 전체가 잠시 뚝 떨어졌다가 올라가는 것 같더니 이내 다시 격렬하게 오르락내리락하는 바람에 마시던 물병에서 물이 흘러나와 무릎이 흠뻑 젖었다.

"우리는 현재 난기류를 지나고 있습니다." 기장의 안내방송이었다. "안전벨트 지시등을 켜니 승객 여러분은 모두 자리에 앉으시기 바랍니다. 기류가 어느 정도 잠잠해지면 몇 분 안에 기내 서비스를 재개할 것입니다." 비행기는 다시 어지럽게 떨어졌다. 배 속이 메스꺼워졌고, 창밖으로 날개가 거칠게 진동하는 것이 보였다.

흐르는 것들의 과학

04

끈적끈적한
Sticky
LIQUID

glue: 접착제

요즘은 접착제가 세상의 많은 것을 하나로 묶어주고 있다.
앞으로 더 많은 것이 연결될 것이다.

전에도 몇 번 난기류를 경험한 적이 있기는 하지만, 이미 마음속에
떨어진 공포의 씨앗이 싹을 틔우는 것을 막을 수는 없을 것 같다. 물론 논
리적으로는 날개가 부러지지 않을 것이라는 것을 잘 알고 있다. 기술적
으로 가장 진보된 여객기를 타고 있었으니 말이다. 심지어 비행기의 날개
를 붙이는 공장을 찾아가 날개의 안정성을 테스트하는 것을 직접 본 적
도 있다. 하지만 이런 상황에서도 내 뇌의 이성을 관장하는 영역은 공포
에 질린 뉴런^{neuron}에 압도되고 있었다. 물론 나만 이렇게 겁에 질리는 것
이 아니라는 것도 잘 알고 있다. 지난 수년 동안 나는 다른 승객들에게 비
행기가 여러 조각이 접착제로 붙어 있는 형태라는 걸 귀뜸조차 해주지
않는 법을 배웠다. 말해봤자 그다지 위안이 되지 않는다는 것을 직접 경
험했기 때문이다.

많은 종류의 액체가 끈적끈적하다. 즉, 손가락을 넣으면 끈적끈적하게 달라붙는다. 오일은 우리에게 달라붙고, 물도, 수프도, 꿀도 우리에게 달라붙는다. 다행히도 물과 같은 액체는 우리보다 다른 것에 더 잘 달라붙기 때문에 수건이 쓸모가 있다. 샤워를 할 때 물은 우리의 몸을 따라 흐르곤 한다. 물은 튕겨 나가는 대신 피부에 달라붙어 중력을 무시하고 가슴이나 배, 엉덩이의 곡선을 따라 흐른다. 이렇게 달라붙는 것은 물과 피부 사이의 낮은 표면장력 때문이다. 하지만 물이 수건의 섬유와 접촉하는 순간, 양초의 심지가 액체왁스를 빨아들이는 것처럼 수건의 미세한 심지는 우리의 몸에서 물을 빨아들인다. 따라서 피부는 마르고, 대신 수건이 젖게 된다. 이처럼 액체가 달라붙는 것, 즉 액체의 끈적임은 특정 액체에 내재된 속성이라기보다는 액체가 다른 물질과 어떻게 작용하는지에 따라 결정된다.

하지만 끈적끈적하다고 해서 모두 비행기를 붙일 만큼 강력한 것은 아니다. 손가락을 물에 적신 뒤 먼지를 톡톡 두드리면 먼지는 손가락에 달라붙을 것이고, 물이 증발할 때까지 계속 붙어 있을 것이다. 물은 끈적거리지만, 접착제가 아니기 때문에 물이 증발하고 나면 손은 끈적거리지 않는다. 일반적으로 접착제는 액체로 시작하여 고체로 변하면서 물체를 영구적으로 붙여버린다.

이것은 인간이 오랫동안 다뤄 온 재료의 역사다. 선사시대의 선조들은 탄가루나 붉은 황토처럼 자연적으로 발생하는 암석의 색깔과 같은 색소를 만들어 동굴 벽에 그림을 그리는 데 사용했다.

그리고 색소를 벽에 붙이기 위해 이를 지방, 왁스, 달걀과 같은 끈적끈

흐르는 것들의 과학

적한 것과 섞어 페인트를 발명했다. 페인트는 본질적으로 색깔이 있는 접착제로, 이 초창기 접착제는 수천 년 동안 지속될 만큼 영구적이었다. 아직도 존재하는 가장 오래된 동굴 벽화 중 일부는 프랑스의 라스코^{Lascaux} 동굴에 있는데, 약 2만 년 정도 된 것으로 추정된다.

부족 문화에서는 오랫동안 이 색깔 있는 끈적끈적한 물질을 얼굴용 페인트로 사용해 왔는데, 이것은 신성한 의식과 전쟁을 상징하는 중요한 부분이었다. 이 전통은 오늘날에도 화장품 산업으로 이어지고 있다. 예를

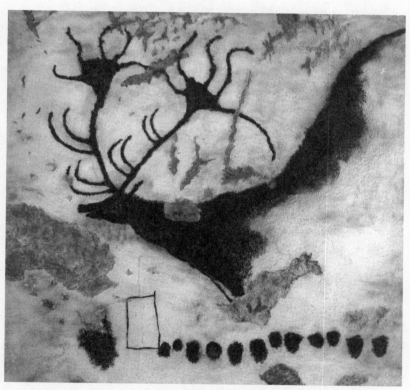

∴ 숯과 황토를 이용한 메갈로케로스^{Megaloceros}의 구석기 시대 동굴 벽화, 프랑스 라스코 동굴

들어 립스틱의 경우 오일과 지방이 섞인 색소로 이루어져 있어 입술에 색깔을 입힌다. '립lip'스틱이라는 이름이 붙여진 이유다. 그런데 이 끈끈한 것을 몇 시간 동안 입술에 붙이는 것만큼이나 하루가 끝날 때 이를 제거하는 것 또한 문제였다. 아이라이너나 다른 화장품도 마찬가지다. 이 문제는 접착제를 만들 때 고려해야 하는 많은 주제 중 하나를 보여준다. 떼어내는 것이 붙이는 것만큼 중요하기 때문이다. 이 부분에 대해서는 나중에 더 자세히 설명하도록 하겠다. 현재로서는 붙이는 것을 마스터하는 것만도 충분히 어렵기 때문이다. 도끼, 보트 또는 비행기의 부품처럼 기계적 강도가 필요한 물건을 함께 붙여 놓으려면 페인트나 립스틱보다 더 강한 무언가가 필요하다.

1991년 여름, 두 명의 독일인 관광객이 이탈리아 알프스를 걷다가 죽은 사람의 해골을 발견했다. 이 남자의 미라는 5,000년 된 것으로 밝혀졌으며, 그에게는 나중에 외치Ötzi라는 별명이 붙었다. 그의 유해는 죽음 이후에도 얼음에 싸여 있었기 때문에 매우 잘 보존되어 있었다. 옷과 도구도 마찬가지였다. 그는 풀을 엮어서 만든 망토와, 가죽으로 만든 코트, 벨트, 레깅스, 허리끈과 신발을 걸치고 있었다. 발견된 도구들은 모두 독창적으로 만들어졌지만, 접착제만을 고려하자면 그중에서도 도끼가 가장 흥미로웠다. 주목으로 만든 도낏자루에는 구리날이 달렸는데 자작나무 수지resin가 발라져 있는 가죽끈으로 묶여 있었다. 이 진득진득한 물질은 자작나무 껍질을 냄비에 넣고 가열하여 만드는 것인데, 구석기 후기부터 중석기 시대까지 접착제로 널리 사용되었다. 자작나무 수지는 도끼와 같이 무거운 도구에 효과적이다. 굳으면 단단한 고체가 되기 때문이다. 우리 조상

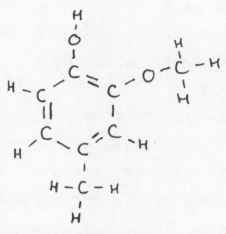

∴ 자작나무 껍질 접착제의 구성 성분 중 하나인 2-Methoxy-4-methylphenol의 분자 구조로,
페놀의 특징인 −OH 하이드록실 그룹에 탄소 및 수소 원자의 육각형 구조가 결합했다.

들은 이것을 화살촉과 깃을 붙이고, 부싯돌 칼을 만들며, 도기를 수리하
고, 뗏목을 만드는 데 사용했다. 이 액체는 페놀phenol류라고 불리는 분자들
로 만들어진다.

화학적 이름은 생소할지 모르지만, 아마도 그 냄새는 익숙할 것이
다. 자작나무 껍질에서 추출한 접착제에 들어있는 페놀 대부분은 2-메톡
시-4-메틸페놀2-Methoxy-4-methylphenol이며, 그을은 듯한 목초액 냄새가 난다.
페놀알데히드에서는 바닐라 냄새가 나고, 에틸페놀에서는 구운 베이컨
냄새가 난다. 실제로 생선이나 고기를 구울 때 특유의 향을 내는 것이 바
로 페놀이다.

자작나무 껍질을 가열하면 페놀이 추출된다. 여기서 나오는 진득한
수지는 기본적으로 테레빈유turpentine라고 불리는 용매와 페놀의 혼합물이

다. 테레빈유는 이 수지 액체의 주성분이지만 몇 주가 지나면 증발한다. 이렇게 되면 페놀 혼합물만 남아, 추출물은 액체에서 단단한 타르로 변한다. 타르는 나무를 가죽이나 기타 재료에 붙일 수 있을 만큼 끈적거리는 성질을 가지고 있다.

일반적으로 끈적끈적한 것들은 나무로부터 쉽게 얻을 수 있다. 소나무에서는 좋은 접착제를 만들 수 있는 수지 결절nodule이 스며 나온다. 천 년 동안이나 사랑받아 온 접착제인 아라비아 고무는 아카시아나무에서 나온다. 유향나무의 수지는 특히 유향frankincense이라고 하는 좋은 냄새가

∴ 화석화된 나무 수지인 호박 원석에 개미가 갇혀 있는 모습

흐르는 것들의 과학

나는 접착제다. 또 다른 향기로운 수지인 몰약myrrh은 커미포라Commiphora라고 불리는 가시나무에서 비롯된 것이다. 수지는 향수뿐만 아니라 의약품에도 자주 사용되었는데, 아마도 페놀과 같은 활성 화학 성분이 강력한 항균 능력을 가지고 있었기 때문일 것이다. 유향과 몰약은 고대에서 매우 높이 평가되어 여왕, 왕, 황제에게 예물로 바쳐졌는데, 이것이 기독교의 예수 탄생 이야기에서 그것들이 중요한 의미를 가지는 이유다.

나무 수지의 끈적거림은 우연이 아니다. 곤충을 가두거나 잡기 위해 끈적거리는 것으로 진화하여 나무를 방어하는 형태가 된 것이기 때문이다. 호박 원석은 실제로 화석화된 나무 수지이며, 원석의 내부에 곤충과 작은 조각들이 갇혀 완벽하게 보존되어 있다.

나무 수지가 없었더라면, 인류의 초기 조상들은 도구나 장비를 만드는 데 큰 어려움을 겪었을 것이다. 인류 문명의 발달이 늦어졌을 것도 자명하다. 그러나 그렇다고 나무 수지로 비행기를 조립하지는 않는다. 그랬다가는 비행 중에 부서질 것이 확실하기 때문이다. 페놀 분자는 다른 물질과 강하게 결합하지 않는다. 분자 자체가 너무 독립적이어서 자기들끼리만 붙어 있기를 좋아하기 때문이다.

나무가 근처에 있다면 더 강력한 접착제를 찾으려 멀리 볼 필요가 없다. 새들을 보라. 이들의 날개는 볼트나 나사로 조여져 있지 않다. 새들의 근육과 인대, 피부는 단백질이라는 분자 덩어리로 결합된다. 우리 몸도 마찬가지다. 결합에 있어 이 단백질들 중 가장 중요한 것은 콜라겐이다. 콜라겐은 모든 동물에게서 흔히 볼 수 있고 비교적 추출하기 쉽다. 초기 인류는 생선 껍질과 사냥한 짐승의 가죽을 통해 이를 얻었다. 지방을 분

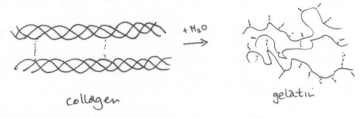

collagen　　　　　　　　　　　　　gelatin

∴ 콜라겐 원섬유에서 동물성 접착제 젤라틴으로의 구조 변화

리한 다음 껍질을 물에 삶았다. 이런 방법으로 동물에게서 콜라겐을 추출했고, 이것이 식을 때 단단하고 뻣뻣한 물질로 변하는 진하고 투명한 액체를 만들어 냈다. 젤라틴이다.

젤라틴의 콜라겐 단백질은 탄소와 질소 뼈대로 만들어진 긴 분자다. 동물의 경우 콜라겐 분자는 서로 붙어 힘줄, 피부, 근육 및 연골을 구성하는 강한 섬유질을 만든다. 접착제 제조 과정에서 이 콜라겐 단백질이 뜨거운 물과 반응하면 콜라겐 분자가 분리된다. 이제 이 분자들은 그 다음 단계로 화학적 결합을 남겨두고 있다. 다시 말해, 다른 것에 붙을 수 있다. 콜라겐 단백질이 동물성 접착제인 젤라틴이 된 것이다.

초기 인류의 주요 접착제였던 나무 수지는 시간이 흐르며 이 동물성 접착제로 대체되었다. 예를 들어 이집트인들은 동물성 접착제를 사용해 가구와 장식용 상감을 만들었다. 이집트인들은 나뭇결이라는, 목재가 가진 중대한 공학적 문제를 해결하기 위해 접착제를 사용한 최초의 사람들이었다.

목재에 있는 나뭇결은 나무를 구성하는 셀룰로오스 섬유의 밀도와 배열에 따라 달라지는데, 나무의 생물학적 성질뿐 아니라 성장 환경에 의해서도 결정된다. 그래서 나뭇결은 종마다, 나무마다 다르게 나타난다. 문제는 목재가 나뭇결에 수직으로 가해지는 힘에는 잘 버틸 수 있지만, 그 결을 따라서는 부서지기 쉽다는 것이다. 이것은 불을 피우기 위해 통나무를 쪼갤 때는 유용하지만, 주택, 의자, 바이올린, 비행기 또는 나무로 된 물건을 만드는 경우에는 디자인적인 문제가 발생한다. 목재의 조각이 얇을수록 균열이 더 많이 발생하는데, 우리의 직관과는 반대일 수도 있지만 이 문제에 대한 해결책은 오히려 목재를 베니어^{veneer}라고 불리는, 더 얇은 조각으로 깎아내는 것이다.

베니어는 이집트인들이 처음으로 만들었다. 그들은 그 조각들을 서로 맞붙여서 각 조각의 결이 서로 수직이 되도록 만들었다. 이렇게 함으로써 이집트에서는 균열이 생기지 않는 인공 목재를 만들 수 있었다. 이것을 오늘날에는 합판이라고 부른다. 그들은 합판을 붙이기 위해 동물성 접착제를 사용했고, 그 결과는 비교적 효과적이었다. 그런데 문제가 있었다. 젤라틴으로 요리를 해본 사람이라면 알겠지만, 이 동물성 접착제가 뜨거운 물에 녹는다는 것이다. 또, 완전히 건조된 상태가 아니라면 동물성 접착제로 만든 가구는 조각조각 분해되기 마련이었다. 이것은 큰 결함이었지만, 다행히 이집트는 매우 건조한 곳이었기에 이집트인들은 이를 활용할 수 있었다.

앞서 언급했듯이, 떼어낼 수 있는 접착제에는 뚜렷한 이점이 있다. 역사상 가장 위대한 바이올린 제작자로 알려진 안토니오 스트라디바리^{Antonio Stradivari} 등 클래식 악기 제작자들은 동물성 접착제를 사용해 악기를 제작했다. 덕분에 스트라디바리는 생산 과정에서 결함이 있는 이음매를 뜯고 이를 수정하여 거의 완벽한 악기를 만들 수 있었다. 오늘날의 장인들은 목조 악기를 수리할 때 증기를 이용해 이음매를 푼다. 증기가 접착제와 목재 사이의 결합을 약화시키면서 이음매가 분해되는 것이다. 이렇게 하면 목재가 손상되지 않고 깨끗하게 떨어져 악기의 수명을 연장시킬 수 있기 때문에 그 가치를 높이게 된다. 실제로 가구 복원 작업을 하는 대부분의 사람들도 동물성 접착제를 사용하는데, 이 역시 열을 사용해 쉽게 목재를 떼어낼 수 있기 때문이다.

하지만 동물성 접착제로 비행기 날개를 만들면 열이 심각한 문제를 일으킬 수 있다. 적어도 전설에 의하면 그렇다. 지중해 크레타 섬을 통치하면서 바다의 신 포세이돈으로부터 매우 아름다운 흰 황소를 받은 미노스 왕의 이야기를 해보자. 미노스 왕은 포세이돈을 기리기 위해 이 황소를 희생하라는 지시를 받았다. 하지만 그는 아름다운 황소를 죽이고 싶지 않아 대신 다른 황소를 제물로 바쳤다. 그러자 포세이돈은 그를 벌하기 위해 미노스 왕의 아내를 황소와 사랑에 빠지게 했고, 그 결합으로 반 인간 반 황소인 미노타우로스가 태어났다. 이 미노타우로스는 인간을 잡아먹는 무서운 짐승으로 자랐다. 미노스 왕은 미노타우로스를 가두기 위해 당대 최고의 장인인 다이달로스에게 라비린토스라고 불리는 정교한 미궁을 짓게 했다. 그리고 미노스 왕은 다이달로스가 이 비밀을 다른 사람들에게 말하지 못하게 하려고 다이달로스를 그의 어린 아들 이카루스와 함께 미궁 속에 가둬 버렸다. 그러나 다이달로스는 가둬둘 수 있는 사람이 아니었다. 그는 새의 깃털을 모아 왁스로 붙여 날개를 만들었는데, 한 쌍은 자신을 위한 것이었고 다른 한 쌍은 이카루스를 위한 것이었다. 미궁을 탈출하던 날, 다이달로스는 아들에게 태양에 너무 가깝게 날지 말라고 경고했다. 그러나 하늘을 나는 기분에 취한 이카루스는 너무 흥분하여 점점 더 높이 날아오르기 시작했다. 결국 깃털을 이어 붙여 준 왁스가 녹아내렸고, 이카루스는 죽음으로 떨어지게 된다.

만약 현대 비행기의 날개도 이카루스의 날개처럼 점점 더 높이 날수록 해체되는 것은 아닐지 걱정된다는 사람들을 위해, 이카루스 신화가 실제로는 말이 되지 않는다는 사실을 지적하고 싶다. 실제로 이카루스가 더 높이 날았다면 뜨거운 온도가 아닌 더 추운 온도를 경험했을 것이다. 대

∴ 날개를 붙들고 있던 왁스가 녹아 이카루스가 떨어졌다는 신화를 그린 〈이카루스의 추락〉

〰〰〰 **끈적끈적한**: 접착제

기는 우주로 열을 방출하며 냉각되기 때문에 일반적으로 고도 100미터마다 온도가 0.6℃씩 내려간다. 내가 탄 비행기는 해발 1만 2천 미터에서 날고 있었고, 창밖의 온도는 대략 -50℃였다. 이 온도에서 왁스는 더욱 견고해진다.

물론 현대의 비행기를 만들 때에는 왁스를 사용해 조립하지 않는다. 요즘은 이보다 훨씬 더 좋은 접착제가 있다. 이 접착제를 발견하는 여정은 고무에서 시작됐다. 고무는 끈적끈적한 나무 제품으로, 남미와 중미가 원산지인 파라고무나무의 껍질을 탕탕 두드릴 때 추출된다. 메소아메리카(역주: 멕시코와 중앙아메리카 북서부를 포함한 공통적인 문화를 가진 아메리카의 구역으로 마야, 테오티우아칸, 아즈텍 문명 등이 번성했다) 문화는 이 고무를 이용해 종교적 의식이 담긴 경기에 사용되는 공을 포함한 많은 것들을 만들었다. 16세기 유럽 탐험가들이 대륙에 도착했을 때, 그들은 고무의 존재를 보고 매우 놀랐다. 그들은 이런 것을 본 적이 없었다. 고무는 가죽의 부드러움과 유연성을 가지고 있으면서도 훨씬 더 탄력적이었고, 방수 능력도 강했다. 그러나 이러한 명백한 가치에도 불구하고, 영국의 과학자 조지프 프리스틀리Joseph Priestley가 종이 위의 연필 자국을 고무로 문지르기rub 전까지는(고무rubber가 그 이름을 갖게 된 것이 바로 이 이유에서다) 유럽의 그 어느 누구도 고무를 경제적으로 활용하지는 못했다.

천연고무는 긴 체인 형태로 결합된 수천 개의 작은 이소프렌isoprene 분자로 구성된다. 동일한 화학적 성질을 가지는 단위체를 서로 연결시켜 완전히 다른 화학물질을 만드는 이 분자적 기법은 자연에서 쉽게 볼 수 있다. 이러한 유형의 분자를 폴리머polymer라고 부른다. 여기서 '폴리poly'는 '다

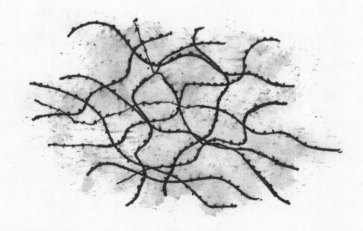

∴ 긴 폴리이소프렌 분자가 뒤섞인 구조로 이루어진 천연고무

수'를 의미하고, '머^{mer}'는 '단위체'를 의미한다. 이소프렌은 천연고무의 '단위체'다. 고무에 들어 있는 긴 폴리이소프렌 체인은 스파게티처럼 모두 뒤죽박죽 섞여 있다. 각 체인 사이의 결합은 약하기 때문에 고무를 당길 때에는 큰 저항 없이 풀리게 된다. 이것이 고무를 그토록 신축성 있게 만드는 이유다.

고무가 끈적끈적하게 붙을 수 있는 것은 그 신축성 덕분이다. 우리는 고무로 어떤 모양이든 쉽게 만들 수 있어 손에 있는 틈새를 포함해 그 어떤 공간에도 고무를 쑤셔 넣을 수 있다. 고무를 잡으면 탄탄하게 느껴지는 이유가 바로 이것 때문이다. 손에 짝 달라붙는 듯한 이 특성 때문에 고무는 자전거 핸들이나 자동차 타이어의 완벽한 재료가 된다. 자동차를 도로에 강하게 붙게 하여 바퀴를 앞으로 움직일 수 있을 만큼의 마찰을 만들지만, 그렇다고 자동차가 도로에 영구적으로 달라붙지는 않는다. 마찬가지로 우리는 자전거를 탈 때 미끄러지지 않기 위해 손으로 자전거 핸들을 꼭 쥐지만, 자전거에 영원히 손이 붙들려 있지는 않을까 하는 걱정은 하지 않는다.

눈에 잘 띄지는 않지만, 독창적으로 고무를 사용한 제품 중 하나는 포스트잇이다. 포스트잇 뒷면에는 고무 접착층이 있어 벽이나 테이블, 컴퓨터 모니터, 책 등에 이를 부착할 수 있으며, 메모지를 손상시키거나 흔적을 남기지 않고 떼어낼 수 있다. 포스트잇의 접착 부분을 구성하는 고무의 미세한 구체는 메모지 자체와는 강하게 결합하지만, 결합하는 표면에 눌렸을 때는 작은 접착력만 만들어 낸다. 그래서 붙어 있던 포스트잇을 떼어내도 고무가 종이에 그대로 남아 재사용이 가능한 것이다. 천재적이지 않은가? 글쎄, 사실 이 그다지 끈적거리지 않는 접착제는 우연히 발명되었다. 1968년 미국 기업 3M의 화학자인 스펜서 실버Spencer Silver 박사가 발견했는데, 당시 그는 초강력 접착제를 만들던 중이었다.

20세기에는 문화를 변화시키는 많은 접착 제품들이 등장했다. 이 중 가장 중요한 것은 1925년 리처드 드류Richard Drew라는 3M의 또 다른 발명가가 발명한 끈적끈적한 테이프다. 드류의 테이프는 세 개의 층으로 구성되어 있다. 중간층은 셀로판(역주: 재생 섬유소를 종이와 같이 얇은 필름으로 만든 것)으로 만들어지는데, 목재 펄프로 만든 플라스틱으로 테이프의 기계적 강도와 투명성을 부여한다. 바닥층은 접착제이고, 가장 중요한 최상층은 테프론Teflon(역주: 미국 듀폰사가 개발한 불소수지로, 우수한 내약품성, 내열성, 소수성을 가지고 있다)과 같은 비점착 물질이다. 비점착 물질은 대부분의 물질에 대해 높은 표면장력을 가지고 있어 잘 들러붙지 않게 한다(잘 들러붙지 않는 테프론 코팅 프라이팬의 원리다). 테프론을 테이프에 사용하는 것은 정말로 천재적인 발상이다. 덕분에 테이프끼리는 서로 영구적으로 붙지 않아 롤 형태로 제조할 수 있었다. 그리고 테이프 한 롤… 테이프가 한 롤도 없는 집은 아마 없을 것이다. 우리 집만 해도 테이프가 10개 넘게 있다.

　끈적한 테이프를 어떻게 다루는지를 보면 그 사람에 대해 많은 것을 알 수 있다. 내 경우는 자르지 않고 찢는다. 누군가 테이프를 좀 달라고 하면 나는 그 롤을 집어 들고 과감하게 한 조각을 떼어내려 할 것이다. 아마 처음엔 제대로 떼어내지 못하고 먼저 몇 조각을 망가뜨릴 것이다. 삐뚤게 찢거나 깨끗하게 뜯어내거나 상관없이 끈적끈적한 부분이 서로 엉키게 될 것이다. 못마땅한 상황에 화가 난다. 더 화가 나는 건 테이프가 너무 매끄럽게 롤에 붙어 끝이 보이지 않아 약을 올린다는 것이다. 이때 나는 엄지손가락으로 롤을 돌리며 그저 끝부분을 찾으려 할 뿐이다. 이따금 이 과정이 너무 오래 걸려서 테이프를 향해 소리를 지르기 시작한다. 그런 다음 그것을 방 저편으로 던져 버리고 왜 아직도 테이프 디스펜서를 사지 않은 것인지 나 자신에게 의아해한다.

　개퍼 테이프gaffer tape(역주: 질긴 섬유질의 접착용 테이프)는 이런 내 성격에 아주 잘 맞는다. 이 테이프는 가위 없이 찢을 수 있도록 되어 있다. 롤에 둘둘 말린 한쪽 면이 직물로 보강되어 쉽게 찢을 수 있다. 개퍼 테이프의 강도는 직물의 섬유질에서, 그 끈적임과 유연성은 플라스틱과 접착제 층에서 비롯한다. 나는 개퍼 테이프를 무척 좋아해서, 허리 벨트에 개퍼 테이프를 차고 다녀야 하는 직업을 가진 사람들이 부럽다. 나는 그 생각을 하면서 수잔을 흘낏 쳐다보았다. 수잔은 여전히 영화를 보고 있었다. 나는 수잔이 어떤 테이프를 좋아할지 궁금했다. 오스카 와일드의 『도리언 그레이의 초상』이라는 책이 수잔 앞에 있는 트레이 테이블 위에 놓여 있었다. 책등은 빨간 절연 테이프를 사용해 고정되어 있었고, 테이프의 끝은 가위로 깨끗하게 잘려 있었다. 수잔은 그런 사람이었다.

리처드 드류가 개발한 끈적끈적한 테이프는 유용한 발명품이지만, 이 것이 현대의 비행기로 이어지는 기술적 혁신은 아니다. 혁신은 리오 베이클랜드Leo Baekeland라는 미국의 화학자가 처음 플라스틱을 제조하는 데 성공하며 시작되었다. 그는 두 가지 액체를 섞어 플라스틱을 만들었다. 첫 번째는 자작나무 수지의 주성분인 페놀을 기반으로 한 액체이고, 다른 하나는 방부액인 포름알데히드였다. 이 두 액체는 서로 반응하여 새로운 분자를 만들어 낸다. 이 분자는 여분의 결합을 갖고 있어 더 많은 페놀이 달라붙을 수 있고, 이를 통해 더 많은 반응이 이루어지며 결과적으로 전체가 화학적으로 고정이 되며 고체가 된다. 비율만 적당하다면 말이다. 다시 말해 두 액체의 반응은 하나의 거대한 분자를 만들어 내고, 그 분자를 단단히 묶는 모든 결합은 영구적이 된다. 이렇게 만들어지는 것은 어떤 물건이든 단단하고 강해지게 된다.

베이클랜드는 이 새로운 플라스틱을 사용하여 당시 막 발명되었던 전화기와 같은 여러 가지 물건을 만들었다. 엄청나게 유용한 이 물건들 덕분에 베이클랜드는 큰 부자가 되었다. 하지만 베이클랜드의 발명에는 또 다른 의미가 있었다. 화학자들은 페놀과 포름알데히드가 혼합되어 두 물체 사이의 경계면에 사용되면, 이것이 굳어지면서 두 물체를 접착시킬 수 있다는 것을 깨달았다. 이것은 '이액형 접착제two-part adhesive'라고 불리는, 완전히 새로운 접착제 계열의 시작이었다. 이액형 접착제의 등장은 인류가 이전에 존재했던 어떤 것보다도 더 강도 높은 접착제를 경험하게 만들었다.

이 이액형 접착제를 사용하면 할수록 사람들 또한 이것이 얼마나 유용한지 알게 되었다. 우선, 이액형 접착제는 서로 다른 성분인 페놀과 포름알데히드를 각각 별도의 용기에 저장할 수 있기 때문에 사용하기 전까지는 액체 상태로 남아 있을 수 있다. 뿐만 아니라 첨가제를 통해 화학적

∴ 페놀과 포름알데히드. 이 두 액체가 강한 접착제를 만드는 방법

조성을 바꿀 수 있다는 점도 장점이었다. 물에 젖는 정도를 조절하거나, 달라붙는 점도를 조정해 금속이나 목재와 같은 다른 재료에 달라붙게 할 수도 있었다.

이 새로운 유형의 접착제는 특히 공학자 세계에 큰 영향을 미쳤다. 그들은 고대 이집트에서 처음 개발된 합판에 대해 생각해 보았다. 목재를 붙이기에 아주 적합한 이액형 접착제를 사용하여 합판을 만든다면, 이 합판은 동물성 접착제의 단점을 극복할 수 있을 것이었다. 합판은 더 강한 결합으로 고정될 수 있고, 수분에 취약하지도 않을 수 있게 된다. 그러나 새로운 합판 시장이 제대로 자리잡기 위해서는 그만큼 막대한 시장의 수요가 필요했다. 그런데 마침, 그즈음 같이 발전한 항공기 산업이 이를 가

∴ 합판으로 만들어진 드 하빌랜드 모스키토 폭격기

능하게 했다. 20세기 초반, 대부분의 비행기는 목재로 만들어졌기 때문에 나뭇결로 인한 균열이 생길 위험이 있었다. 이러한 상황에서 합판은 완벽한 해결책이었다. 합판은 공기역학적인 모양으로 성형될 수도 있었으며, 새로운 이액형 접착제 덕분에 균열의 위험도 없었고, 탄력성 또한 가지고 있었다.

지금까지 만들어진 가장 유명한 합판 비행기는 드 하빌랜드 모스키토 폭격기De Havilland Mosquito bomber다. 제2차 세계대전 때 도입되었던 이 비행기는 당시 하늘에서 가장 빠른 항공기였다. 다른 모든 비행기를 따돌릴 수 있었기 때문에 심지어 방어용 기관총도 갖추지 않았다. 이것은 아마 오늘날까지 합판으로 만들어진 것들 중 가장 아름다운 물체일 것이다. 그 우아함과 감각적인 모습은 접착제가 마를 때까지 합판을 다양한 모습으로 바꿀 수 있게 한 이액형 접착제의 능력 덕분에 만들어질 수 있었다. 이액형 접착제는 그 능력을 바탕으로 이후에도 디자이너들에게 수십 년 동안 사랑받게 되었다.

전쟁이 끝난 후에도 합판은 계속해서 우리 시대에 혁명을 일으켰다. 이번에는 가구 분야에서였다. 당시 가장 혁신적이었던 디자이너는 바로 합판을 사용하여 목조 가구에 새로운 상상력을 적용한 찰스와 레이 임스Charles and Ray Eames 부부였다. 그들의 가구 디자인은 일종의 고전이 되었고, 지금은 임스 의자Eames chair라는 이름으로 널리 알려져 있다. 이 의자들은 오늘날에도 만들어지거나 모방되고 있으며, 카페나 교실에 들어가면 흔히 볼 수 있다. 가구 분야 역시 여러 다른 유행들이 왔다가 사라졌지만, 합판은 여전히 그 매력을 간직하고 있다.

∴ 찰스와 레이 임스가 디자인한 합판 의자

    이처럼 합판 가구는 오랜 시간 꿋꿋하게 버티는 것이 가능했지만, 항공 공학은 그사이에도 계속해서 발전해야만 했다. 전쟁이 끝난 후에는 알루미늄 합금이 항공기를 만드는 데 탁월한 소재로 떠올랐다. 합판보다 더 강도가 높거나 더 단단하기 때문만은 아니었다. 제조 및 압축, 보증 과정에서 신뢰성이 더 높았기 때문이었다. 특히 비행기가 더 커지고 더 높이 날기 시작하면서 이런 특징은 점점 더 중요해졌다. 합판이 물을 흡수하는 것이나, 반대로 합판의 물이 말라버리는 것을 막는 것은 매우 어렵다. 건조한 지역에서 많은 시간을 보낸 합판 항공기는 재료가 수축하게 되고, 그 결과 접착된 부분에 스트레스(역주: 응력, 물체가 외부에서 가해지는 힘에 저항하여 원형을 지키려는 힘)가 가해지게 된다. 항공기가 매우 습한 장소에 배치되었을 때에는 합판이 팽창(또는 부패)하면서 항공기의 안전에 위협을 가할 수 있다.

그런데 알루미늄에는 이러한 결함이 없다. 부식에 매우 강하여 그로 부터 50년 동안 항공기 구조물의 기초가 되었다. 그러나 결코 완벽하지는 않았다. 특히 가볍고 연료 효율이 높은 항공기를 만들기에는 충분히 단단하거나 강하지 못했다. 그래서 알루미늄 항공기 생산이 최고조에 달했을 때에도 당시 공학자들은 비행기 외판에 이상적인 소재가 무엇이 있을지 계속해서 찾고자 했다. 대체할 만한 다른 금속도 찾아보았으며, 아니면 완전히 새로운 재료가 있을지도 궁금해했다. 그러던 중 강철, 알루미늄, 합판보다 10배는 더 단단한 탄소섬유가 유망주로 떠올랐다. 하지만 탄소섬유는 섬유여서, 당시에는 아무도 이것으로 비행기 날개를 만들 수 없었다.

해결책은 무엇이었을까? 바로 에폭시epoxy 접착제였다. 에폭시는 또 다른 이액형 접착제 계열이지만, 그 핵심에는 에폭시드epoxide라고 불리는 단일 분자가 있다.

에폭시드 분자는 하나의 산소 원자와 두 개의 탄소 원자가 결합된 고리로 이루어져 있다. 이 결합을 깨면 고리가 열리고, 에폭시드가 다른 분

∴ 에폭시드 분자의 고리는 경화제에 의해 열리고, 폴리머 접착제를 형성한다.

자와 반응하며 강력한 고체를 만든다. 이런 경화 반응hardening reaction은 탄소-산소 결합이 끊어져 고리가 열리기 전까지는 시작되지 않으며, 일반적으로 '경화제hardener'를 첨가함으로써 이루어진다.

에폭시드가 가진 장점 중 하나는 온도에 의존해 반응이 이루어진다는 것이다. 이는 곧 경화제를 섞더라도 사용자가 원하기 전까지 결합이 시작되지 않도록 만들 수 있다는 뜻이다. 이것은 비행기의 날개를 구성하는 복잡한 모양의 부품을 생산하는 데 있어 매우 중요하다. 이 거대한 부품은 제조하는 데 보통 몇 주나 걸리기 때문이다. 부품이 모두 준비되어 에폭시 접착제를 견고한 고체로 바꾸기 위해서는 날개를 가압오븐에 넣고 적절한 온도까지 가열하면 된다. 오토클레이브autoclave라고도 불리는 이 오븐은 항공기를 넣을 수 있을 정도로 크기가 큰 경우도 있다. 이 가압오븐이 작동되기 전에 모든 공기는 제거된다. 결합 부분 내부에 공기가 가둬지면 기포가 만들어지는데, 이 기포가 경화되면 접착제의 약한 지점이 될 수 있기 때문이다. 에폭시드가 가진 또 다른 장점 중 하나는 이것이 화학적으로 매우 다재다능하다는 것이다. 화학자들은 에폭시드 고리에 다른 성분을 부착할 수 있음을 발견했다. 이와 같은 성질은 금속, 세라믹, 그리고 탄소섬유와 같은 물질과 에폭시 접착제를 결합시킬 수 있게 한다.

에폭시 수지는 우리 일상에서 구할 수도 있다. 사실, 에폭시 수지는 철물점 같은 곳에서도 쉽게 찾아볼 수 있다. 부서진 그릇을 수리하거나 과즙기의 금속 뚜껑에 손잡이를 다시 붙일 때에 쓰인다. 그런데 우리가 이렇게 사용하는 에폭시 수지는 미리 가열하거나 오토클레이브에 넣지 않아도 되는 것일까? 이런 가정용 에폭시 수지는 항공기를 만드는 데 사

흐르는 것들의 과학

용하는 것과는 다른 화학 경화제를 가지기 때문에 실온에서 에폭시드 분자와 반응하도록 되어 있다. 두 개의 용기에 담긴 이 접착제는 사용 직전에 함께 섞어야 한다. 하나의 튜브에는 에폭시드 수지가 담겨 있고 다른 튜브에는 경화제와 반응 촉진제가 들어 있어 접착제가 더 빨리 경화될 수 있도록 한다. 이렇게 가정용으로 사용되는 에폭시 역시 항공우주산업용만큼은 아니더라도 매우 강력하다.

지나고 보니 모든 것이 쉬운 것처럼 보일지도 모르지만, 사실 우리가 탄소섬유 비행기를 신뢰하게 되기까지는 오랜 시간이 필요했다. 복합 구조물에 대한 근본적인 이해와 핵심 기술을 개발하는 데만 수십 년이 걸렸다. 탄소섬유 복합체의 경우 경주용 자동차로 지상 테스트를 거쳤는데 결과가 매우 성공적이었다. 경주용 자동차는 엔진에 탄소 부품을 가지고 있다. 그리고 짐작했겠지만 여기에 사용되는 에폭시는 고온 환경에서 사용 가능하도록 만들어졌다. 자동차 경주 검증을 거친 후 탄소섬유 복합체는 보철물에 적용되었는데, 다른 많은 금속보다 더 단단하고 강하고 훨씬 가볍기 때문에 크나큰 혁신이었다. 장애인 달리기 주자가 사용하는 '블레이드blade(역주: 일반적으로 블레이드는 스케이트 같은 장비의 날을 말하지만, 하체 절단 장애인과 같은 사람이 걷거나 뛸 수 있도록 만들어진 생체 의족 역시 블레이드라고 부른다)'가 바로 탄소섬유 복합체로 만들어진 것이다. 이 재료는 자전거를 만드는 데도 사용되어 왔는데, 오늘날까지 세계에서 가장 성능이 높은 자전거는 에폭시를 사용하여 접착된 탄소섬유 복합체로 만들어진다. 그리고 물론, 보잉과 에어버스의 최신 상용 여객기도 탄소섬유 복합체로 만들어진다. 현재 대서양 횡단 여행에 나를 태우고 있는 이 비행기도 포함해서다.

볼트와 리벳이 보철물과 항공우주산업에서 접착제에 자리를 내어준 것처럼, 병원에서는 봉합제가 접착제에 자리를 내어 줄 가능성이 높다. 최근에 축구를 하다가 머리가 찢어져, 피 묻은 손수건을 머리에 댄 채 응급실 안의 대기실에서 두 시간 동안 앉아 있었던 적이 있다. 오랜 기다림 끝에 마침내 의사를 보러 들어갔는데, 의사는 상처 부위를 소독한 다음 시아노아크릴레이트cyanoacrylate 접착제 튜브를 꺼냈다. 그는 상처 양쪽에 이것을 휙 뿌리고 10초 동안 잡고 있더니 나를 집으로 보냈다. 그는 단순히 나를 빨리 집에 보내고자 하는 돌팔이 의사가 아니었다. 이것은 병원에서 행하는 아주 표준적인 의료 행위였다.

∴ 시아노아크릴레이트 접착제 분자를 열어 폴리머 접착제를 만드는 물 분자

흐르는 것들의 과학

시아노아크릴레이트 접착제는 순간접착제로 가장 잘 알려져 있으며, 매우 이상한 액체다. 이 액체는 그 자체로도 오일이고, 또 오일처럼 행동한다. 하지만 물에 노출되면 물 분자가 시아노아크릴레이트와 반응한다. 물 분자는 차례로 시아노아크릴레이트의 이중 결합을 열어 다른 시아노아크릴레이트 분자와 반응할 수 있게 한다. 그 결과로 여분의 화학적 결합을 갖는 이중 분자double molecule가 만들어져 다른 분자와 반응할 수 있게 된다. 그래서 또 다른 시아노아크릴레이트 분자와 반응하여 또 다른 추가 결합을 가진 삼중 분자를 만들고, 또 다른 시아노아크릴레이트 분자와 반응하고, 계속 그런 식으로 반응한다. 이 연쇄 반응이 계속되면 더 길고 더 많이 연결된 분자가 만들어진다. 이것만으로도 이미 충분히 놀랍지만, 시아노아크릴레이트 액체의 얇은 층이 공기 중에 있는 수증기와 결합하는 것만으로도 고체로 변할 수 있다는 사실까지 깨닫게 되면 이 액체가 더욱 놀랍게 느껴질 것이다. 많은 접착제가 젖은 환경에서는 붙지 않는데, 그 이유는 물이 물체 표면에 접착제가 붙지 못하도록 하기 때문이다. 하지만 순간접착제는 어디에나 효과가 있다. 순간접착제를 다뤄봤다면 알 수 있듯이 때로 어처구니없이 우리의 손가락을 붙여버리기도 한다. 그래서 화학자들은 순간접착제를 빠르고 편안하게 떼어낼 수 있는 방법을 찾고 있다.

손가락뿐만 아니라, 요즘은 접착제가 세상의 많은 것을 하나로 묶어주고 있다. 시속 800km로 난기류를 견디며 날고 있는 이 비행기가 충분히 보여주었듯이, 앞으로 더 많은 것이 연결될 것이다. 우리는 접착제로 붙일 수 있는 아주 작은 일부밖에 다루지 못했을 것이다. 특히 다른 생명체가 얼마나 강하고 끈적끈적한 다양한 물질을 사용하고 있는지를 고려한다면 더욱 그렇다. 여러 과학자들이 거의 매일 식물이나 조개류 또는 거미가 사용하는 새로운 접착제들을 발견한다.

기내에서 상영하는 영화들을 휙휙 넘기다가 〈스파이더맨〉을 발견하고는 멈칫하면서 이런 생각을 했다. '그래, 끈적거리는 것은 정말 일종의 초능력이야.' 그리고 플레이 버튼을 눌렀다.

흐르는 것들의 과학

0 5
환상적인
Fantastic
LIQUID

LIQUID

liquid crystal: 액정

우리는 잠시나마 액정을 통해
신처럼 인간의 행위를 내려다보고,
관찰하고, 웃고, 고개를 젓는다.

창문 덮개를 내려 들어오는 밝은 햇살을 가렸다. 어쩌면 엉뚱한 행동일 수도 있다. 런던을 부단히 가로지르는 회색 구름 위로 뛰어올라 햇살을 느끼는 꿈을 꾸지 않은 날이 하루도 없으니 말이다. 하지만 한동안 하늘에 떠 있다 보니 영화가 보고 싶었고, 화면을 제대로 보려면 어두워야만 했다. 창문 덮개를 내리자 옆자리의 수잔이 날카롭게 쳐다보았다. 신경이 쓰인 것 같았다. 덮개를 조금 들어 올려 밝은 빛을 다시 약간 들여보내고, 엄지손가락을 들어 창문 덮개를 내려놓아도 괜찮은지 물었다. 그녀는 동의를 표하고는 머리 위의 조명을 켠 다음, 책 속에 다시 빠져들었다. 아마도 그녀를 짜증나게 한 것 같았다.

상상해 보자. 그림을 구성하는 색소를 변화시킬 수 있어 캔버스에 등장하는 인물들이 영화에서처럼 움직일 수 있다고 말이다. 만약 지금 내가 바라보는 화면이 그러한 그림에 가까웠다면, 덮개를 내릴 필요가 전혀 없었을 것이다. 하지만 이 생각이 머릿속에 떠오르자마자 수잔이 읽고 있는 『도리언 그레이의 초상』이 바로 그런 그림에 관한 책이라는 것을 깨달았다. 순간 조금 기분이 묘해졌고, 책의 으스스한 줄거리가 떠올랐다. 오스카 와일드는 1890년에 이 소설을 썼는데, 바로 액정liquid crystal이 처음 발견됐을 즈음이었다. 아마도 그는 내가 〈스파이더맨〉을 보기 위해 사용하는 평면 스크린 기술이 탄생할 줄은 몰랐을 것이다. 또, 이것이 그의 소설의 중심에 있는 요상하고 악마스러운 그림을 만들 수 있는 바로 그 기술이라는 것도 알지 못했을 것이다.

이 책에서 잘생기고 부유한 청년으로 그려진 도리언 그레이Dorian Gray는 화가에게 자신의 초상화를 그리게 했다. 도리언은 완성된 초상화를 보면서, 자신은 늙고 추해질 테지만 이 그림은 그렇지 않을 것이라는 생각에 휩싸였다. 그리고는 투덜거린다.

그림 속의 나는 6월의 이 특별한 날보다 더 늙지 않을 거야… 거꾸로 된다면 얼마나 좋을까. 내가 항상 젊음을 간직하고, 그림이 늙어간다면! 그걸 위해서라면, 그럴 수만 있다면, 모든 것을 다 바칠 텐데! 그래, 그 대가로 지불하지 못할 것은 이 세상에 아무것도 없어! 내 영혼이라도 바칠 거야!

신기하게도 도리언의 소원은 그대로 이루어진다. 그는 자신의 아름다움과 젊음, 그리고 이것들이 가져다주는 관능적인 즐거움에 빠져 인생의 쾌락을 추구하며, 자신과 다른 사람들을 타락시킨다. 그림은 도리언에

∴ 도리언 그레이가 그의 젊은 초상화를 처음 본 순간을 보여주는 삽화

게 초능력을 주었지만, 그것은 내가 보고 있는 영화의 화면을 누비는 스파이더맨의 능력과는 다른 것이다. 스파이더맨은 초인적인 힘과 건물에 매달리는 능력, 그리고 위험을 감지할 수 있는 '스파이더 센스^{spider sense}'와 같은 초능력을 가지고 있다. 반면 도리언 그레이의 초능력은 나이를 먹거나 아름다움을 잃게 되지 않는다는 것이다. 나이를 먹는 것은 그의 초상화다. 나는 고개를 돌려 수잔을 바라보았다. 수잔은 어둠 속에 앉아 머리 위의 불빛 아래에서 책을 읽고 있었다. 움직이는 초상화를 만드는 게 얼마나 어려울까 하는 생각이 들었다.

캔버스에 물감을 칠하면 이 액체는 캔버스에도, 이미 깔려져 있는 다른 물감층에도 달라붙는다. 우리 조상들이 동굴에 벽화를 그리면서 알게 되었듯이, 물감은 일종의 색깔이 있는 접착제다. 물감은 액체에서 고체로 변한 다음 영구히 그 자리에 머무르게 된다. 이 과정은 물감의 종류마다 다르게 진행된다. 수채화 물감은 공기 중으로 수분을 방출하고 화폭 위에 건조된 안료만 남겨둔다.

한편 유화 물감은 보통 양귀비, 견과류, 또는 아마와 같은 작물에서 짜낸 오일로 만들어지는데, 이 경우는 건조되어 고체가 되는 것이 아니다. 대신 살짝 다른 속임수를 쓴다. 공기 중의 산소와 반응하는 것이다. 일반적으로 이런 산화 반응은 기피 대상이다. 예를 들어 버터와 식용유가 산화하면 고약하고 쓴맛으로 변한다. 부패하는 것이다. 하지만 유화 물감의 경우 이것이 이점이 된다. 오일은 긴 탄화수소 체인 분자로 이루어져 있다. 산소는 하나의 체인에서 탄소 원자를 움켜잡고 반응을 통해 다른 체인 분자에 이를 갖다 붙인다. 이 과정은 분자를 풀어 더 많은 반응을 일으키게 한다. 다시 말해, 산소가 경화제hardener 역할을 하는 것이다(물이 순간접착제에서 경화제 역할을 하는 것처럼 말이다). 그렇다. 이것은 또 다른 중합polymerization 반응이다.

이 반응은 아주 유용하다. 캔버스를 플라스틱처럼 단단하게 하고 물이 스며들지 못하게 하기 때문이다. 따라서 유화oil painting는 더 정확하게 말하자면 플라스틱 페인팅plastic painting이라 할 수 있다. 믿을 수 없을 정도로 탄력성이 있고 오랜 시간 보존이 가능하다. 그러나 중합 반응은 시간이 걸린다. 산소가 유화 물감의 딱딱한 최상층에서부터 확산되어 아직 반응이 일어나지 않은 아래층의 오일에까지 닿아야 하기 때문이다. 이것은 유화 물감의 단점이다. 굳을 때까지 오래 기다려야 한다. 그러나 반 에이크Van

흐르는 것들의 과학

Eyck, 페르메이르Vermeer, 티치아노Titian와 같은 유화의 대가들은 이것을 오히려 장점으로 삼았다. 이들은 물감을 여러 번 얇게 덧칠했는데, 한 겹씩 산소와 화학적으로 반응하여 경화되게 만들기 위해서였다. 이렇게 반투명 플라스틱층을 차곡차곡 여러 번 쌓아 올리면서 여러 가지 색의 안료를 복잡하게 포개는 방식을 사용했다.

그림을 이렇게 차곡차곡 겹쳐놓으면 놀랄 만큼 미묘한 작품을 만들 수 있다. 빛이 캔버스에 닿을 때 그저 최상위층에서만 반사되는 것이 아니기 때문이다. 빛의 일부는 아래층까지 침투하여 그림 속 깊은 곳에 있는 안료와 상호작용하고, 색색의 빛으로 반동한다. 또는 다른 층에 완전히 흡수되어 진한 검은색을 만들어 내기도 한다. 색, 광도, 질감을 조절하는 정교한 방법으로 르네상스 예술가들이 유화를 채택한 이유이기도 하다. 티치아노의 그림 〈부활〉에 대한 분석 결과는 이 그림이 9개의 물감층으로 이루어져 각각의 층이 복잡한 시각적 효과를 만들어 낸다는 것을 보여준다. 르네상스 예술을 관능적이고 열정적으로 만든 것은 바로 유화의 미묘한 표현이다. 이러한 레이어링 효과는 너무 강력해서 유화의 기본 기법뿐만 아니라 현재는 모든 전문 디지털 일러스트레이션 도구에 포함되어 있다. 포토샵이나 일러스트레이터, 또는 여타 컴퓨터 그래픽 도구를 사용한다면 레이어 방식으로 이미지를 만들게 될 것이다.

레이어링 기법이 그렇듯 아마씨유도 유화 채색을 넘어 여러 분야에 사용된다. 목재 처리가 그중 하나인데, 이때 아마씨유는 유화 물감에 사용될 때처럼 얇은 보호 플라스틱층을 만들지만, 색깔이 없다는 점이 다르다. 크리켓 배트는 전통적으로 이렇게 아마씨유를 활용해 코팅을 하는 목재

∴ 루비 라이트Ruby Wright의 리놀륨 판화 〈Secret Lemonade Drinker〉

상품 중 하나다. 아마씨유를 극적으로 활용하는 다른 방법은 리놀륨이라는 고체 물질을 만드는 것이다. 리놀륨은 플라스틱으로, 디자이너와 인테리어 장식가들이 방수 바닥재로 사용하곤 한다. 예술가들도 리놀륨을 사용한다. 그들은 목판화에서처럼 리놀륨에 형상을 새겨 판화를 만든다. 여기서도 레이어링이 최종 결과물에 미묘한 복잡성을 구축하는 주된 방법으로 사용된다.

　이 판화나 유화를 아무리 집중해서 봐도 그림이 움직이지는 않는다. 그러나 아마씨유에서 발견되는 것과 크게 다르지 않은 4-시아노-4′-펜틸바이페닐4-Cyano-4′-pentylbiphenyl과 같은 탄소 기반의 분자를 사용하면, 움직이는 이미지도 불가능한 일은 아니다.

∴ 액정에 흔히 사용되는 4-시아노-4'-펜틸바이페닐 분자 구조

5CB라고도 불리는 4-시아노-4'-펜틸바이페닐 분자의 본체는 두 개의 육각형 고리로 이루어져 있다. 덕분에 구조가 견고하지만, 전자가 분자 내부에 고르게 분포되어 있지 않아 음전하를 띠는 영역이 있고 양전하를 띠는 영역도 있다. 분자가 극성을 띠는 것이다. 5CB의 한 분자가 가진 양전하는 다른 분자의 음전하를 끌어당겨, 분자들이 서로 조직적으로 구조를 갖고 정렬하려는 경향을 만든다. 결정crystal처럼 말이다. 그러나 이 분자의 꼬리에는 유연하고 유동성을 가진 CH₃ 그룹이 달려 있어, 이 부분이 결정의 형성을 막는다. 그래서 5CB의 구조는 부분적으로 조직적이고, 또 다른 부분적으로는 유동적인 액정liquid crystal 상태가 되는 것이다.

35℃ 이상의 온도에서는 CH₃ 그룹의 영향력이 우세하기 때문에 5CB 분자는 투명한 오일처럼 움직인다. 하지만 실온까지 온도가 내려가면 액체가 겉보기에 뿌옇게 변하고 그 움직임에 변화가 생기게 된다. 이 온도에서 액정이 고체가 되는 것은 아니지만, 뭔가 이상한 일이 일어난다. 분자들이 물고기가 떼를 지어 정렬하는 것처럼 정렬하기 시작하는 것이다. 액체가 이런 구조를 갖게 되는 것은 아주 드문 일이다. 액체의 중요한 특성 중 하나는 그것을 구성하는 원자와 분자가 잠시라도 한 곳에 머물기에는 너무 많은 에너지를 가지고 있다는 것이다. 이 때문에 액체는 끊임

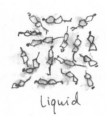

∴ 결정과 액정, 그리고 액체의 구조 차이의 예

없이 회전하고 진동하고 이동한다. 그러나 액정은 다르다. 액정의 분자는 여전히 동적이며 흐를 수 있지만, 결정 상태에서 보여지는 원자의 규칙적인 정렬과는 조금 다르게 특정한 방향으로 정렬 상태를 유지한다. 그래서 이름이 액정인 것이다.

배열이 완벽하지 않은 액체 상태의 분자들은 계속 움직여서 서로 자리를 바꾸고 다른 무리와 합류한다. 하지만 액정은 극성 분자이기 때문에 또 다른 유용한 특성을 갖는다. 바로 전기장에 반응하여 분자의 정렬 방향을 바꾸는 것이다. 액정에 전압을 가하면 전체 분자의 떼가 특정 방향을 가리키게 할 수 있다. 이것은 액정 기술 성공의 열쇠가 되었고, 액정이 전자 기기에 활용될 수 있게 해주었다.

빛이 액정을 통과할 때는 미묘한 변화가 일어난다. 편광(역주: 한 방향의 진동 성분만 가지고 있는 빛)이 변하게 된다. 이해를 돕기 위해 빛을 파동으로 생각해보자. 진동하는 전기장과 자기장의 파동으로 말이다. 이 파동은 어디로 움직일까? 위아래, 또는 좌우로? 태양에서 나오는 일반적인 표준광은 모든 방향으로 움직인다. 하지만 빛이 매끄러운 표면에서 튀어나오면, 그 표면이

흐르는 것들의 과학

정렬된 방향에 따라 진동은 특정 방향으로만 움직이며 다른 방향으로의 이동을 억제한다. 따라서 반동하는 빛은 일부 진동이 억제되어 한정된 방향으로 진동하게 된다. 이를 편광이라고 한다.

이런 일을 하는 것은 표면만이 아니다. 일부 투명한 재료는 빛의 편광도 바꾼다. 예를 들어 편광 선글라스가 그렇다. 편광 선글라스의 렌즈는 한 방향의 진동만을 통과시킨다. 이 때문에 눈에 닿는 빛의 강도가 현저히 줄어 세상이 더 어둡게 보인다. 편광 선글라스는 해변에서 특히 유용한데, 단순히 눈을 가려주기 때문만이 아니다. 매끄러운 바다 표면에서 나오는 눈부신 빛도 편광되어 있는데, 렌즈가 이를 차단하도록 설계되어 있기 때문이다. 어부들은 물속을 더 쉽게 볼 수 있도록 편광 선글라스를 사용한다. 사진 작가들도 같은 이유로, 즉 빛 반사(글레어)를 줄이기 위해 편광 렌즈를 사용한다.

어떤 거미들은 편광을 감지할 수 있는데, 나는 이 능력이 위험에 빠르게 반응하는, 스파이더맨의 '스파이더 센스'의 일부일까 궁금했다. 지금 영화에서 스파이더맨은 순간의 절묘한 결정으로 옥토퍼스 박사에게 붙잡히는 것을 간신히 피했다. 특수효과에 감탄하며 나는 수잔에게 씩 웃어 보였다. 하지만 그녀의 책에 대한 나의 관심만큼이나 그녀는 나의 스파이더맨에게 별 관심이 없어 보였다.

액정은 빛의 편광을 변화시킨다. 이것이 내가 눈앞의 화면에서 스파이더맨을 볼 수 있는 이유다. 편광 선글라스의 렌즈를 액정의 표면 위에 놓아보자. 액정의 편광 방향이 렌즈의 편광 방향과 나란하다면 액정에서 나오는 빛이 밝게 보일 테지만, 그렇지 않으면 어둡게 보일 것이다. 그러나 편광 방향이 나란하지 않더라도 액정에서 밝은 빛을 볼 수 있는 방법이 있다. 전기장을 이용해 액정의 구조를 전환시키는 것이다. 이렇게 하면 액정의 편광을 바꿀 수 있다. 그 때문에 우리가 스위치를 껐다 켰다 할 때 빛이 꺼졌다 켜졌다 하는 것이다. 이렇게 액정의 구조를 전자적으로 빠르게 전환할 수 있다면, 장치를 통해 빠르게 백색광을 방출하다가 끄고, 다시 백색광을 방출하는 것도 할 수 있다. 즉, 흑백 화면을 만들 수 있는 것이다.

단순해 보일지 모르지만, 이 기술이 실현되기까지는 수십 년이 걸렸다. 오스트리아의 식물학자 프리드리히 라이니처Friedrich Reinitzer가 액정의 이상한 행동을 처음 눈치챈 때가 1888년인데, 이는 오스카 와일드가 『도리언 그레이의 초상』을 쓰기 불과 2년 전이다. 많은 과학자들이 그 후 80년 동안 액정을 연구했지만, 아무도 액정을 실용적으로 사용할 수는 없었다. 1972년이 되어서야 시계회사 해밀턴Hamilton이 '펄서 타임 컴퓨터Pulsar Time Computer'라는 최초의 디지털시계를 출시했는데, 이때가 바로 액정의 시대가 펼쳐지려는 순간이었다. 시계는 멋졌으며, 이전에 나온 다른 시계와도 달라 보였고, 일반 자동차보다도 더 비쌌다. 시계를 구입한 사람들은 미래를 사고 있다고 생각했고, 그들의 생각은 옳았다. 디지털 기술이 출현하고 있던 시대, 이것은 1조 달러 규모의 산업이 될 대형 시장의 첫 상품이었다.

펄서 타임 컴퓨터는 LED, 즉 발광다이오드Light Emitting Diode를 사용했는데, LED 자체는 전류에 반응하여 적색광을 방출하는 반도체 결정으로 만들어졌다. 이것은 특히 검은 배경에서 더 멋지게 보였고, 부유하고 유명

흐르는 것들의 과학

한 사람들은 이것에 큰 매력을 느꼈다. 심지어 제임스 본드조차도 1973년 영화 〈007 죽느냐 사느냐 Live and Let Die〉에서 이를 착용했을 정도다. 그러나 당시의 LED는 에너지 소비가 높다는 단점이 있었다. 즉, 최초의 디지털시계는 배터리 수명이 너무 짧았다. 디지털시계의 선풍적인 인기에 따른 새로운 수요에 대처하기 위해서는 보다 에너지 효율적인 화면 표시 기술이 필요했다. 수십 년 동안 실험실의 연구 대상이었던 액정이 드디어 그 수요를 찾게 된 것이다.

액정은 디지털시계 시장을 빠르게 장악했다. 액정 화소 pixel(역주: 디지털 이미지를 이루는 최소 해상도 단위)를 흰색에서 검은색으로 전환하는 데 필요한 전력이 매우 적다는 장점도 작용했다. 가격 또한 매우 저렴해서 화면 전체를 액정으로 만들 수 있게 되었다. 이것이 우리가 디지털시계에서 볼 수 있는 회색 화면이다. 시계는 회색 액정의 특정 영역을 전기적으로 전환시켜 편광을 차단하여 검은색을 만든다. 이렇게 하면 시계에 숫자가 바뀌어 표시되는데 시간, 날짜 또는 전달할 수 있는 모든 것을 이 작은 디지털 형식으로 볼 수 있다.

어린 시절 나는 미칠 것 같은 질투심을 느꼈던 적이 있다. 바로 친구인 메룰 파텔이 새로 나온 카시오의 디지털 계산기 겸용 시계를 가지고 학교에 왔을 때였다. 그가 작은 버튼을 대충 누르자 뻑뻑하는 소리가 났고, 나는 여기에 우스꽝스러울 정도로 감명을 받았다. 물론, 지금 보면 그 모습은 바보스럽기 짝이 없다. 누가 정말로 그렇게 작은 계산기를 원한단 말인가? 하지만 당시 나는 그것에 완전히 빠져버렸다. 내가 기계에 중독되던 순간이었다.

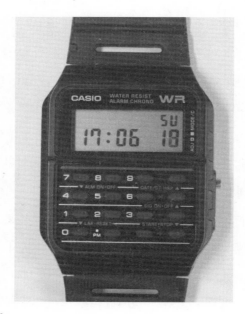

∴ 카시오 계산기 시계

디지털시계의 인기는 곧 사그라들었고, 그 인기는 끝없이 이어지는 다른 디지털 기기의 행렬로 이어지게 되었다. 그 행렬의 중심엔 여전히 액정 디스플레이를 사용하는 휴대전화가 있다. 휴대전화에 사용된 기술은 놀랍지만, 기본적으로는 디지털시계에 사용된 것과 같은 것이다. 이 똑같은 기술이 컬러 비디오를 표시할 수 있는 최신 스마트폰의 화면을 만들어 낸 것이다.

이제 다시 『도리언 그레이의 초상』에 묘사된 움직이는 그림과 유화에 대해서 생각해보자. 움직이는 그림을 구현하기 위해 액정이 사용될 수도 있겠다. 그런데 액정의 색깔은 어떻게 만들어지는 것일까? 우리는 모두 노란색 물감을 파란색과 섞으면, 우리의 눈이 그 혼합물을 녹색으로 해석한다는 것을 잘 알고 있다. 마찬가지로, 빨간색 물감에 파란색을 더하면 보라색이 된다. 색채 이론은 기본 색상을 혼합하여 특정 색상을 만들 수 있음을 보여준다. 인쇄 산업에서 청록색(C), 자홍색(M), 노랑색(Y)은 보통 대비를 조절하기 위해 검은색(K) 액체를 첨가하여 사용된다. 이것은 잉크젯 프린터가 작동하는 방식이고 프린터 카트리지 측면에 악어 CMYK가 있는 이유이기도 하다. 이 네 가지 색상들은 프린터에서 종이 위로 점을 찍으면서 출력물을 인쇄하는데, 이들을 한 가지 색으로 통합하는 것은 우리의 눈과 시각 시스템이다.

우리는 이런 식으로 눈을 속일 수 있다는 것을 오랜 시간 동안 알고 있었다. 뉴턴은 17세기에 이 기법에 주목했고, 19세기에는 점묘화가들이 이를 그림 기법으로 사용했다. 이 기법의 장점은 안료 덩어리가 물리적으로 혼합되지 않은 상태로 남아 있기 때문에 밝기와 광도를 조절하여 원하는 효과를 낼 수 있다는 것이다. 물감을 이렇게 칠한다면 색상 이론에 따라 어떤 색이든 만들어 낼 수 있다. 점들의 크기가 작고 서로 가까이 붙어 있기만 하다면 말이다. 하지만 색을 만들어 낸 후에 색을 바꾸는 것은 또 다른 이야기다. 캔버스 위의 안료 비율을 물리적으로 바꿔야 하기 때문이다. 즉, 일부 점을 제거하고 다른 점들을 추가해야 한다. 가능한 모든 색상의 조합으로 점을 찍을 방법을 찾아내지 못한다면 말이다.

이것이 액정의 컬러 디스플레이가 본질적으로 작동하는 방식이다. 휴대폰이나 TV, 또는 지금 내 앞좌석의 뒤쪽에 부착되어 있는 모든 컬러 디스플레이에 해당된다. 우리는 이 점들을 화소라고 부른다. 각 화소에는 세 가지 기본 색상을 통과시키는 3개의 컬러 필터가 있다. 디스플레이의 경우 빨간색(R), 녹색(G), 파란색(B)으로 약칭 RGB가 된다. 3가지 색상이 모두 똑같이 방출된다면 화소가 세 가지 색으로 구성되어 있어도 흰색으로 나타난다. 휴대전화 액정에 물을 조금 떨어뜨려 놓고 화면을 들여다보면 이를 직접 확인할 수 있다. 이때, 물은 돋보기 역할을 하여 빨간색, 녹색, 파란색의 세 가지 화소를 구별할 수 있게 한다.

유화의 대가들이 색을 섞고 색채 인식 이론을 만들어 내 어둠과 그림자를 작품에 어떻게 끌어들이는지 알아냈던 것처럼, 오늘날의 액정 디스플레이 공학자와 과학자들은 컬러 디스플레이의 영역을 움직이는 영상으로 확대시키고 있다. 그리고 르네상스 시대에 유화가 프레스코화fresco(역주: 덜 마른 석고에 물에 갠 안료로 채색한 벽화)나 계란 템페라egg tempera(역주: 계란, 벌꿀, 나무 수액에 안료를 넣고 물감을 만들어 그림을 그리는 방식)와 같은 다른 기법과 맞서 싸웠던 것처럼, 오늘날의 액정 디스플레이Liquid Crystal Display, LCD는 유기발광다이오드Organic Light Emitting Diodes, OLED와 경쟁하고 있다.

현재 모든 차세대 텔레비전, 태블릿, 스마트폰에서 진행되고 있는 이 전투의 참가자에게는 각자의 고유한 특성이 있다. 어디선가 읽었을지도 모르겠지만, LCD는 영화의 어두운 장면에서 편광기가 빛이 들어오는 것을 100% 차단하지 못하기 때문에 진한 검은색을 표시할 수 없다. 결국 회색으로 표현된다. 마찬가지로, LCD에서는 색상이 표현되는 방식으로 인해 일부 색조의 절대 밝기가 저하된다. 따라서 창문 덮개를 내리지 않으면 화면에서 원하지 않는 햇빛 반사가 겹쳐 상황이 더욱 악화된다.

그럼에도 불구하고, 유화 물감의 레이어링 기법과 크게 다르지 않은 혁신적인 기술 덕분에 결국 LCD 디스플레이는 점점 더 나아질 수 있었다. 예를 들어, 디스플레이에 능동 매트릭스층active-matrix layer을 추가하면 일부 화소를 다른 화소와 독립적으로 껐다 켰다 할 수 있게 된다. 영상 전체의 명암을 조정하지 않고도 영상의 일부에 다른 부분보다 높은 명암을 적용할 수 있게 된다는 뜻이다. 이것은 부분적으로 조명이 필요한 영화의 장면에 특히 유용하다. 물론 트랜지스터 기술은 이 모든 조정 과정을 자동으로 이루어지게 만든다. 이것이 '능동 매트릭스'의 '능동'이라는 뜻이다. 또한 공학자들은 LCD 디스플레이에서 시야각에 따라 영상이 다르게 보이는 문제를 개선하는 방법도 알아냈다. 예전에는 특정 각도에서 화면을 보면 잘 볼 수 없었지만, 이제는 '확산층diffuser layer'이 통합되어 화면을 떠날 때 빛을 퍼뜨린다. 한편, 최초의 디지털시계인 펄서 타임 컴퓨터에 사용된 적색발광다이오드의 뒤를 이어 개발된 OLED 기술은 에너지 효율이 높다. 또 OLED는 훨씬 더 다양한 색상을 구현하며 거의 완벽한 시야각을 가지고 있다. 하지만 LCD보다 가격이 훨씬 비싸고, 아직은 밝기가 떨어진다.

LCD는 완벽하지는 않지만 본질적으로 오스카 와일드가 꿈꾸던 역동적인 캔버스라고 할 수 있다. 이제 매일 업데이트되는 자신의 초상화를 복도(또는 다락방)에 전시하는 것이 가능해졌다. 몇 년 전 실제로 액정 디스플레이가 저렴해지자 사람들은 그것을 움직이는 사진 액자 형태로 서로에게 선물하기 시작했다. 하지만 이 액자가 그렇게 인기를 끌지는 못했다. 도리언 그레이가 그의 역동적인 초상화를 혐오했던 것처럼, 사람들은 그 사진들을 싫어했다. 나는 그들이 싫어했던 것이 사진의 질 때문이 아니라고 확신한다. 이것은 많은 사람들이 스마트폰 디스플레이에서 자신을 보는 것을 얼마나 좋아하는지를 보면 쉽게 알 수 있다. 그보다는 디스플레이의 본질이 문제일 것이다. 그것들은 유동적이면서도 마법적이며, 꿈 같은 액체 존재이면서도 고체인 척 자신을 가장하는 사기꾼이다. 기억하고픈 순간을 견고하면서도 믿을 만한, 그리고 생생한 사진으로 묘사하는 시늉을 내면서 말이다.

LCD 기술이 평면 텔레비전에 적용되었을 때, 디지털 액자와 똑같은 기술임에도 사람들은 여기에 열광했다. 정교한 방식으로 화소의 색상을 바꾸면 텔레비전 화면이 동영상을 표시할 수 있게 된다. 그래서 배우들이 말하거나 손짓하고, 서로 다른 얼굴 표정을 짓고, (내가 보고 있는 영화에서는) 건물에서 건물로 뛰어올라 세상을 악으로부터 구하는 모습도 볼 수 있는 것이다. 내가 보고 있는 것이 진짜가 아니라 단지 동반되는 사운드트랙에 따라 깜박이는 기본 색상 화소의 조합이라는 것을 잘 알고 있었지만, 영화는 여전히 지적인 측면에서나 감정적인 측면에서 나를 자극하여 스토리에 완전히 빠져들게 했다.

하지만 여기 내가 정말로 이해하기 어려운 것이 있다. 비행기에서 슈퍼히어로 영화를 보는 것과, 티치아노의 〈부활〉과 같은 걸작품이 걸린 미술관에 서 있는 것을 비교하면, 과연 어느 것이 나를 더 감동시킬까? 유감스럽게도 영화다. 나는 솔직히 이것이 자랑스럽지가 않다. 티치아노의 그림은 훌륭한 예술이고 10인치짜리 디스플레이에서 상영되는 슈퍼히어로 영화는 그렇지 않다는 것을 알고 있기 때문이다. 나는 왜 이렇게도 얄팍할까? 1만 2천 미터 상공이라서 예술에 대한 모든 취향을 잃어버린 것일까? 아니면 비행으로 인해 감정이 고조된 탓일까?

그림이나 사진 같은 정적인 영상은 우리 자신을 돌아보게 만들고, 볼 때마다 우리가 그동안 얼마나 변했는지를 알게 해준다. 티치아노, 반 고흐Van Gogh, 프리다 칼로Frida Kahlo가 만든 위대한 예술 작품을 다시 살펴보면서 우리는 평생 동안 이 작품에 대한 우리의 느낌을 추적할 수 있다. 작품은 그대로일지 모르지만, 그것을 보고 느끼는 우리의 감각은 우리가 변화함에 따라 같이 변한다. 그러나 비행기의 마법같은 액체 화면은 반대다. 이 화면은 역동적이며, 다른 세계로 열리는 생생한 창이 된다. 이것은 우리를 스스로에게서 탈출시킨다. 1만 2천 미터 상공의 구름 위로 나는 비행기 속에서 우리는 환상에 빠진다. 우리는 잠시나마 액체 통로를 통해 신처럼 인간의 행위를 내려다보고, 관찰하고, 바보짓에 웃고, 미친짓에 고개를 젓는다. 그렇게 함으로써 우리의 감정은 고양된다. 일부 학술 연구에 따르면 이것은 영화에 묘사된 사람들에게 느끼는 친밀감과 따뜻한 느낌이 1만 2천 미터 상공의 둥그런 모양의 관에서 낯선 사람들 옆에 앉아 비행하는 가혹한 현실과 극명한 대조를 이루기 때문이라고 한다. 이것은 내게도 분명 사실로 들린다. 나는 비행기에서 영화를 볼 때만 울곤 한다. 가장 시시한 영화에서조차도 눈물이 났고, 지상에서는 거의 미소도 짓지 않을 코미디를 보며 소란스럽게 웃곤 했다.

영화가 끝날 무렵 스파이더맨은 승리했지만, 실제 액정에서 내가 본 장면은 아무것도 남아 있지 않았다. 액정은 텅 비어 있었고 또 다른 꿈을 펼칠 준비를 하고 있었다. 이제 신이 아닌 인간으로 돌아온 것 같았다. 나는 수잔에게 시선을 돌렸다. 수잔은 담요에 몸을 감싼 채 편안해 보이는 자세로 몸을 웅크리고 잠들어 있었다. 경험상 그 자세가 그렇게 편안하지는 않을 것이라는 것을 나는 잘 안다. 창문 덮개를 열고 다시 태양이 빛나는 푸른 하늘을 눈에 담고 싶었지만 수잔을 깨우고 싶지 않았다. 그리고 비행 동안 전혀 잘 수 없을까봐 걱정하며 조금 자려고 했다. 신발을 벗고 의자를 뒤로 젖혔다. 그리고 비행기에서 잠이 드는 것이 얼마나 힘든 일인지 잊으려고 애썼다.

0 6

본능적인

Visceral

LIQUID

LIQUID

saliva: 침

우리는 사람들이 침을 볼 때
대개 혐오감을 느낀다는 것을 알고 있지만,
누군가에게 성적으로 끌리면
그 혐오감은 가라앉는 것 같다.

수잔이 그녀 어깨에 머리를 대고 있던 나를 거칠게 밀어낸 덕에 갑자기 잠에서 깨어났다. 입에서 침이 질질 흘러 수잔의 소매에 맺혀 있는 것을 보고 심하게 당황했다. 침을 닦아보려고 손을 휙 들어 올렸지만, 차마 수잔의 얼굴을 보고 사과할 수가 없어서 여전히 자는 척했다. 의자 반대편으로 고개를 숙이고 딱딱한 폴리프로필렌으로 된 객실 벽과 아크릴 의자 커버 사이의 틈새에 코를 비벼댔다. 불편하고 어색하고 약간 고통스러웠지만, 이 처벌을 마땅히 감당해야 한다고 생각했다. 눈을 꼭 감고 있었지만, 이제는 완전히 깨어 버렸다. 우리 둘 다 무슨 일이 있었는지 잊어버린 척하기까지 얼마나 더 기다려야 할까? 이것이 나에게 일어난 가장 창피한 일은 아니지만, 분명히 그 근처 어딘가에 있었다. 이건 학교에서 오줌을 지렸을 때나, 사람들로 꽉 찬 식당에서 토했을 때, 할아버지가 막 나온

내 수프에 재채기를 했을 때와 비슷한 정도의 민망함이다. 나는 가끔씩 이렇게 내 인생에서 불쾌했던 상황들을 재연하곤 하는데, 그때의 강렬한 인상은 결코 수그러들지 않는다. 그런데 그중에서도 왜 체액에 그토록 감정이 깃들어져 있는 걸까? 심지어 '체액'이라는 표현조차도 쓰기가 불편하다. 대부분의 예절과 관습은 우리 몸의 배설물을 억제하는 것을 미덕으로 여긴다. 하지만 우리 몸에 체액이 없다면 심각하게 곤란한 상황이 펼쳐질 것이다. 체액은 우리 몸안에서 몸이 제대로 돌아가게 하는 데 필수적이다. 그런데 왜 밖으로 나오게 되면 혐오스러워지는 것일까?

"치킨 카레나 파스타 드시겠어요?"

기내식이 나오고 있었다. 나는 의자에서 몸을 돌려 방금 잠에서 깬 척하며, 뚱한 태도로 말했다.

"네? 미안해요, 뭐라고요?"

"치킨 카레나 파스타 드실래요?"

"어, 치킨 카레요." 트레이 테이블을 고정시킨 막대 장치를 풀면서 허둥지둥 대답했다.

수잔에게 침을 흘린 이후로 여전히 눈을 마주치진 않았지만, 본능적으로 이 식사가 아까 전의 일을 지나간 일로 만들어 줄 것 같다는 느낌이 들었다. 우리 둘 다 지금 당장은 침이 필요했다.

앞에 놓인 쟁반에서 빵을 집어 들고 한 입 베어 물었다. 부드럽지만 약간 퍽퍽했다. 다행히 빵을 씹자 내 침샘 덕에 빵이 촉촉해졌다. 침샘은 빵을 감싸서 입천장에 달라붙지 않도록 하는 액체를 만들어 냈고, 그 맛도 느끼게 했다. 침이 빵의 설탕을 녹여 단맛을 느끼는 미뢰에게 전달하

흐르는 것들의 과학

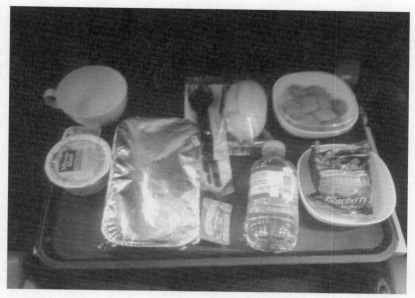

∴ 전형적인 기내식

자 나는 달콤한 맛을 먼저 느낄 수 있었다. 그 다음에는 빵의 짠맛과 풍미가 느껴졌다.

맛 분자가 미뢰로 전달되기 위해서는 액체로 된 매개체가 필요하다. 침이 진화한 이유다. 빵 자체에는 즙이 없기 때문에, 그 맛을 느끼고 목구멍 뒤로 넘기기 위해서 침이 필요하다. 그런데 침은 단순히 맛을 전달하는 매개체의 역할만 하는 것이 아니다. 침은 우리의 미각 시스템gustatory system이 음식에 영양가가 있는지를 판단하는 데 도움을 주고, 음식에 병균이나 독이 들어 있다면 경보를 울리기도 한다. 침에는 음식을 초벌 소화시키는 효소가 들어 있기 때문에 미뢰와 후각 수용체는 입안의 음식을 삼키기 전에 이를 분석할 수 있다. 이때 아밀라아제는 가장 중요한 역할을 한다. 아밀라아제는 녹말을 분해하고 이를 단당류로 바꾸어 놓는다. 그래서 빵은 오래 씹을수록 더 달콤한 맛이 난다. 아밀라아제는 삼킨 후에도 탄수화물을 계속 분해하고, 입에 남아 있거나 치아 사이에 끼어있는 작은 조각을 계속해서 떼어낸다.

또한 침은 입의 수소 이온 농도, 즉 pH를 조절하여 활발하게 중성으로 유지하려고 한다. pH 지수는 액체의 산성도 또는 알칼리도를 나타낸다. pH지수는 0에서 14까지로 그 척도를 나누는데, 여기서 0은 가장 산성이고 14는 가장 알칼리성이다. 순수한 물은 중성이며, 그 pH는 7이다. 레몬주스와 같이 pH가 2정도 되는 산성 액체는 보통 새콤한 맛을 낸다. 오렌지주스 외에 사과주스, 심지어 우유를 포함한 대부분의 음료들이 산성인데 설탕을 첨가해서 맛의 균형을 맞추는 경우가 많아 모두 신맛이 나지는 않는다. 콜라와 같은 탄산음료는 일반적으로 pH가 2.5이지만, 설탕이 들어 있어 꽤 단맛이 난다.

입안의 많은 박테리아가 이 설탕을 먹고 치아의 에나멜을 공격하는 산을 만들어 충치를 유발한다. 그래서 치과의사들은 항상 설탕을 적게 먹으라고 말한다. 하지만 침은 박테리아를 끊임없이 씻어내어 입안의 pH를 중성으로 회복시킨다. 침에는 과포화 상태의 칼슘, 인산염 및 불소가 포함되어 있다. 이런 성분이 치아의 에나멜을 덮어 치아를 복구하고, 침에 포함된 다른 단백질은 에나멜을 코팅하여 산을 차단한다. 이 외에도 박테리아를 죽이는 항균 화합물, 치통을 진정시키는 진통제, 그리고 식사하는 동안 입안에 생기는 작은 상처를 모두 깨끗이 치료할 수 있도록 도와주는 성분들도 들어 있다. 다시 말해 침은 최초의 치과 위생 치료제이며, 다른 대부분의 동물에게는 유일한 치료제다. 또, 침은 치아와 잇몸만을 보호하는 데 그치지 않고 혀의 뒤쪽에서 자라는 박테리아군에 의한 구취(입냄새)를 생기지 않게 하기도 한다.

침샘에서 정상적으로 흘러나오는 침은 끊임없이 입을 씻어내고 청소한다. 침이 얼마나 많이 나오는지는 치과에 가면 알 수 있다. 치과에는 침을 빨아들이는 기계가 있는데, 치료 중에 침을 빼내기 위해 입에 넣는 것이다. 하지만 침샘은 이런 훼방꾼에 순순히 따르지 않고, 빨려나가는 것만큼 빠르게 침을 보충한다. 보통 사람은 이 특별한 액체를 하루에 0.75~1리터 정도 만들어 낸다.

침샘은 많은 종에게 흔하게 나타나며 수백만 년 동안 다양한 목적으로 동물에게서 진화해왔다. 뱀은 독을 생산하는 데 침샘을 사용한다. 파리 유충은 침샘을 가지고 실을 만들어 낸다. 모기는 피를 빨아들이는 동안 혈액이 응고되지 않도록 하는 화학물질을 주입하기 위해 침샘을 사용한다. 어떤 새들은 침을 사용하여 둥지를 짓는다. 실제로 '검은둥지칼새black-nest swiftlet'와 같은 제비류는 응고된 침으로만 둥지를 만든다. 이 둥지는 중국의 진미인 '새 둥지 수프'의 주재료가 된다.

다시 먹는 이야기로 돌아와 보자. 인간에게 있어 침의 주요 역할 중 하나는 음식을 적시고 미끌거리게 만들어 삼킬 수 있게 하는 것이다. 이러한 윤활 작용이 없으면 상황이 곤란해진다. 친구들과 '크래커 많이 먹기'를 해보면 이를 확실하게 알 수 있을 것이다. 물을 마시지 않고 1분 안에 크래커를 최대한 많이 먹는 사람이 이기는 것이다. 대부분의 사람들은 건조한 크래커 하나에 침이 너무 많이 흡수돼서, 두 개째 먹으려면 입안이

닮히거나, 건조하고 부스러진 혼합물을 거의 삼킬 수 없게 된다. 다행히도 침이 음식의 극심한 건조함을 해결해 주는 유일한 수단은 아니다. 그래서 보통 음식을 먹을 때 액체를 함께 마시곤 한다. 버터, 마요네즈, 오일, 마가린과 같은 스프레드를 건조한 음식에 발라 먹을 수도 있다. 윤활유 역할을 하기 때문이다.

대부분의 사람들은 먹고 싶은 음식을 먹을 수 있을 만큼 충분한 침을 분비해낸다. 그러나 어떤 사람들은 적절한 침을 분비해내지 못하는 '구강건조증'으로 인해 고통받고 있다. 구강건조증은 질병으로 인해 생기기도 하지만, 약물 부작용으로 생기는 경우가 더 많다. 구강건조증이 극도로 심해지면 환자가 고형 음식을 전혀 섭취하지 못하게 되는 경우도 가끔 있다. 그런가 하면 스트레스와 불안을 겪을 때 일시적인 구강건조증이 생길 수도 있다. 여러 사람 앞에서 말하는 것을 두려워하는 경우 이런 느낌을 받을 수 있다. 침샘이 분비 속도를 늦춰 목이 마르는 느낌이 들고, 침을 삼키기도 어렵고 심지어는 말하는 것조차도 매우 어려워진다. 이 글을 읽으면서 침을 삼키는 것을 새삼스레 의식하게 될 수도 있다. 침샘 시스템이 신경계와 얼마나 밀접하게 연결되어 있는지를 잘 표현해주는 정상적인 반응이다.

치과의사가 환자의 입에서 빼내는 침이 그렇게나 많다는 점을 감안하면, 이것을 혈액처럼 구강건조증 환자에게 나눠줄 수 있다고 생각할 수도 있다. 그러나 사람들은 다른 사람들의 침을 원하지 않는다. 찐득거리는 침을 생각하면 다른 누군가와 음료를 나눠 마시는 것도 무척이나 혐오스럽다. 대부분의 사람들은 타인의 침을 조금이라도 섭취할 가능성이 있다면 이를 굉장히 역겹게 여긴다. 침을 채취해 사용하는 것은 이런 혐오감만 문제가 되는 것이 아니다. 침은 일단 몸밖에 나오면 빠르게 분해되어 중요한 특성을 많이 잃어버리게 된다. 그래서 제약회사들은 침을 채취하는 대신 인공 침을 만들어 사용한다. 여기에는 충치를 방지하는 미네랄, 입의 pH를 조절하는 완충제, 음식을 적셔 더 쉽게 삼킬 수 있도록 돕는 윤활제가 들어있다. 인공 침은 젤, 스프레이, 액체 형태로 나온다. 사랑하는 사람이나 자신이 이 인공 침을 사용하게 된다면, 침샘이 얼마나 소중한 것인지 진정으로 느끼게 될 것이다.

　내 침 덕에 나는 살짝 건조하지만 맛있는 디너롤을 먹을 수 있었다. 식욕이 돋자 쟁반에 놓인 작은 그릇 속 샐러드로 눈이 돌아갔다. 토마토 조각은 잘게 썬 오이와 양상추에 비해 너무 큰 데다 약간 건조하고 맛이 없어 보였다. 샐러드에는 작은 드레싱 봉지가 함께 있었는데, 크기에 비해 과분한 투쟁을 하고 나서야 겨우 찢을 수 있었다. 마침내 짜낸 베이지색 비네그레트 소스는 점도가 너무 높아서 샐러드에 고르게 묻지 않고 토마토와 상추에만 덩어리진 채 붙어버렸다. 마치 작은 민달팽이처럼 보였다. 속이 약간 뒤집혔다. 전후 상황을 무시하고 생각하면 많은 음식들이 이처럼 상당히 역겹게 생각될 수 있는데, 그 순간 내가 그랬다.

　지금은 음식에 대한 혐오감이 거의 없지만, 어렸을 때는 자주 그런 것을 느끼는 편이었다. 비네그레트 민달팽이는 나를 바로 그 시절로 데려갔다. 어렸을 때 어머니는 내 앞에 놓인 것은 무엇이든 먹으라고 하셨는데, 이를 거부하면 세계적인 기아에 대한 통계를 인용해 내가 현재 거부하고 있는 음식조차 없어 얼마나 많은 사람들이 죽을 수 있는지를 말씀

하시곤 했다. 물론 도움이 되지 않았다. 내가 느끼는 것은 혐오감이었고, 혐오감은 본능적인 것이었다. 이성적인 논쟁으로는 혐오감을 억제할 수 없다고 끊임없이 어머니께 말씀드렸지만 소용이 없었다. 일반적으로 혐오감은 도덕적 논쟁을 쓸모없게 만든다. 내가 혐오감을 느끼는 음식을 먹으려고 할 때나, 누군가가 그 음식을 강제로 내게 먹이려 했을 때, 목구멍에서 구역질이 나오려 하는 느낌을 기억한다.

어린 시절 내가 역겹게 생각했던 것은 대부분 지금 내 앞에 있는 샐러드 드레싱과 같이 끈적끈적한 것들이었다. 끈적끈적하고 질척거리며 미끈미끈한 느낌을 가진 음식 말이다. 액체의 이러한 성질을 점탄성이라고 한다. 이런 액체는 길게 보면 당연히 액체로 행동하지만, 짧은 시간 동안은 고체처럼 행동할 수 있다. 이것이 일반적인 액체와 다르게 슬라임(액체괴물)을 집어 손가락 사이에 끼울 수 있는 이유다. 슬라임은 고체 성질을 가지고 있다. 손의 압력에 슬라임이 탄력적으로 반응하는 것을 느낄 수 있고, 대부분의 액체가 떨어져 나가는 동안 슬라임은 서로 붙어 있다. 하지만 계속 쥐고 있으면 슬라임은 손에서 흘러 뚝뚝 떨어진다. 이 흐름은 점탄성 중 점성효과를 보여준다. 헤어젤도 이런 식으로 움직인다. 헤어젤을 손으로 퍼올릴 수도 있지만, 결국 시간이 지나면 흐르게 된다. 진한 샴푸와 치약도 점탄성을 가지고 있다. 어떤 이유에서든, 욕실의 환경에서는 이러한 성질이 그렇게 역겹지 않다고 생각된다. 아마도 이 액체를 먹지 않아도 되기 때문일 것이다.

질질 흐르고 끈적이는 점액질의 물체는 역겹게 보일 수 있다. 그런데 왜 그럴까? 어쩌면 점액질이 우리 내부의 어떤 액체를 떠올리게 하고, 그 액체가 몸밖에서 우리 건강에 위협이 될 수 있기 때문일 것이다. 액체 상태의 똥은 역겹다. 특히 무심코 그 위를 맨발로 밟기라도 해서 발가락 사이로 질척거리며 삐져나오는 느낌을 생각해보라. 양이나 소 같은 동물의 딱딱한 똥과는 대조적이다. 이런 동물의 똥은 그렇게까지 역겹게 느껴지진 않는다. 콧물은 끈적끈적한 녹색이라 역겹고, 그것을 먹는 사람 또한 누구나 더럽게 보인다. 아이가 아무리 귀엽더라도 아이의 코에서 흐르는 녹색의 젖은 콧물은 부모를 제외한 모든 사람에게 혐오감을 준다. 사실 부모들도 대개 콧물이 나오는 아이의 코를 만지는 것을 좋아하지 않는다. 샐러드 드레싱이 콧물을 연상시켜서 기분이 상했다. 그것을 먹지 않기로 했다.

그러나 아무리 역겹다 해도, 침의 점탄성은 그 내부 구조의 정교함을 잘 나타낸다. 침에 들어 있는 가장 중요한 분자군은 뮤신mucin이다. 뮤신은 큰 단백질 분자로 대부분 점막에서 분비된다. 점액mucus은 외부의 이물질이나 독소 병원균에 노출될 수 있는 곳, 즉 우리의 코와 폐, 그리고 눈이 보호 차원에서 만들어 내는 얇은 방어막이다. 연기에 노출되면 코에서 끈적한 무언가가 흘러나오고, 먼지가 눈에 날아들면 눈에 끈적끈적한 물질이 쌓인다. 이처럼 점액은 끈적거린다. 뮤신 단백질이 다른 물질과 화학적으로 결합할 수 있는, 많은 기능적 성분을 갖는 사슬형 분자를 형성하기 때문이다. 다시 말해, 수지 접착제와 비슷하다.

물론 점액 시스템이 항상 좋은 것만은 아니다. 감기나 다른 감염이 생길 때 목구멍에는 콧물과 녹색의 가래가 쌓인다. 뮤신 분자는 친수성이라 물에 끌리며, 긴 사슬형 분자들이 서로 결합하여 그 사이에 물을 가두

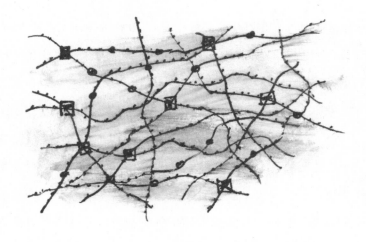

∴ 뮤신의 구조. 다양한 기능적 성분(사각형, 원, 삼각형으로 표시)이 물을 가두어 끈적끈적한 젤을 생산하는 점탄성 네트워크를 만들 수 있다.

는 네트워크를 만든다. 이 네트워크는 젤^{gel}이지만 점탄성을 갖는다. 가래는 뮤신 결합으로 인해 고체 성질을 가지지만, 뮤신으로 이뤄진 네트워크가 새로운 구조로 쉽게 재배치되기에 액체처럼 흐르기도 한다. 이 때문에 큰 뮤신은 흐르는 방향으로 정렬된다. 그래서 침을 흘리면 긴 끈을 따라 줄줄 늘어지곤 하는 것이다. 이렇게 침은 뭉치면서도 여전히 흐를 수 있어서 중요한 윤활작용을 한다. 달팽이와 민달팽이는 이와 아주 비슷한 물질을 만들어 냄으로써 움직일 수 있다. 뮤신이 가득한 점액은 그들이 가는 곳마다 작고 미끄러운 흔적을 남긴다. 많은 사람들이 역겹다 하지만, 달팽이의 점액은 인간의 침과 아주 비슷하다. 사실 달팽이 점액이 들어간 페이셜 크림도 불티나게 팔리고 있다. 얼굴에 발랐을 때의 효과는 아직 입증되지 않았지만, 그것을 사는 사람들을 말리지는 못하는 것 같다.

흐르는 것들의 과학

침의 점탄성은 때에 따라 질감이 바뀌기도 하고 식사나 음주 여부 또는 건강 상태에 따라 달라지기도 한다. 때로는 뱉어낸 침이 물기가 많아 잘 흐르기도 하고 때로는 끈적거리기도 한다. 어떤 분비샘이 분비하느냐에 따라 침의 점도가 달라지는 경우가 훨씬 더 많다. 침샘은 무의식적인 행동을 조절하는 자율신경계에 의해 제어된다. 침을 분비하는 것도 무의식적인 행동이다. 자율신경계에는 교감신경계와 부교감신경계가 있다. 뭔가를 먹는 동안은 부교감신경계가 묽은 침을 만들어 내 음식을 쉽게 먹을 수 있게 한다. 식사 후에는 교감신경계가 이를 이어 받아, 자고 있을 때에도 입이 마르지 않고 입안의 감염과 충치에 맞서 싸우는 데 도움을 준다. 교감신경계가 만들어 낸 침은 부교감신경계의 것과는 다른 성분과 미세 구조를 가지고 있고, 결과적으로 좀 더 걸쭉하고 끈적끈적하다. 내가 수잔에게 실수로 흘린 침 같은 것이다. 나는 그녀의 기분을 파악하기 위해 고개를 돌리지 않고 곁눈질로 그녀를 흘끗 쳐다보았다. 그녀는 별다른 기색 없이 파스타를 먹고 있었다.

이제 치킨 카레에 관심을 기울일 때가 된 것 같다. 카레를 조금 먹다가 포크만한 크기의 무언가가 방정맞게 튀어 내 턱에 카레 소스가 묻었다. 왜 이런 일이 늘 일어나는지 모르겠지만, 질퍽한 음식을 먹고 입가를 계속 닦지 않으면 얼굴이 얼룩 투성이가 되어 버린다. 나와 가장 가깝고 소중한 사람들에게도 이 모습은 분명 역겨울 것이다. 사실 나도 다른 사람들의 이런 모습을 역겨워하는 편인데, 왜 다른 사람이 나의 이런 모습을 보고 역겨워하면 그렇게 놀라는지를 모르겠다. 아마도 입밖으로 음식을 내보이는 것이 불쾌감을 주는 일이라는 사회적 규범 때문인 것 같다. 음식이 이미

썹던 것이라면 상황은 훨씬 더 나빠진다. 침과 섞여 있거나, 아니면 먹는 동안 입에서 침을 질질 흘리는 경우는 끔찍하다. 다행히 나는 함께 여행하는 사람들을 위해 식사 때 냅킨을 열심히 쓰는 편이다. 음식을 튀기지 않으려고도 노력한다.

음식을 먹는다는 것은 사회적 경험이다. 먹는 과정이 자칫하면 혐오감을 줄 수 있기 때문에 대부분의 문화권에서 식탁 매너는 생각 이상으로 중요하다. 아기와 어린 아이들은 침을 질질 흘려가며 먹는다. 어린이들은 자기 입으로 음식물을 성공적으로 깔끔하게 넣는 것을 어려워하고, 음식을 다시 뱉어 내거나, 식탁이나 바닥, 심지어는 부모를 포함한 어딘가에 던지는 등 아직 배울 것이 많다. 우리 사회의 기본 규칙 중 하나는 단정하게 먹는 것이다. 특히 우리는 목 뒤로 넘긴 음식을 다시 입안으로 끌어올리거나, 침을 흘리거나, 입을 벌리고 먹지 않는다. 이런 것이 먹는 것과 관련된 금기 사항이다. 가장 야만적인 범죄자, 또는 가장 모자란 사람조차도 일반적으로 이러한 사회적 규범을 준수한다. 미치거나 아프지 않고서야 식사와 관련된 일반적인 규범을 지킬 것이다.

나는 치킨 카레를 깔끔하게 먹으려 최선을 다했고 곧 이마가 땀으로 젖어드는 것을 느꼈다. 카레를 먹으면 이런 일이 자주 일어난다. 카레의 칠리는 캡사이신이라는 분자를 포함하고 있는데, 캡사이신은 열과 위험을 알리는 입안의 감각수용체에 강하게 결합한다. 그렇기 때문에 매운 음식을 먹으면 음식의 온도가 매우 높지 않아도 입안에서 타는 듯한 느낌을 받을 수 있다. 입안이 과열되면 지금처럼 땀을 흘리면서 몸을 식히려는 것이 일반적인 반응이다. 땀은 상황에 따라 다르지만, 다른 사람들에게 혐오감

흐르는 것들의 과학

을 유발하는 또 다른 체액이다. 땀이 옷 사이로 드러나기 시작하면 냄새를 맡지 않아도 혐오감을 느끼는 경우가 많다. 비행기 옆자리에 땀을 많이 흘리는 사람이 앉아 있다면 아마 이 범주에 속할 것이다. 대조적으로 성행위를 하는 동안의 땀은 문제가 되지 않는다. 오히려 대부분의 현대 사회에서는 성적 매력을 증가시킨다고 한다.

텍사스대학교의 연구진은 최근 병원균 혐오감, 성적 혐오감, 도덕적 혐오감 등 세 가지 영역의 혐오 척도를 사용하여 많은 참가자들의 혐오감 정도를 조사했다(이런 뚜렷한 유형의 혐오가 실제로 존재한다는 충분한 증거가 있다). 참가자들의 병원균 혐오감 수준을 측정하기 위해 '냉장고의 남은 음식에 핀 곰팡이나 새롭고 낯선 음식을 보는 것'에 대한 느낌이 무엇인지 물었다. 그리고 참가자들에게 다양한 형태의 실험적인 성행위, 또는 다른 파트너와 즉석 성관계를 하는 것에 대해 어떻게 느끼는지 질문함으로써 성적 혐오감을 측정했다. 도덕적 혐오감은 학생들이 더 나은 성적을 얻기 위해 시험에서 부정행위를 하는 것이나, 회사에서 수익을 더 내기 위해 거짓말을 하는 것 또는 다른 유사한 상황에 대해 질문함으로써 측정했다.

궁극적으로 연구진은 새롭고 낯선 음식을 먹을 가능성이 높은 사람들이 성관계에 있어 더 개방적인 기준을 가지고 있음을 알아냈다. 실제로, 연구에 참여한 남성은 짝짓기 전략과 새롭고 낯선 음식을 먹고 싶은 욕구와 능력 사이에 통계적으로 유의미한 상관관계를 보였다. 연구진은 남성들이 잠재적 파트너들에게 깊은 인상을 주기 위해 특정 음식에 대한 혐오감을 낮춘다는 가설을 세웠다. 이는 그들이 건강하고 강한 면역체계를 갖추고 적절한 성적 파트너가 될 수 있다는 것을 증명하는 수단이 된다. 다시 말해, 혐오 식품을 먹는 것은 일종의 짝짓기 의식일 수 있다는 것이다.

이것은 사실이다. 우리는 사람들이 침을 볼 때 대개 혐오감을 느낀다는 것을 알고 있지만, 우리가 누군가에게 성적으로 끌리면 그 혐오감은 가라앉는 것 같다. 노쇠한 숙모가 당신이 도망가지 못하게 얼굴을 꽉 잡고 입에 뽀뽀한다고 생각해 보자. 생각만 해도 징그럽다. 그러나 연인과 혀로 핥고 열정적인 키스를 하는 동안 침을 교환하는 것은 통제할 수 없이 촉촉하고 본능적인 경험이다. 만약 그 촉촉함에 혐오감을 느낀다면 생식적 관점에서는 정말로 문제가 될 것이다. 왜냐하면 성관계에서는 윤활이 중요하기 때문이다. 성관계를 가능하게 하는 체액을 성관계가 아닌 다른 상황에서는 역겹게 느끼는 것을 보면 섹스에 대한 기대가 체액에 대한 거부감을 얼마나 줄여주는지 알 수 있다.

그렇기 때문에, 내 치킨 카레나 내가 이것을 먹는 방식을 수잔이 짝짓기 표현으로 생각하지는 않았을 것이라고 확신한다. 나는 턱과 입가에 남은 소스를 닦고 쟁반에 있는 작은 디저트 통으로 몸을 돌렸다. 레몬 무스는 좋은 미각 세정제라고 생각하지만, 레몬맛이 충분히 날 경우에만 그렇다. 미뢰가 신맛을 감지하면 침샘이 자극을 받아 입안의 pH 균형을 맞추기 위해 더 많은 침을 분비하는데, 결국 방금 먹은 카레의 향신료와 마늘처럼 입안에 남아 있는 강한 맛을 씻어낼 수 있다는 말이다. 그러나 레몬 무스의 레몬맛이 충분하지 않으면 이를 먹는 동안에도 카레맛이 느껴질 텐데 그건 별로 좋은 맛이 아닐 것이다. 다행스럽게도, 사랑스럽고 가벼우면서도 거품이 풍부한 식감과 강한 레몬맛이 나 무척 행복했다.

흐르는 것들의 과학

식사는 단지 생명을 유지하려는 활동과 사회적 의식 이상이며, 짝짓기 표현을 넘어서는 감정적인 경험이기도 하다. 어쩌면 이것은 우리가 만족스러운 식사를 소화시키면서 분비하는 호르몬과 관련이 있을 것이다. 그것은 건강해지는 느낌, 심지어 행복감까지도 느끼게 해준다. 좋은 음식을 먹을 때마다 내 배에서 솟아오르는 것 같은 행복이다. 심지어 눈물을 흘릴 수도 있다.

침과 달리, 우리 사회에서 눈물은 혐오스럽게 보지 않는다. 비록 눈물이 침과 같은 성분들, 즉 뮤신과 미네랄, 오일을 포함하고 있지만 말이다. 눈물에는 세 가지 종류가 있다. 기저눈물, 반사눈물, 그리고 감정의 눈물이다. 기저눈물은 눈물의 기본이 된다. 이 눈물은 눈이 건조하지 않도록 하고, 우리가 눈을 깜박일 때 눈꺼풀을 윤활하게 하여 먼지를 씻어내는 기본적인 기능을 수행한다. 또 세균 감염과도 싸운다. 반사눈물은 연기와 먼지처럼 우리의 눈이 매일 접하는 여러 종류의 자극제를 몸밖으로 씻어낸다. 그리고 감정의 눈물은 훌륭한 식사를 했거나, 숭고한 음악을 듣거나, 관계가 끝났다는 말을 들을 때와 같은 심리적 상황에서 나오는 눈물이다. 감정의 눈물은 기저눈물이나 반사눈물과는 다른 화학적 성분을 가지고 있는데, 스트레스 호르몬을 함유하고 있다. 이 호르몬의 목적은 명확하지 않지만 다른 사람들과 소통하거나 도움을 받고 싶은 욕구와 관련이 있을 가능성이 높다. 누군가 우는 모습을 보면 대개 동정심과 위로를 해주고 싶은 욕구가 생긴다. 이중맹검 연구double blind study에 따르면 남성이 여성의 눈물 냄새를 맡을 때 테스토스테론 수치가 낮아지고 차분해졌다.

주위의 모든 것이 성적인 것은 아니다. 하지만 체액에 관한 한 성적 요소는 결코 멀리 있지 않다. 그래서 수잔은 그녀에게 침을 흘리는 낯선 사람에게 혐오감을 느끼는 것이다.

"다 드셨습니까, 선생님?" 승무원이 서비스 카트 옆에 서서 내 쟁반을 가리키며 물었다.

쟁반을 수잔의 무릎 위로 건넸다. 아무 말도, 눈을 마주치지도 않고 최대한 사과하는 자세로 고개를 숙인 채 팔을 뻗어 쟁반을 승무원에게 내밀었다.

0-7
상쾌한
Refreshing
LIQUID

refreshment: 음료

차를 입에 대었을 때 그 첫 번째 한 모금에서 느끼고자 하는 것은
내 모든 미뢰를 자극하는 활기 넘치는 풍미다.
조용하면서도 단호한 쾌락의 물결을 몰아치는,
만족의 탄성을 이끌어 내는 풍미 말이다.

"커피나 차 드시겠어요?" 승무원이 통로를 따라 서비스 카트를 밀며
물었다.

대부분의 창문 덮개는 내려져 있었지만, 바깥의 건재한 태양은 몇 개
의 열린 창문을 통해 어둠을 가르는 빛줄기를 쏟아냈다. 11시간의 비행 중
6시간이 지났다. 기내는 무력감으로 가득했고, 승무원들도 꽤나 피곤해 보
였다.

나는 커피를 좋아한다. 아니, 커피를 사랑한다. 하지만 나는 커피를 블
랙으로, 다과용이 아니라 각성제로 마신다. 하지만 1만 2천 미터 상공에서
계속 깨어 있고 싶지는 않았다. 하지만 제대로 만들지 못한 차는 맛없는
커피 한 잔보다 더 나쁘다. '왜 그런 걸까?' 생각하는 동안 승무원이 지루
함과 조급한 마음이 뒤섞인 표정으로 바라보았다.

"커피나 차 드시겠어요?" 그가 다시 물었다. 트레이 테이블에 놓인 수잔의 음료를 내려다보니 커피가 플라스틱 컵에 담겨 있었고 손잡이는 너무 작아서 쓸모가 없어 보였다. 거기에 우유와 설탕이 들어 있는 작은 꾸러미, 그리고 작은 스틱과 냅킨이 비닐봉지에 담겨 있었다. 그다지 매력적으로 보이지는 않았다. 실망스러울 것이 뻔했다. 트레이에 놓인 모든 것이 매력적이기보다는 획일적으로 보였다.

"차 주세요." 라고 하고는 곧바로 덧붙였다.

"뜨거운가요? 그러니까, 아주 뜨거운 물로 만든 건가요?" 하지만 내 질문이 비행기 엔진의 웅웅거리는 소리에 묻혀버렸거나 승무원이 나를 무시하기로 한 것 같았다. 그는 수잔과 똑같은 컵에 차를 부어 내 비닐봉지가 놓여 있는 쟁반에 내려놓았다.

한 잔의 차는 어떤 맛을 내야 할까? 차를 입에 대었을 때 그 첫 번째 한 모금에서 느끼고자 하는 것은 내 모든 미뢰를 자극하는 활기 넘치는 풍미다. 카푸치노에 휘핑과 초콜릿 드리즐을 추가한 것 같은 자극적인 것이 아니라, 조용하면서도 단호한 쾌락의 물결을 몰아치는, 만족의 탄성을 이끌어 내는 풍미 말이다. 나는 찻잎을 바로 맛보고 싶었다. 실제 잎 조각을 삼키는 것 같은 거친 느낌이 아니라, 퀴퀴한 객실의 냄새를 쓸어버릴 만큼의 건조한 떫은맛을 입안에서 느끼고 싶은 것이다. 달콤함과 쓴맛 사이, 한마디로 맛의 균형이 어느 쪽으로도 기울지 않고, 약간의 짭짜름한 뒷맛까지 느껴지면 좋겠다. 산도가 높아 시큼함이 느껴지면, 딱 거기서 멈추면 좋겠다. 발효된 차의 과일향 풍미가 코까지 올라와 몸에 활기를 불어넣을 수 있을 만큼만 말이다. 색깔도 중요하다. 홍차는 영광스러운 황금빛에 투

흐르는 것들의 과학

명해야 하며 컵의 바닥이 보이지 않을 만큼 어둡지 않아야 한다. 찻잔을 받기 전, 찻주전자에서 잔으로 부어지는 동안 그 색깔을 볼 수 있다면 더할 나위 없겠다. 또 차를 잔에 부을 때 나는 액체가 쫄쫄 흐르는 소리를 듣고 싶다. 가족과 함께 집에 있을 때 주방 식탁에서 차를 마시며 보낸(현재와는 다른) 모든 순간들을 떠올리게 될 테니 말이다.

이 모든 기대와 함께 한 모금을 마셨다.

끔찍했다.

미지근하고 김빠진 콜라맛이 났지만 달콤한 맛은 없었다. 놓친 게 있을까 다시 맛을 보았다. 이번에는 컵의 불쾌한 플라스틱맛이 났다. 나는 곁눈질로 수잔을 바라보았다. 그녀는 책을 읽으며 만족스럽게 커피를 홀짝이고 있었다. 분명히, 나는 잘못된 선택을 한 것이다.

차는 세계에서 가장 인기 있는 뜨거운 음료로 알려져 있다. 이 내용에 대한 믿을 만한 근거를 확인하기는 어렵지만 영국에서는 하루 평균 1억 6,500만 잔의 차를 마시는 것으로 추정된다. 이는 하루 7,000만 잔 소비되는 커피와 비교된다. 이러한 상황은 전 세계 많은 다른 나라에서도 비슷하다. 그렇다면 커피가 주지 못하는, 차만이 줄 수 있는 것은 무엇일까? 더 중요한 것은, 왜 종종 이렇게 형편없는 차가 만들어지는 것일까?

지금 마시고 있는 이 차 한 잔의 삶은 열대성이나 아열대성 기후에서만 번성하는 평범한 상록수 관목에 돋은 새싹으로부터 시작되었다. 얼마나 평범한지 그 바로 옆을 지나간다고 한들 이것이 차나무인줄 알아보지 못하고 지나칠 확률이 높다. 우리의 조상들은 수천 년 동안 그래왔다. 차나무는 습기와 빗물을 좋아하지만 고온은 좋아하지 않는다. 따라서 중국

∴ 차 농장

의 윈난 성 고지대, 일본의 산, 인도 히말라야의 다르질링, 스리랑카의 중앙 고원지대처럼 관목을 재배하기에 이상적인 장소 몇 군데에서만 자란다. 세계에서 가장 좋은 차, 적어도 가장 비싼 차는 중국의 우이 산에서 만들어지는 다훙파오Da Hong Pao(대홍포)인데, 이 차는 킬로그램당 백만 달러를 가볍게 넘는다.

지리적 위치나 고도, 각 종류의 차 재배 시기 등의 특정 조건은 모두 찻잎의 맛에 영향을 준다. 차 제조업체의 주요 골칫거리 중 하나는 다양한 지역에서 구한 차를 혼합하여 매월, 매년마다 제품의 맛을 일관되게 유지하는 방법을 알아내는 것이다.

차의 종류는 많지만, 모든 차는 같은 차나무인 카멜리아 시넨시스Camellia sinensis에서 나온다. 녹차와 홍차의 차이점(그리고 백차, 황차, 우롱차 등의 다른 변종)은 잎을 처리하는 방법에 있다. 철마다 차나무의 새싹을 손으로 뽑는데, 뽑히는 즉시 시들기 시작한다. 이것은 잎의 분자 구조를 분해

흐르는 것들의 과학

하는 효소를 유발하여 녹색 엽록소 색소를 먼저 갈색으로, 그리고 검은색으로 바꾼다. 냉장고에 허브를 오랜 시간 놓아두었다면 이 효과를 목격했을 것이다.

녹차는 잎을 딴 직후 가열하여 생산된다. 열은 효소는 비활성화시키고 엽록소는 그대로 유지시키기 때문에 녹색이 유지된다. 이 과정에서 잎이 굴러다니며 건조되면서 세포벽에 상처가 생겨 맛을 담당하는 분자가 쉽게 빠져나올 수 있다. 녹차의 맛은 폴리페놀(와인의 탄닌에서 기억할 것이다)이라는 분자군에서 나온 떫은맛, 카페인 분자에서 나온 쓴맛, 설탕에서 나온 단맛, 펙틴에서 나온 부드러운 맛, 아미노산에서 나온 풍미가 좋은 맛, 그리고 수많은 향기로운 오일에서 오는 향취로 구성되어 있다. 이러한 맛의 요소들 중 한 가지만 특별히 추출되기보다 여러 요소들이 균형을 이루어야 훌륭한 차가 만들어진다.

홍차는 녹차와 같은 잎에서 생산된다. 이 둘은 단지 제조 과정만 다를 뿐이다. 홍차의 경우 찻잎이 시들고 나서야 잎을 굴리고, 이때 효소는 공기 중의 산소와 반응하여 잎의 분자 구조를 깨는 데 도움을 준다. 산화라고 불리는 이 과정은 색을 녹색에서 진한 갈색으로 바꾸고 다른 맛 분자를 만들어 낸다. 이 과정에서 쓴맛을 내는 탄닌을 포함한 많은 폴리페놀은 더 풍미 있고 과일향이 나는 분자로 바뀐다. 또, 홍차는 산화 과정을 통해 그 풍미가 만들어지는 만큼 공기 중 산소와의 후속 반응에도 쉽게 맛이 바뀌지 않는다. 따라서 건조된 홍차는 풍미를 잃지 않고 녹차보다 더 오래 저장될 수 있다.

차를 만드는 것이 쉬운 일이라고 생각할 수도 있다. 그저 마음에 드는 차에 물을 붓고 나면 생기를 되찾아주는 음료 한 잔이 짠 하고 나타날 것이라고 말이다. 하지만 차는 무척 쉽게 망가질 수 있다. 반면 콜라와 같은 카페인 음료는 언제 어디서나 일정한 맛이 보장된다. 이것은 제조 과정이 공장에서 제어되기 때문에 저장, 운반 과정에서 맛이 크게 손상되지 않기 때문이다. 맛이 변하게 될 가능성은 이미 상당 부분 제거된 셈이다. 콜라를 잘못된 온도(당신의 선호에 따라)에서 또는 잘못된 용기(당신의 선호에 따라)에 담아 제공할 수도 있겠지만, 그 화학적 성분은 주문할 때마다 확실하게 똑같을 것이다. 발명가들은 똑같은 효과를 내는 차를 만들기 위해 오랫동안 노력을 기울였다. 예를 들면 차 추출물을 액화시켜 음료 기계에서

∴ 액상의 즉석 차 제품

흐르는 것들의 과학

만들 수 있는 즉석 차 음료를 만드는 것이다. 하지만 지금까지 이런 식으로 만들어진 음료는 전혀 인기를 얻지 못했다. 아마도 신선한 차와는 거의 완전히 다른 맛을 내기 때문일 것이다. 이러한 맛의 차이는 독특한 풍미를 주는 많은 주요 화학 성분이 차를 우려낸 직후 분해되어 사라지기 때문이라고 생각된다.

　작가 조지 오웰George Orwell은 『1984』, 『동물농장』과 같은 정치 소설의 고전으로 유명했지만, 나쁜 차 문제에도 집착해 음료에 관한 논문을 발표할 정도였다. 바로 「완벽한 차를 만드는 데 필요한 11가지 규칙」이다. 이 규칙에 따르면 차를 우릴 때는 찻주전자를 사용하여야 하고, 찻주전자는 따뜻하게 데워져야 하며, 우유는 차가 부어진 후에 넣어야 한다. 과학은 아직 무엇이 완벽한 차 한 잔을 구성하는지에 대해 명확한 견해를 제시하지는 못하지만, 오웰의 식견 중 일부가 중요하다는 것은 확인시켜 주고 있다. 기본적으로 차의 품질을 크게 바꿀 수 있는 네 가지 주요 요소가 있는데, 바로 찻잎과 수질, 우려내는 물의 온도와 우려내는 시간이다.

　찻잎의 풍미가 좋을수록 차의 향미도 좋아진다. 하지만 여기에는 함정이 있다. 조지 오웰은 동의하지 않는다고 하더라도, '가장 좋은 차란 내가 가장 즐겁게 마시는 차'라는 말에 당신이 동의한다면 보통의 티백으로도 얼마든지 당신이 좋아하는 맛있는 차를 우려낼 수 있다. 극도로 맛이 좋고 매우 비싼 다홍파오로 만든 차라고 꼭 더 맛있다고 말할 수는 없을 것이다. 무엇이 가장 좋은지에 대한 견해는 결국 주관적이다. 와인도 그렇고, 다른 대부분의 것들도 마찬가지다. 반면 다양한 종류의 차를 마실 기회가 없었다면(약 1,000가지 종류가 있다), 아직은 더 만족스러운 종류의 차가 있을 수는 있다. 차는 맛의 측면에서 와인만큼 다양하고 정교하며, 차의 높은 가격은 이 부분을 잘 보여주고 있다. 그러나 희소성과 마케팅이 종종 제품의 품질을 가려버리는 와인 업계와 마찬가지로, 차 역시 일부 속물적인 악덕 기업에 취약하다. 녹차부터 우롱차, 남미의 예르바 마테차, 스리랑카의 홍차에 이르기까지 엄청나게 다양한 종류의 차가 있어, 원하는 것을 찾는 데 시간이 오래 걸릴 수 있다. 개인적으로 내게 완벽한 차는 하루에도 여러 번 변한다. 아침에 일어난 직후에는 우유를 넣은 진한 브렉퍼스트 티를 좋아한다. 편안하게 정신이 들면서도 부담이 없다. 오후에는 블랙 얼그레이 티를 마신다. 감귤류와 베르가못이 섞인 미묘한 조합이 비 오는 잿빛 오후의 칙칙한 분위기를 뚫고 지나간다.

수잔이 어떤 차를 좋아하는지 궁금했다. 아니, 어쩌면 차를 마시지 않을지도 모른다. 차를 마시지 않는 사람들에게 불편한 점이 있다면 그들이 집에 왔을 때 무엇을 내놓아야 할지 모른다는 것이다. 내가 아는 가장 반가운 표현은 바로 이렇다. "차 한 잔 하시겠어요?" 손님이 문을 닫기도 전에 입에서 튀어나오는 경우가 많다. 사소한 것 같은 이 제안의 의미는 복합적이다. '내 집에 온 것을 환영한다', '나는 네게 별일이 없는지 궁금하다', 그리고 '나는 수천 마일 떨어진 이국적인 기후 아래서 수확되고 가공된 이 맛있는 말린 잎을 가지고 있다. 나 세련됐지?'라는 뜻이다. 최소한 18세기 영국에서 차가 처음 대중화되었을 때, 저 말은 바로 그런 뜻이었다. 그 이후로 같이 차를 마시는 것은 키스나 악수, 포옹 또는 다른 나라에서 행해지는 다른 어떤 친밀한 환영 의식보다 더 관례적인 영국의 환영 행사가 되었다. 조지 오웰이 찻주전자 사용을 고집한 것은 찻주전자가 단지 차를 우려내는 도구여서가 아니라 그것이 우리 가정 안에서 공유하고자 하는 것을 물리적으로 보여준다고 생각했기 때문이다. 찻주전자를 다룰 때 우리가 쏟는 관심, 찻주전자를 뜨거운 물로 채우는 소리, 찻주전자의 미적인 외관, 차가 우려지기를 기다리는 시간, 그리고 차를 담아낼 찻잔들까지 이 모두가 환영 행사의 일부가 된다.

환영 행사의 의미로 차를 마시는 경우에는 특별히 좋은 물을 써야 한다. 당연한 것인데 오웰조차도 이 요소를 간과한 것 같다. 차의 구성요소가 대부분 물이라는 것을 감안할 때, 그 성분이 맛에 얼마나 큰 영향을 미칠지 쉽게 알 수 있다. 물의 맛은 그 원천에 따라 다르다. 자연 샘과 주방 수도꼭지 사이의 엄청난 차이야 너무도 분명하지만, 수돗물도 장소마다 맛이 근본적으로 다를 수 있다. 미네랄과 유기물 함량, 염소 및 기타 첨가제의 함유 여부는 물 한 잔의 풍미와 냄새를 결정하는 주요 요인이다.

만약 생기 넘치는 차를 한 잔 마시고 싶다면 약간의 미네랄이 들어 있는 물을 사용해야 한다. 증류된 순수한 물은 밋밋한 맛을 낸다. 미네랄 함량이 너무 높아도 좋지는 않을 것이다. 물의 맛이 차의 향을 압도해버릴 수 있다. 특히 염소가 많이 함유된 물이 그렇다. 보통은 수돗물도 괜찮지만 물의 pH는 중성이어야 한다. 산성인 물은 수원지에서 수도꼭지로 물을 운반하는 금속 파이프를 부식시켜 금속맛을 내는 반면, 알칼리수는 종종 비누맛을 낸다. 곰팡이 냄새는 미생물의 부산물에서 오는 경향이 있다. 때때로, 특히 아침에는 파이프에 오랫동안 머물러 있던 물이 나오기도 한다. 파이프가 오래되었거나, 특정 금속으로 만들어졌거나, 산성 성분이 있다면 부식되어 물이 아닌 다른 맛을 낼 수 있다. 이런 일이 일어나고 있는 것

같으면 찻주전자에 물을 채우기 전에 물을 잠시 동안 흘려보내야 한다. 물이 '센hard' 지역은 대개 그 지역의 근원적인 지질 요소로 인해 칼슘이 많이 녹아 있다는 것을 의미하며, 이 칼슘 이온은 차의 유기물 분자와 결합하여 컵 위에 떠 있는 고체막을 형성한다. 이것을 '찌꺼기'라고 부르는데, 차 찌꺼기는 차를 흉물스럽게 만들어 환영 행사를 제대로 망칠 수 있다. 센물이 있다면, 찌꺼기를 걸러내거나 안쪽 벽에 찌꺼기를 잡아놓는 찻주전자를 이용해 찌꺼기를 제거해야 한다.

일단 제대로 된 물을 확보하면 끓여야 한다. 우려내는 물의 온도는 물에 용해되는 맛 분자를 결정하므로 온도에 따라 차의 맛과 향, 색상의 조화가 달라질 수 있다. 온도가 너무 낮으면 맛 분자가 너무 적게 녹아들어 풍미가 없어지고 연한 색을 띠게 된다. 하지만 너무 높은 온도도 나쁠 수 있는데, 이 경우 차의 쓴맛과 떫은맛을 책임지는 탄닌과 폴리페놀이 많이 녹아들게 된다. 녹차는 특히 이 성분들의 농도가 높기 때문에, 지나치게 쓰거나 떫은 차 한 사발을 피하고 싶다면 70℃~80℃의 온도에서 우려내는 것이 가장 좋다.

카페인은 매우 쓴 분자로, 물에 쉽게 녹지 않는다. 카페인이 많은 차를 원한다면 물을 더 높은 온도로 끓여야 우려내는 과정에서 많은 카페인 분자가 녹아나오게 된다. 다행히 홍차는 이미 산화됐기 때문에 탄닌과 폴리페놀의 수가 줄어 있다. 덕분에 고온에서도 지나친 쓴맛이 없이 차를 우려낼 수 있어 얼굴을 찡그리지 않고도 고함량 카페인 차를 마실 수 있다. 100℃에서 5분 동안 우려낸 홍차는 컵당 카페인 함량이 50mg(일반 커피의 경우인 100mg에 비해)으로 어둡고 진한 맛을 낸다.

흐르는 것들의 과학

하지만 비행기에서 차를 우려내는 것은 문제가 될 수 있다. 1만 2천 미터 높이의 상공에서 객실 내부의 압력은 해수면의 대기압보다 낮다. 이는 물의 끓는점을 낮추어, 우려낸 차의 맛에 영향을 미친다. 그리고 차를 우려내는 데 중요한 것은 물의 초기 온도만이 아니다. 맛과 색을 담당하는 분자가 물에 성공적으로 녹아들기 위해서는 찻잎이 특정 시간 동안 물과 접촉해야 하는데, 그 과정에서 물의 온도가 크게 떨어지면 맛 분자가 적게 추출된다. 차가운 곳에서 차를 우려내거나 차를 담그기 전에 용기가 차가운 상태여도 이런 일이 생기는데, 뜨거운 물이 찻주전자에 들어가면서 온도가 떨어지기 때문이다. 그래서 조지 오웰이 차를 만들기 전에 먼저 찻주전자를 데워야 한다고 주장한 것이다. 차를 더 오래 우려낼 거라면 온도가 낮아도 된다. 하지만 복잡미묘한 맛을 선사하는 짠맛, 단맛, 쓴맛, 신맛의 풍미와, 수천 가지 개별 휘발 성분의 조화로운 비율을 맞춘, 완벽하게 우려진 차 한 잔을 기대하기는 어려울 것이다.

차는 매우 복잡하고, 맛 프로파일flavour profile(차 종류, 물, 우려내는 시간, 물의 온도)에 영향을 미칠 수 있는 변수가 너무 많기 때문에, 차를 끓이는 동안 집중력을 잃으면 결과적으로 당신이 바라던 것과는 완전히 다른 맛을 내는 차를 마시게 되는 경우가 많다. 내가 지금 마시는 차 한 잔에 일어난 일이 바로 그것이었다. 승무원들은 나름 최선을 다한 것 같았다. 비행기 내부의 낮은 끓는점을 고려해서 차를 더 오래 우려냈고, 따뜻하고 긴 스테인리스 스틸 주전자를 사용해 차의 온도를 내내 높게 유지했으니 말이다. 하지만 차를 우려낸 후 서비스 카트가 나에게 오기까지 거의 15분 정도의 꽤 긴 시간이 걸렸고, 그 시간 동안 차는 주전자 안에 머물면서 점점 차가

워지고 맛이 떨어졌다. 승무원이 작은 플라스틱 컵에 그것을 부었을 때는 차가 과일향과 잎의 풍부한 맛을 대부분 잃어버린 뒤였다. 차는 원래 풍성한 맛을 가지고 있었지만 지금은 차갑고, 쓰고, 시큼했으며, 컵 자체는 특이하고 톡 쏘는 맛이 났다. 이 모든 것은 내가 바라던, 상쾌함과 갈증을 해소시키는 청량감을 얻지 못했다는 것을 의미했다. 정반대였다. 오히려 혐오 수준에 가까웠다. 주문하지 말았어야 했다.

하지만 그때 나는 또 다른 실수를 저질렀다. 승무원이 준 작은 비닐봉지의 내용물을 사용해 실망스럽고 따분한 갈색 액체로부터 구미에 맞는 차 한 잔을 만들어낼 수 있을지도 모른다는 생각을 한 것이다. 원통형의 통을 열어 우유를 컵에 부은 후 폴리스티렌 스틱을 이용해 혼합물을 저었다. 차는 짙은 갈색에서 우윳빛이 도는 황토색으로 변했는데, 아주 기분좋은 색이었다. 나는 우유가 든 차를 좋아한다. 소의 우유는 달콤하고 소금과 지방이 많이 들어 있다. 우유의 지방은 약 1/1,000mm 크기의 작은 방울 형태로 만들어져 깊은 풍미와 풍부한 입맛을 느끼게 해준다. 우유를 차에 부으면 이 지방의 방울이 흩어져 음료의 색과 맛을 특색 있게 한다. 우유의 지방은 맥아향이 나는 캐러멜맛을 내고, 차의 자연적인 떫은맛과 대조되는 크림맛을 더해준다. 또, 차의 많은 맛 분자를 흡수하여 과일맛과 쓴맛을 줄이고 더 부드럽게 만든다.

영국에서 우유를 잔에 언제 넣을까에 대한 의견은 가장 큰 논쟁거리다. 차를 붓기 전에 우유를 잔에 먼저 넣으라고 하는 사람들이 있는데, 뜨거운 차가 점점 들어가면서 우유 방울이 부드럽게 가열된다는 이유에서다. 이렇게 되면 우유 단백질의 분자 구조가 변형되어 성질이 바뀌지만,

맛이 변질되는 온도에는 도달하지 못한다. 어떤 사람들은 우유를 먼저 부어 넣는 것이 뜨거운 차의 열 충격으로부터 도자기 찻잔을 보호하여 균열을 방지한다고 주장하기도 한다. 이것이 과거에는 사실이었다고 해도, 현대의 도자기는 훨씬 더 강하기 때문에 더 이상 문제가 되지 않는다. 한편 우유를 먼저 붓는 것을 싫어하는 사람들도 있다. 그들의 완벽한 차 한 잔에는 차가 먼저, 그리고 그 다음에 우유가 들어간다. 조지 오웰도 같은 의견을 가지고 있었는데, 이 방법이 각 사람의 선호도에 맞게 정확한 양의 우유를 첨가하도록 해준다고 주장했다.

우유를 언제 첨가하느냐에 따라 맛에 정말 차이가 생기는지 의심스럽거나, 차이가 있다 해도 미묘한 정도라고 생각할 수도 있다. 그러나 로널드 피셔Ronald Fisher는 자신의 저서 『실험의 설계』에서 이 질문을 엄밀히 분석하며 새로운 통계적 방법을 고안했다. 무작위 감별 실험에서 그는 사람들이 차를 붓기 전이나 후에 우유를 첨가하는 것 간의 차이를 맛볼 수 있다는 것을 알아냈다.

로널드 피셔가 만든 기법은 통계학의 수학적 설명 방식에 혁명을 일으켰다. 그러나 이것이 영국에서 차를 만드는 방식에 혁명을 일으키지는 못했기 때문에, 지금 카페에서 차 한 잔을 주문한다고 해도 그들은 우유와 차를 따르는 순서가 사람마다 다르다는 것을 별로 신경쓰지 않을 것이다. 이것은 날 완전히 미치게 만든다. 예를 들어 기차역에서는 뜨거운 물 한 잔에 티백을 던져 놓고 즉시 우유를 쏟아붓는다. 그런 다음 '내가 모든 재료를 첨가했으니 차가 분명해요'라는 분위기로 건네준다. 그럴 때면 가끔 내면의 분노가 끓어올라 이렇게 말하곤 한다. '나에게 우유를 언제 넣을

지 묻지 않았잖아요.' 사실 차를 붓기 전에 우유를 붓고 싶지는 않다. 이 부분에 있어서는 조지 오웰과 같은 편이다. 나중에 우유를 더하고 싶다. 하지만 나는 여전히 그들이 먼저 물어봤으면 좋겠다. 조지 오웰은 영국의 차 제조 전통에 대한 나의 생각에도 동의할 것이다. 현재의 추세를 보면 영국의 차 제조 전통은 침체되어 있다. 영국에서 차는 여전히 국가적인 음료지만, 이대로 간다면 커피가 그 자리를 대신할지도 모른다. 왜냐하면 차와 달리 전국에서 제공되는 커피의 품질은 지난 수십 년 동안 높아졌는데, 주로 단일 기술인 에스프레소 기계 때문이다.

옆자리 수잔이 마시는 커피는 내가 마시는 차보다 더 열대에 가까운 환경에서 시작되었다. 커피는 일반적으로 여름철 기온이 높고 강우량이 많은 브라질이나 과테말라와 같은 국가의 산림에서 자란다. 차나무처럼 커피나무도 화학적 방어 수단을 진화시켜 동물과 곤충의 먹이가 되지 않으려 했다. 그래서 유기체의 신진대사를 방해하는, 카페인 같은 강력한 알칼로이드(역주: 질소 원자를 포함하고 있는 염기성 유기화합물이며 강한 생리작용을 가지는 물질) 형태로 화학적 방어 수단을 발전시켰다. 카페인의 쓴맛은 입에서 보내는 생물학적 신호로, 독성이 있는 것을 마시고 있다고 경고한다. 하지만 우리는 보통 이를 무시한다. 왜 그럴까? 아마도 우리가 우리 몸에 미치는 카페인의 영향을 즐기고, 니코틴, 모르핀, 코카인과 같이 자연적으로 파생된 알칼로이드를 좋아하게 되었기 때문일 것이다. 하지만 이 모든 향정신성 물질 중에서도 카페인이 가장 널리 소비된다. 카페인은 신경계를 자극하여 졸음을 쫓고, 신경을 더 예민하게 한다. 또 이뇨제로서 소변의 양을 늘린다. 진한 커피를 마시고 나면 화장실에 가게 된다. 또, 카페인을 다량으로 섭취하면 불면증과 불안을 유발할 수 있고, 알코올처럼 곧장 혈류로 들어가기 때문에 그 효과가 즉시 눈에 띈다. 카페인 역시 다른 알칼로이드와 마찬가지로 중독성이 있다. 일단 정기적으로 마시기 시작하면 멈추기가 엄청나게 어려울 수 있는데, 금단 현상으로 심하면 두통과 피로, 과민, 나른함까지 나타날 수 있다.

우리가 마시는 커피는 커피나무의 씨앗인 콩을 분쇄한 것이다. 커피콩은 당류 형태로 많은 탄수화물을 함유하고 있어 씨앗이 새싹을 만드는 데 필요한 에너지가 된다. 또한 단백질을 함유하고 있어 식물에 핵심 분자

∴ 열풍기를 이용한 커피 로스팅 과정

메커니즘을 제공하고, 씨앗이 새로운 커피나무로 다시 태어나도록 한다. 커피콩이 익으면 이를 수확해 발효시킨 뒤 과육을 제거하고 건조시킨다. 이 시점에서 콩은 단단하고 연한 녹색을 띤다. 이후에 콩을 볶는데, 이 단계에서 커피에 들어 있는 다양한 종류의 풍미가 발달한다. 원한다면 자신만의 커피를 직접 볶아도 된다. 나는 과거에 그렇게 한 적이 있다. 동네 커피 도매상에서 생 원두를 사와 스테인리스 스틸 체에 넣고, 한동안 열풍기를 쏘이면서 계속 체를 흔들었다. 5분 안에 커피 한 잔을 만들 수 있을 만큼의 콩을 볶을 수 있었다. 커피를 좋아한다면 한번 해보길 바란다. 커피에 대해 많이 알게 될 것이다.

콩을 가열할 때 가장 먼저 눈에 띄는 것은 콩의 색깔 변화다. 콩 속의 당류가 캐러멜화caramelize되기 시작하면 먼저 노란색으로 변한다. 그리고 온도가 상승하면 콩 속의 수분이 끓기 시작하고, 증기로 인해 압력이 증가한다. 압력으로 콩이 갈라지는 소리가 들리면 이런 일이 일어나고 있다는 사실을 알 수 있을 것이다. 여기에서 커피콩을 더 가열하면, 그 분자 구성이 깨지면서 서로 반응하게 된다. 여기서 열은 찻잎을 만들 때와는 다른 방식으로 작용한다. 찻잎을 제조할 때는 열이 화학 반응을 멈추는 데 주로 쓰이지만, 커피 로스팅에서는 열이 다양한 풍미를 내는 화학 반응을 일으킨다. 가장 중요한 반응 중 하나는 콩의 단백질과 탄수화물 사이에서 일어난다. 이것은 마이야르 반응Maillard(역주: 식품의 가열이나 조리, 저장 과정에서 발생하는 갈변현상)이라고 불리며, 콩이 160℃에서 220℃ 사이에 도달할 때 발생한다. 마이야르 반응은 방대한 종류의 맛 분자를 만들어 내는데, 그래서 이 반응이 시작되면 즉시 냄새를 맡을 수 있다. 이때가 바로 콩이 특유의 커피향과 풍미 깊은 맛을 얻게 되는 시기다. 빵을 굽는 동안 만들어지는 맛있는 빵 껍질이나, 고기를 굽거나 튀길 때 만들어지는 스테이크 위의 바삭바삭한 바깥층도 이 화학 반응에 의한 것이다. 이 반응은 콩의 색깔을 노란색에서 갈색으로 바꾸고 이산화탄소 가스를 생성하여, 결국에는 커피잔 위에 크레마 Crema 거품을 만들어 낸다. 이 시점에서는 콩의 내부에 가스가 쌓이면서 내부 구조가 파열되어 부풀어 오르고, 딱딱거리는 소리를 낸다.

콩을 계속 볶으면 산과 탄닌이 분해되면서 풍미가 풍부해지며, 아주 짙은 갈색으로 변하는 것을 볼 수 있다. 그러면 콩의 내부 구조가 점점 약해지고 부서지면서 두 번째 균열음이 들린다. 이 시점에서 콩의 표면으로 흘러나오는 약간의 오일을 관찰할 수 있는데, 이는 콩의 세포 구조가 완전히 붕괴되었다는 뜻이다. 콩의 약 15%를 구성하는 이 오일은 '프렌치 로스트'의 특징인 표면의 광택을 남긴다. 이 시점을 지나 계속 볶으면 콩은 더 광택이 나게 되지만 맛은 떨어지게 된다. 고온이 분자를 더 작은 구조로 분해하여 풍미가 옅어지기 때문이다. 커피가 입에 닿을 때 시럽과 같은 느낌을 주는 가용성 탄수화물도 이 시점에서 많이 잃게 된다. 보통 콩이 검을수록 더 평범하고 단순화된 맛 프로파일이 만들어진다.

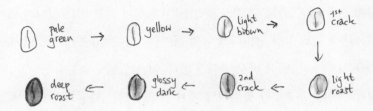

∴ 로스팅 중 커피 원두의 색상 변화

콩을 직접 볶으면 입맛에 딱 맞는 스타일을 찾을 때까지 맘껏 맛 프로 파일을 가지고 놀 수 있다. 특히 이 과정을 직접 해보고 나니 커피 제조업 자들을 깊이 존경하게 되었다. 같은 콩을 쓰더라도 커피를 볶는 온도와 시 간, 이 두 가지 단순한 요소만으로 엄청나게 다양한 맛을 즐길 수 있게 해 주니 말이다.

콩을 볶아낸 후에는 그 맛을 모두 뽑아내 잔에 담아야 한다. 우리에게 알려진 커피를 분쇄하고 추출하는 가장 오래된 방법은 15세기 예멘에서 비롯되었다. 아랍에서는 작은 손절구에 커피를 갈아 물에 넣고 그 혼합물 을 끓였다. 중동에서는 지금도 이렇게 커피를 만드는데, 이렇게 내린 커피 를 터키 커피라고도 부른다. 이 방식으로 커피를 추출하면 맛이 매우 강렬 하고 진해진다. 터키 커피는 커피의 맛 성분뿐만 아니라 음료의 식감에 영 향을 미치는 커피가루 자체도 함유하고 있기 때문에 벨벳 같은 부드러운 느낌을 준다. 하지만 이 부드러움은 잔을 다 비우게 될 즈음 꺼끌꺼끌한 느낌으로 변할 수 있는데, 잔의 바닥에 두껍게 앙금처럼 남은 굵은 입자 때문이다. 또, 터키 커피는 매우 쓰다. 끓는점에서 커피를 추출하기 때문에 카페인과 같이 매우 쓴맛이 나는 분자가 대량으로 물에 녹기 때문이다. 일 반적으로 사람들은 커피에 설탕을 많이 섞어 이 쓴맛을 상쇄하고 카페인 함량이 높은 달콤쌉싸름한 음료를 만든다. 당신이 많은 양의 설탕과 카페 인의 원투펀치로 강한 향미의 중독에 빠져들기를 원한다면, 바로 이 맛을 원했을 것이다. 더 이상 바랄 나위가 없다. 이 정도로도 충분할 것 같지만, 이렇게 커피를 추출하면 콩의 발효에서 나오는 많은 과일의 향미나 로스 팅 과정 중에 우러나오는 견과류의 고소함과 초콜릿향이 사라진다.

커피의 가장 큰 문제는 실제 맛보다 냄새가 더 좋은 경우가 많다는 것이다. 왜냐하면, 입안에서 뿜어져야 할 향기가 커피가 추출되는 동안 이미 공기 중에 방출되어 버렸기 때문이다. 그래서 막상 커피를 맛볼 때는 향기 성분이 거의 없이 쓴맛과 신맛만 남겨지는 경우가 많다. 커피를 추출하는 과정에서 향기가 많이 빠지지 않게 하기 위해서는 낮은 온도에서 우려내는 것이 가장 좋다. 이렇게 하면 쓴맛을 제한하고 카페인 함량이 낮은 커피를 만들 수 있다.

터키 커피의 벨벳 같은 느낌은 꽤 즐겁지만 걸쭉한 마지막 한 모금은 그리 느낌이 좋지 않다. 그래서 커피 찌꺼기를 액체에서 분리하는 것이 커피를 추출하는 과정에서 중요한 과제가 되었다. 커피 필터가 필요한 순간이다. 커피가루를 미세한 그물망이나 여과지를 통해 걸러내면 뜨거운 물이 미세한 입자와 접촉하며 커피가 추출된다. 이때 액체는 필터를 통과해 용기로 흘러들고, 남은 입자는 필터에 걸러지게 된다. 걸러지는 속도는 물이 커피가루를 통과해 빠져나가는 속도에 따라 결정된다. 찌꺼기가 너무 많거나 가루가 너무 미세하다면, 물이 필터를 통과하기까지 오랜 시간이 걸린다. 따라서 이런 경우 커피의 풍미를 만드는 모든 분자를 추출하기가 어렵다. 오랜 시간이 걸리는 만큼 물의 온도가 떨어지기 십상이기 때문이다. 반면 너무 많은 물을 붓거나 너무 거친 입자로 커피를 추출하면 물이 입자와 충분히 오래 접촉하지 않아 바디감이 적고 산도가 높은 묽은 커피가 만들어진다.

이 과정을 제대로 해낸다면 걸러낸 액체는 맑은 황금빛의, 입자가 느껴지지 않는 따뜻한 커피가 된다. 하지만 아쉽게도 이 커피에 크레마는 없을 것이다. 많은 사람이 완벽한 커피 한 잔을 이야기할 때 커피 위에 떠다니는 크레마를 기대한다. 크레마는 로스팅 과정에서 커피콩 안에 생성된 이산화탄소 가스에 의해 만들어지며, 커피가 추출되는 동안 분쇄된 콩에서 뿜어져 나온다. 그러나 필터를 사용해 커피를 추출하면 필터를 거치며 이산화탄소가 모두 날아가 버린다. 때문에 지난 400년 동안 크레마를 얻기 위해 모카 포트, 카페티에르, 그리고 에스프레소 기계를 포함한 많은 추출 방식이 발명되었다.

카페티에르cafetière(역주: 프렌치 프레스 또는 누르는 막대인 플런저에 필터가 달린 원통형 용기를 뜻하며, 뜨거운 물에 분쇄된 커피를 담근 후 플런저로 눌러 커피를 추출한다)를 사용하면 크레마를 살릴 수 있을 뿐 아니라, 일반적으로 필터를 사용해 커피를 추출하는 것보다 빠르게 커피를 내릴 수 있다. 커피가루는 먼저 100℃ 정도에서 물과 혼합되고, 커피가 추출되는 몇 분 사이(시간이 길어지면 향미가 감소하고 쓴맛이 증가한다) 온도는 약 70℃까지 떨어진다. 때문에 처음에는 커피 입자의 표면이 뜨거운 물에 노출되며 맛 분자가 빠르게 추출되고, 온도가 떨어지면 추출이 느려지며 물이 입자 내부에 접근하기가 점점 어려워진다. 이때가 바로 이산화탄소가 커피가루로부터 방출되며 용기에 담긴 액체의 수면으로 빠져나오는 시점이다. 이렇게 빠져 나온 이산화탄소는 액체를 가두며 크레마를 만든다. 커피가 다 우려지면 카페티에르의 필터를 아래로 밀어내기만 하면 된다. 이렇게 추출을 중지하고 커피 찌꺼기를 바닥에 깔리게 할 수 있다. 커피를 바로 따르기만 하면 기분 좋은 크레마와 균형감이 뛰어난 뜨거운 커피 한 잔이 완성된다. 쓴맛을 높이지 않고 더 강렬한 커피를 만들기 위해 거친 입자를 많이 사용하거나 미세한 입자를 적게 사용할 수도 있

∴ 커피를 만드는 데 사용되는 모카 포트

다. 후자의 경우에는 미세한 입자가 플런지 필터plunge filter를 통해 빠져나와 컵으로 들어갈 수 있고, 전자는 거친 입자에서 많은 향과 맛을 추출할 수 없다는 문제가 있다.

이 딜레마를 극복하는 한 가지 방법은 모카 포트를 사용하는 것이다. 이 기구에서 물은 커피가루와 분리되어 아래의 밀폐된 공간에 있다. 물이 끓으면 뜨거운 증기가 생기면서 포트의 압력이 증가한다. 압력이 마침내 대기압의 약 1.5배에 도달하면 뜨거운 물이 밀려올라가 커피 입자를 통과하고, 이때 추출된 커피가 상부의 용기에 담기게 된다. 모카 포트를 사용하면 카페티에르나 커피 필터보다 훨씬 더 많은 향을 추출하여 진한 향미를 즐길 수 있는 커피를 만들 수 있다. 모카 포트의 단점은 시간이 지날수록 더 뜨거운 증기가 커피가루를 통과하게 된다는 데에 있다. 너무 뜨거운 온도는 더 많은 쓴맛을 추출하여 커피가 탄맛을 내게 한다.

에스프레소 기계는 모카 포트의 원리를 가장 효과적으로, 또 엄밀하게 적용하는데, 흔히 최고의 맛을 내는 커피를 만든다고 한다. 에스프레소 기계는 30초 안에 커피를 만들 수 있어 붙여진 이름으로, 물을 88℃에서 92℃ 사이로 데운 다음 강한 압력(대기압의 약 9배)을 가해 커피가루를 통과시킨다. 고압은 최대 풍미를 추출하고, 증기에 의존하지 않는 만큼 쓴맛과 떫은맛을 과다하게 우려내지 않는다. 속도도 중요하다. 커피에서 나오는 휘발성 물질이 공기 중으로 빠져나갈 시간이 거의 없다. 와인의 쌉싸름함과 높은 산미에 어우러진 풍부한 과일향, 견과류의 고소함, 흙내음, 풍성한 풍미가 조화를 이루며 강한 바디감의 커피가 완성된다.

에스프레소 기계의 메커니즘은 엄격하게 통제되기 때문에 기계를 사용하면 매번 훌륭한 커피를 뽑아낼 수 있다. 엄청나게 빠르다는 것도 하나의 장점이다. 그래서 대부분의 커피숍에서 에스프레소 기계를 사용하고 있는 것이다. 이 기계로 만들 수 있는 음료는 끝이 없다고 느껴질 정도다. 커피는 그 자체로 에스프레소라고 하는데, 여기에 뜨거운 물을 더하면 아메리카노가 된다. 같은 양의 뜨거운 우유와 우유 거품을 부으면 플랫화이트를 만들 수 있고, 우유 거품만을 부으면 카푸치노가 된다. 차와 마찬가지로 우유는 커피의 맛 프로파일을 아주 급격하게 변화시킨다. 커피의 떫은맛을 부드럽게 하지만 맛 프로파일을 단조롭게 하여 떫은맛을 맥아향의 크림 같은 풍미로 대체한다.

비행기에서는 에스프레소 기계의 작은 버전을 사용하여 일등석 승객들에게 서비스를 제공하지만 그 외 승객들에게 제공되는 커피는 필터를 사용해 만들어진다. 비행기 내의 기압이 낮기 때문에 물의 끓는점은 약 92℃가 되는데, 우연히도 커피 추출에 완벽하게 들어맞는다. 그렇지만, 비행기나 사무실의 커피 머신에서처럼, 추출한 뒤 마실 때까지 너무 오랜 시간 따뜻하게 유지된 커피는 풍미를 잃어 쓴맛과 떫은맛만을 남기게 된다.

이것이 뜨거운 비행기 커피를 즐기지 못하게 하는 유일한 이유는 아니다. 연구에 따르면 단맛, 신맛, 짠맛, 쓴맛, 감칠맛의 다섯 가지 기본 맛을 느끼는 민감도는 소음과 후각에 영향을 받는다. 이 때문에 비행기에서 마시는 커피를 지상에서 마시는 것과 같은 느낌으로 맛볼 수는 없다. 나의 경우 비행기에서는 커피 마시는 것을 생각만큼 즐기지 않는다.

커피나 차 중 어느 것이 더 나을까? 물론 삶의 분위기와 순간에 따라 어울리는 음료가 다르다. 하지만 비행기 일반석을 탈 때는 차가 끌리더라도 좋은 차 한 잔을 얻을 확률이 매우 낮다는 것을 인식해야 할 때가 있는데, 그때는 그냥 싫다고 말해야 한다. 나 자신에게도 이를 인지시킬 필요가 있었다. 비행기에서 내가 마신 차의 맛은 형편없었다. 차를 우려내는 온도가 너무 낮았고, 티백으로 우려졌으며, 찻주전자는 통로를 따라 내려오면서 식어 있었다. 게다가 플라스틱 컵의 맛도 느껴졌고, 객실 안의 소음은 내 감각을 둔하게 해서 그 끔찍한 차의 맛조차도 제대로 느낄 수가 없었다.

비행기 안에서 차는 내가 갈망하는 그런 사색적인 자극을 줄 수 없었다. 돌이켜보면 커피를 주문했어야 했다. 커피의 보다 강렬한 맛은 객실의 불협화음에 더 잘 들어맞고, 추출 온도는 1만 2천 미터 상공에 상공에서 딱 알맞았을 것이다. 비행기에서 사용되는 추출 방식은 가장 깊은 맛은 아니더라도 균형감 있는 커피를 만들어 낼 것이다.

커피를 다 마신 수잔은 손에 포트를 들고 눈썹을 치켜세우며 통로를 걸어가는 승무원에게 리필을 받으려 했다. 창가에 앉은 내게 화장실에 가기 좋은 시간이라는 것은 존재하지 않지만, 카페인의 이뇨 효과 때문인지 화장실이 너무 급했다. 수잔이 트레이 테이블 위의 커피를 한 잔 더 마시기 전에 내가 그 앞을 지나갈 수 있다면, 차로 인한 대참사를 겪지 않아도 될 것이라 생각했다. 내가 나가고 싶다는 표시를 했더니 수잔이 일어났다. 나는 몸을 비틀거리며 어두운 통로를 따라 '화장실'이라고 쓰여 있는 어둑한 녹색 표시등으로 다가갔다.

흐르는 것들의 과학

0 8

씻어내는
Cleansing

LIQUID

detergent: 세정제

비누야말로 인구 밀도가 높은 세계에서 건강을 유지하고
질병의 확산을 막는 가장 강력한 방법 중 하나다.

화장실 쪽으로 비틀거리며 걸어가면서 나는 꽤나 불편함을 느꼈다.
발은 요동쳤고 무릎은 삐걱거리며 아팠다. 비행기가 성층권을 날면서 가
끔씩 덜컹거릴 때마다 나도 따라서 균형을 잃었다. 담요를 반쯤 덮은 채
잠든 승객들 사이로 통로를 지나가면서 동료 승객들이 액정 화면으로 무
엇을 보고 있는지 빠르게 훑어봤다. 무대에서 노래하는 여자, 법정에서 근
엄한 표정으로 가발을 쓴 판사, 도약하는 스파이더맨이 보였고, 자고 있거
나 노트북의 자판을 두드리고 있는 사람들의 얼굴도 액정에 반사되어 비
취졌다. 마침내 통로 끝에 도착했지만 화장실은 이미 가득 차 있어 복도에
서 기다릴 수밖에 없었다. 승무원들이 비즈니스석의 승객들을 향해 내 곁
을 스치고 지나갔다. 우리를 갈라놓은 커튼 틈으로 부러운 시선을 던지며
로마 황제 부럽지 않게 몸을 뒤로 젖히고 있는 승객들을 힐끗 보았다. 그

때 잠금장치를 여는 소리가 들리더니 화장실에서 밝은 불빛이 새어 나왔고, 한 남성이 재빨리 무심한 표정으로 격리된 공간을 비웠다. 그의 얼굴에 살짝 미안해하는 표정이 있었던가? 화장실에 들어서면서 끔찍한 냄새가 날지도 모른다는 생각에 긴장했지만, 약간의 합성 레몬향이 나는 애매모호한 냄새를 맡고서는 안도했다.

변기 시트를 들어 올리고 오랫동안 소변을 본 후 버튼을 눌러 진공 흡인 장치를 작동시켰는데, 좀 위협적이다. 포효하는 듯 빨아들이는 소리가 조금 오래 지속되면서 마치 이렇게 말하는 것처럼 들렸다. "뭐야, 뭘 보고 있는 거야? 너도 이 작은 구멍으로 빨아들이는 수가 있어." 손을 씻기 위해 세면대로 가니 펌프가 달린 두 개의 병이 있었다. 비누처럼 보이는 것을 몇 번 펌핑하자 손에 맑고 노란 액체를 뿜어냈다. 이 액체비누는 한 번도 내 마음에 든 적이 없다. 그 짜내는 모습이 싫다. 이것을 집어 들 때면, 공포에 질려 손에 오줌을 지리고 마는 작은 반려동물이 떠오르기 때문이다.

내가 어렸을 때는 액체비누가 발명되지 않아 고체비누만 있었다. 고체비누는 광범위하게 사용됐는데, 세면대에는 그 안쪽이나 욕실 바닥으로 미끄러져 떨어지지 않도록 비누를 담을 수 있게 특별히 고안된 움푹 들어간 부분이 있었다. 하지만 이제 고체비누의 인기는 점점 떨어져 이를 사용하는 곳이 많지 않다. 세상이 좋아지고 있는 걸까? 액체비누가 고체비누보다 훨씬 더 좋은 것일까? 아니면 액체비누 역시 나팔바지나 CD처럼 얄팍한 상술에 의한 일시적인 유행에 지나지 않는 것일까?

비누의 장점과 단점을 먼저 이해하지 않고는 이에 대해 말하기 어렵다. 비누는 신기한 능력을 가진 물질이다. 지구에서 가장 깨끗하고 순수한 뜨거운 물로 몸을 씻는다 해도, 피부에 달라붙은 지방성 오염물을 없애지는 못한다. 역사의 많은 시간 동안 인간은 이 문제를 그리 중요하게 생각하지 않았다. 사람들은 자신들이 악취를 풍기고 더러운 줄은 알았지만, 아무도 이에 대해 신경쓰지 않았다. 인간은 더 큰 문제와 직면해왔고, 비누가 중요할 것이라고는 전혀 생각하지 못했다. 그렇다고 비누가 존재하지 않았다는 말은 아니다. 고대 메소포타미아 문명의 점토판에 기록된 비누 제조법은 기원전 2200년으로 거슬러 올라가지만, 그 재료는 그보다 더 오래전부터 존재해왔다. 적혀 있는 제조 과정은 오늘날의 비누를 만드는 방법과 비슷하다. 나무를 태워 나온 재를 물에 녹여서 액상 수지(동물성 지방)와 섞어 끓이면, 마법처럼 원시적인 비누가 만들어진다. 메소포타미아 사람들은 목욕할 때 반드시 비누를 사용하지는 않았지만 직물을 짜기 전 양모를 세정하는 데에는 사용했다. 비누는 양모 섬유에서 일종의 그리스 grease(역주: 양털의 지방)인 라놀린을 제거했다.

하지만 어떻게 지방을 사용하여 지방(그리스)을 제거할 수 있었을까? 그 비밀은 재의 물에 있는데, 아랍어로 '알칼리^{alkali}'라는 단어는 문자 그대로 '재에서'라는 뜻이다. 알칼리는 산의 반대이지만 둘 다 반응성이 높

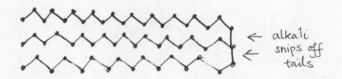

← alkali snips off tails

∴ 지방 조직의 주요 성분인 트리글리세라이드 분자.
알칼리를 사용하여 잘라낼 수 있는 세 개의 꼬리가 있다.

고 다른 물질의 분자를 변형시킬 수 있다. 비누는 지방을 변형시키는 알칼리다.

동물성 수지와 같은 지방은 탄소 분자로 이루어져 있고, 분자의 한쪽 끝은 산소 원자로 묶인 글리세라이드의 3중 화학 구조로 되어 있다. 이 구조는 물과 완전히 다르다. 물은 아주 작은 H_2O 분자들로, 트리글리세라이드보다 작을 뿐만 아니라 극성을 띤다. 이것은 분자 내부의 전하가 균등하게 분포되어 있지 않다는 것을 의미한다. 즉, 하나의 분자에 양극을 띠는 부분과 음극을 띠는 부분이 있다. 물은 이 극성 덕분에 좋은 용매가 된다. 물은 다른 대전(역주: 전기를 띠는 것)된 원자와 분자에 전기적으로 끌리고, 이들을 둘러싸 포위한다. 물은 소금이나 설탕, 알코올 등을 이런 식으로 녹인다. 그러나 지방과 오일 분자는 극성이 없기 때문에 물에 녹지 않는다. 이것이 오일과 물이 섞이지 않는 이유다.

나무 재에서 만들어진 알칼리는 양의 성분과 음의 성분으로 나뉘기 때문에 물에 녹는다. 알칼리가 녹은 용액은 지방 분자와 화학적으로 반응하여 트리글리세라이드의 세 꼬리를 잘라내 대전시킨다. 이렇게 하면 세 개의 비누 분자(스테아레이트)가 만들어진다. 중요한 것은, 이것들은 물에

∴ 비누의 활성 성분인 스테아레이트.
'물을 좋아하는' 대전된 머리와 '지방을 좋아하는' 탄소 꼬리로 이루어진다.

흐르는 것들의 과학

∴ 비누는 스테아레이트와 같은 계면활성제 분자의 작용으로 세척을 한다.
분자의 '지방을 좋아하는' 꼬리가 오일에 흡수되고 '물을 좋아하는' 머리가 튀어나온다.
친수성 머리 다발은 오일을 둘러싸 물에 녹게 하여 표면을 깨끗하게 한다.

녹는 것을 좋아하는 전기적으로 대전된 머리와, 오일에 녹는 것을 좋아하는 탄소 꼬리를 가진 혼성 분자hybrid molecules라는 사실이다. 이러한 복합적인 성질이 비누를 아주 유용하게 만든다.

비누 분자가 오일 덩어리와 접촉하면 분자의 탄소 꼬리는 화학적 유사성 덕분에 즉시 그 안에 묻힌다. 하지만 비누의 대전된 머리는 가능한 한 오일에서 멀리 떨어지고 싶어 하기 때문에 결국 덩어리 밖으로 튀어나온다. 오일 주변의 다른 많은 비누 분자가 똑같이 따라하면 이들은 민들레 씨앗처럼 보이는 분자 구조를 만든다. 즉 꼬리는 오일 덩어리에 묻혀 있고, 전기적으로 대전된 머리는 밖으로 삐죽 내밀고 있는 형태다.

오일이나 지방 덩어리는 이제 전하를 띤 표면을 가지게 되었다. 극성이 생긴 오일이나 지방은 물속에 자연스럽게 녹게 된다. 비누는 이렇게 손과 옷에 묻은 지방과 오일 찌꺼기를 구형의 작은 덩어리로 분해해 물에 녹여 씻겨 나가게 한다.

비누로 손을 씻으면 생기는 깨끗하고 뽀드득한 느낌은 비누가 피부에서 기름기를 제거하기 때문이다. 한편, 비누는 그 자체가 변형된 지방이기 때문에 무척 미끈거리며 손에서 쉽게 빠져나온다. 비누가 윤활제로 사용되는 이유도 여기에 있다. 부어오른 손가락에서 반지를 쉽게 빼내려면 비누를 발라 미끄럽게 만들면 된다.

비누를 사용하여 세척하면 특별한 유형의 액체가 만들어진다. 더러운 액체임에는 분명하다. 그러나 여기에는 더러운 오염물뿐만 아니라 지방 덩어리도 있다. 사실 이것은 한 액체에 다른 액체가 고르게 잘 섞여 있는 일종의 에멀전emulsion이라 볼 수 있다. 에멀전은 물 안에 많은 종류의 액체를 가둬둘 수 있기 때문에 매우 유용하다. 예를 들어 마요네즈는 오일이 물에 매우 진하게 농축되어 있는 상태로, 오일과 물의 비율은 약 3:1이다. 이 에멀전은 크림 형태가 될 때까지 오일과 물을 세게 섞어서 만드는데, 물과 기름만 섞으면 이 혼합 액체는 다시 분리된다. 알다시피 오일과 물은 섞이지 않기 때문이다. 그러나 비누 같은 결합 분자를 첨가하여 오일 방울을 안정화할 수 있다. 마요네즈의 경우 결합 분자가 달걀에서 나온다. 달걀노른자는 레시틴이라는 물질을 포함하고 있는데, 레시틴은 비누(친유성 꼬리와 친수성 머리를 가지고 있는)와 매우 유사한 구조를 가지고 있어서 오일과 물의 혼합물에 첨가되면 그 둘 모두와 결합하여 마요네즈를 만든다. 이 구조 덕분에 달걀노른자로 비누처럼 손을 씻을 수도 있으며, 달걀노른자를 필수 세척 성분으로 사용하는 샴푸 제조법도 많이 있다. 겨자는 오일을 유화emulsify시킬 수 있는 또 다른 물질이다. 그래서 잘 섞이지 않는 오일과 식초에 겨자를 첨가하면 안정된 에멀전을 만들 수 있는데, 이것이 바로 비네그레트vinaigrette다. 이 모든 활성물질들은 같은 방식으로 작용하며 모두 공통된 이름을 가지고 있다. 계면활성제surfactants라고 불리는 계면 분자다.

흐르는 것들의 과학

비누는 오일과 지방뿐 아니라 거기에 붙어 있는 세균까지도 제거한다. 비누로 손을 씻는 것은 세균 감염과 바이러스를 막는 가장 효과적인 방법이다. 그러나 비누가 세정제로서 효과적인 역할을 하고 인류 발달 과정의 초기에 발견되었음에도 불구하고, 청결과 개인위생을 위해 비누를 일상적으로 사용하게 된 것은 현대에 들어서부터다.

역사를 통틀어, 여러 문화권은 비누 사용에 대해 각기 매우 다른 입장을 취했다. 로마인들은 비누를 별로 사용하지 않았다. 그들은 땀과 때를 기계적으로 밀어내고, 먼저 뜨거운 물로 씻은 후 찬물로 목욕하기를 좋아했다. 공중목욕탕은 그들 문화의 중요한 부분이었고, 수준 높은 공학적 기반시설을 이용해 냉온수를 공급했다. 로마 제국이 무너진 후 유럽에서는 공중목욕탕을 계속 유지할 수 있는 기반시설이 파괴되어 목욕이 유행하지 못했다. 깨끗한 물이 없는 복잡한 도시와 마을에서 목욕은 점점 더 위험한 행위로 인식되었다. 중세 시대에 많은 유럽인들은 질병이 미아즈마miasma(역주: 나쁜 기운을 가진 공기)와 나쁜 공기를 통해 퍼진다고 믿었다. 그들은 씻는 행위, 특히 뜨거운 물로 씻는 행위는 모공을 열어 흑사병으로 알려진 페스트bubonic plague와 같은 질병에 사람들을 더 취약해지게 만든다고 믿었다. 또한 이 시기에는 씻는 것과 관련된 도덕적 관념도 있었는데, 은둔자나 성자처럼 거룩한 존재는 편안함이나 사치와 거리가 멀어야 했기 때문에 냄새가 더 많이 나는 사람일수록 하나님과 더 가깝다고 믿었다.

청결에 대한 유럽의 이 특이한 태도는 세계 다른 지역에는 존재하지 않았다. 때문에 동양에서 온 방문객들에게 유럽은 우리가 현대적인 관점에서 바라볼 때 그렇듯이 왕실의 사람들조차 황당할 정도로 악취를 풍기는 더러운 곳이라 생각되었을 것이다. 그러나 과거의 문화적 규범은 종종 지나고 나서야 역겨워 보일 수 있다. 얼마 전까지만 해도 흡연은 아주 정상적인 현상이었고, 사무실, 식당, 술집, 기차 등 어디에서나 담배연기 냄새가 났다. 비행기에서 담배를 피울 수 있었던 때가 아직도 기억난다. 이제와서야 우리가 그동안 얼마나 위험한 짓을 했는지에 대한 공포와 당혹감이 뒤섞인다. 이러한 관점에서 보면, 불결하고 냄새나는 유럽인들의 시대도 아마 그리 놀랍지 않을 것이다.

흡연과 마찬가지로 일상적인 불결의 대가는 미적인 것만이 아니었다. 19세기에는 의사가 옷을 갈아입거나 손을 씻지 않고 한 병상에서 다른 병상으로 이동하는 것이 여전히 일반적인 관행이었다. 이 관행은 출산 중인 여성을 검진할 때에도 마찬가지로 적용되었고, 이는 산모와 유아의 사망률을 엄청나게 높였다. 1847년 헝가리 산부인과 의사 이그나즈 제멜바이스Ignaz Semmelweis는 의사들이 환자를 만지기 전에 염화석회 용액으로 손을 씻도록 요구했고, 이 덕분에 사망률은 20%에서 1%로 떨어질 수 있었다. 그러나 이러한 증거에도 불구하고 의사들은 여전히 자신들의 손이 환자에게 질병을 전염시킬 수 있다는 것을 받아들이기를 꺼려했고, 이는 결국 엄청난 수의 사망자를 낳았다. 영국 간호사 플로렌스 나이팅게일이 청결을 위한 캠페인을 시작한 1850년대가 되어서야 의료진의 위생 관리가 관행으로 자리 잡혔다. 처음에는 군 병원에서 시작됐고, 그 후에는 더 널리 채택되었다. 나이팅게일은 청결 여부가 질병과 사망률의 원인이 된다는 증거를 의사와 대중에게 보여주기 위해 결정적인 통계를 수집하고 새로운 유형의 수학 차트를 개발했다. 그리고 점차 과학적 증거가 쌓여가면서 의료진들이 세균 이론을 보다 일반적으로 받아들이게 되었고, 비누로 위생적 세척을 하는 것이 병원에서는 일반적인 관행이 되었다. 사람들을 깨끗하고 건강하게 하는 비누의 새로운 역할은 산업화와 마케팅이 결합되어 현대 서구의 소비문화가 창조되던 시기에 강조되기 시작했다. 비누는 하나의 생필품에서 상업용 제품으로 변신할 준비가 되어 있었다.

1만 2천 미터 상공의 비행기 화장실에서, 나도 비누를 사용해 피곤하고 지친 여행객에서 활기차고 깨끗하고 밝은 눈의 여행객으로 변신하고 싶었다. 비행기 화장실의 작은 세면대에 손을 씻으며 거울로 내 모습을 살폈다. 눈은 빨갛게 충혈되어 있었고, 주위의 피부는 건조하고 주름이 져 있었다. 얼굴은 누렇고 병약해 보였다. 나는 전구가 푸르스름한 형광등인지 확인하려고 전구를 살폈다. 그랬다. 그래서 그런 건지도 모르겠다. 그런데 더 자세히 살펴보니, 세상에, 내 셔츠 옷깃에 노란 카레 소스가 묻어 있었다. 수잔은 왜 내게 그걸 말해주지 않은 거지? 하긴, 그녀가 그럴 필요는 또 어디에 있단 말인가. 나는 본능적으로 침을 조금 뱉어 얼룩을 제거하려고 했다. 턱 바로 아래였기 때문에 거울을 보며 모든 작업을 해야 했다. 하지만 내 침 속의 효소들로는 노란(아마도 강황으로 인한) 얼룩을 지울 수 없었다. 오히려 옷깃을 적시면서 얼룩이 더 넓어졌다. 5분이 넘는 시간을 얼룩을 지우겠다며 문지르는 동안 화장실 문이 덜거덕거리는 소리가 몇 번 들렸다. 상황은 더 나빠질 뿐이었다.

분말세제는 비누를 기반으로 한 최초의 산업 제품 중 하나다. 모든 사람들은 옷을 빨아야 하고, 19세기에는 특히 위생과 청결의 중요성이 커지면서 옷의 청결도가 사회적 지위와 계급에 대한 태도를 형성했다. 파티나 교회, 또는 다른 종교 모임에서 더러운 옷을 입으면 가난하고 지위가 낮은 것으로 생각되었을 뿐만 아니라 부도덕한 존재로 여겨졌다. 냄새나고 더러운 것은 더 이상 미덕의 상징이 아니었다. 세균과 질병은 불결한 습관과 관련이 있는 것으로 여겨졌다. 1885년 헨리 워드 비처 Henry Ward Beecher 목사는 '청결은 신앙심 다음으로 중요하다'고 말했다. 그의 말은 도덕성과 영성이 육체적으로 드러난다는, 당시에 널리 알려진 믿음을 표명한 말이었다. 높은 도덕적 상태를 유지하려면 비누가 없어서는 안 될 필수품이었던 것이다.

동시기에 철도와 신문의 보급은 사람들을 모으고 전국에 하나의 메시지를 전파할 수 있게 했다. 이로 인해 비누는 전국적인 브랜드를 가질 수 있었다. 미국에서는 프록터앤드갬블The Procter&Gamble Company, P&G이 비누산업에서 가장 강력한 존재가 되었다. 1837년 신시내티에서 두 명의 영국 이민자 윌리엄 프록터William Procter와 제임스 갬블James Gamble이 설립한 P&G는 현지 육류산업에서 나온 지방을 사용해 생산한 양초와 비누를 판매했다. 그러나 19세기 들어 처음에는 고래기름, 그 다음엔 등유를 이용한 조명이 인기를 끌면서 양초산업은 쇠퇴했고 비누시장만이 성장했다. P&G는 아이보리 비누를 개발하고 전국적인 마케팅에 많은 돈을 투자하여 전국의 신문과 잡지에 광고를 게재했다. 그러다 1920년대에 라디오가 발명되자 P&G는 낮에 집에서 혼자 옷을 세탁하고 집안 청소를 하는 여성들이 주로 듣는 연속극을 후원하기 시작했다. 이 드라마들은 엄청난 인기를 끌었고, 사람들은 이런 드라마를 이들을 후원하는 제품의 이름을 따서 부르기도 했다.

흐르는 것들의 과학

바로 숍 오페라soap opera(역주: 남녀의 애정이나 삼각관계 등의 내용을 담은 통속극)다.

　세탁기의 발명으로 사람들, 그중에서도 주로 여성들이 옷 세탁이라는 사회적 노동에서 해방되었고, 이와 함께 지저분한 세탁물의 때를 씻어내기 위한 완전히 새로운 물질이 등장했다. 거의 5,000년 동안 옷을 세탁하는 주된 수단이었던 비누는 순식간에 화학적으로 업그레이드되었다. 그리고 세제가 되었다. 세제는 세정 성분들의 혼합물이다. 비누와 같은 계면활성제를 함유하고 있지만 더 효과적이고, 환경에 피해를 덜 줄 수 있는 다른 많은 성분도 포함하고 있다. 비누를 칼슘이 많이 녹아 있는 센물에서 사용하면 대전된 친수성 분자의 머리가 칼슘과 붙어 차에서처럼 찌꺼기를 만든다. 비누 찌꺼기는 차 찌꺼기와는 약간 다르게 눈에 띄는데, 비누로 손을 씻을 때 손에 묻는 희끄무레한 물질이다. 찌꺼기는 단순히 불편하기만 한 것만이 아니다. 이것이 비누를 쓸모없게 만들기 때문에 결국 사용할 수 있는 비누의 양은 얼마 없게 된다. 또 옷에 말끔하지 못한 회색 잔여물을 남길 수 있다.

　이 비누 찌꺼기를 어쩌면 좋을까? 칼슘에 덜 끌리는 비누를 만들어야 한다. 화학자들은 비누와 같이 친수성 머리와 친유성 꼬리를 가진 새로운 분자들을 발견했다. 이 분자들로 전하를 조심스럽게 제어하고 칼슘에 덜 끌리게 만들 수 있었다. 새로운 계면활성제였다.

　세제 수요가 늘면서 제조사 간의 경쟁이 치열해졌다. 기업들은 최고의 화학자를 고용해서 더 나은 세제를 만들고자 했다. 그들은 갈색 얼룩을 일으키는 분자와 반응하여 얼룩을 화학적으로 잘라내고 흰색을 더 잘 보존할 수 있는, 가벼운 표백제를 함유한 세제를 개발했다. 또 형광 분자를 형광증백제라고 불리는 세탁가루(분말세제)에 넣었다. 이 분자는 흰옷의 섬유에 붙어 세탁 후에도 그대로 머물러 있게 된다. 형광증백제는 보이지 않는 자외선을 흡수하고 푸른 빛을 방출하여 많은 세제업체들의 광고처럼 '흰색보다 더 하얗게' 보이게 한다. 나이트클럽에 가면 그 빛이 어떻게 작동하는지 알 수 있다. 댄스 플로어 위의 자외선 불빛은 하얀 옷에 있는 형광 분자를 활성화시켜 빛을 내게 한다.

계면활성제의 범위는 분자 레벨에서 원자 레벨로 점점 확장되었다. 음이온 계면활성제(비누에서처럼 분자의 친수성 머리가 음전하를 띤다)는 찌꺼기 생성을 피하고 때를 제거할 뿐만 아니라 세탁 중에 때가 옷에 다시 붙는 것을 막기 위해 만들어졌다. 양이온 계면활성제(분자의 친수성 머리가 양전하를 띤다)는 섬유 유연제로서 개발되었다. 그리고 비이온 계면활성제(분자의 친수성 머리가 중성이다)는 저온에서도 때를 제거하고, 대부분의 다른 계면활성제보다 거품이 적게 난다. 거품은 적은 것이 좋다. 거품은 얼룩을 제거하는 데 도움이 되지 않을 뿐더러 세탁기에 가득 찬 거품은 제거하기도 어렵다. 실제로 세제는 거품 형성을 억제하기 위해 종종 소포제anti-foaming agent를 함유한다.

옷을 세탁할 때 환경에 미치는 영향을 줄이기 위해 대부분의 세제에는 생물학적 효소가 첨가된다. 효소는 얼룩에서 발견되는 단백질과 전분을 화학적으로 잘라내는 데 도움이 된다. 효소는 저온에서 얼룩을 제거할 수 있기 때문에 저온 세탁을 훨씬 더 효과적으로 만들어 에너지와 비용을 절약할 수 있다. 우리는 이 효소를 생물학적biological이라고 하는데, 이는 생체 시스템에서 발견되는 천연 효소에서 유래된 것으로, 인체에서 원치

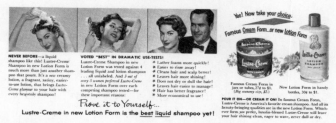

∴ 상업용 샴푸의 초기 광고

않는 물질을 분해하고 제거하는 것과 비슷한 일을 하기 때문이다. 영국에
는 두 종류의 세탁 세제가 있다. 바이오 세제와 일반 세제다. 바이오 세제
에는 효소가 들어 있고 일반 세제에 비해 분명히 더 깨끗하게 세척되지
만, 바이오 세제가 피부 자극을 일으킨다는 근거 없는 낭설 덕분에 일반
세제 역시 여전히 팔리고 있다.

〰 씻어내는: 세정제

∴ 소듐라우릴설페이트Sodium Lauryl Sulfate, SLS . 친수성 머리와 친유성 꼬리를 가지고 있다.

사람들은 깨끗한 옷에 많은 관심을 갖고 있는 만큼, 깨끗하고 반짝이며 상쾌한 냄새를 풍기는 머리카락에도 관심이 많다. 그래서 샴푸를 쓴다. 샴푸라는 단어는 인도에서 왔는데, 오일과 로션을 사용한 머리head 마사지의 한 종류를 뜻한다. 이 시술은 인도 식민지 시대에 영국으로 들어와 일종의 머리카락 세정을 의미하게 되었다. 최초의 현대식 샴푸는 1930년대에 P&G가 만들었다. 드린Drene이라는 샴푸였는데, 새롭고 순한 액체 계면활성제로 만들어졌고 밝은 녹색과 보라색 상표가 붙은 유리병에 포장되었다. 거의 같은 시기에 P&G의 주요 경쟁사인 유니레버Unilever가 같은 사업을 시작했다. 그 후로 이 두 글로벌 기업 간의 경쟁은 세정제 세계의 혁신을 이끌었다.

요즘 샴푸 용기에 붙어 있는 성분표를 보면 소듐라우릴설페이트나, 그 사촌격인 소듐라우레스설페이트가 주성분인 것을 알 수 있다. 이들은 현대식 샴푸의 기본 구성 요소다. 둘 다 물에서 칼슘과 강하게 상호작용하지 않아 찌꺼기를 만들지 않는 매우 효과적인 계면활성제다. 이들은 또한 샴푸의 역할 중 가장 중요한 것을 담당한다. 바로 거품을 내는 것이다. 아주아주 잘 낸다.

우리가 샴푸를 머리카락에 문지르는 동안 샴푸가 공기를 물에 가두면서 거품이 만들어진다. 공기는 물에서 벗어나려고 하기 때문에 액체 표면

흐르는 것들의 과학

까지 이동하는데, 이 표면에 도달하면 거품을 만든다. 계면활성제 없이 머리카락을 문지르면 거품은 순수한 물의 얇은 막일 뿐이며, 공기 때문에 표면 에너지가 높아 빠르게 터질 것이다. 하지만 소듐라우릴설페이트와 같은 계면활성제를 샴푸에 첨가하면 모든 것이 변한다. 계면활성제의 분자는 거품을 둘러싸고 있는 물의 막에 쉽게 모여 액체의 표면 에너지를 많이 낮추기 때문에 액체막이 비교적 안정적이 된다. 머리를 샴푸로 마사지하면 잘 터지지 않는 거품이 계속 일어나 거품 덩어리가 쌓인다. 계면활성제가 거품을 내는 동시에 모든 오일과 지방을 모으기 때문에 우리는 세척 효과를 거품과 연결하고, 거품이 나는 것으로 샴푸의 효과를 판단한다. 현대 광고는 이 점을 강조하지만, 사실 거품은 샴푸를 더 깨끗하게 씻어내는 데 도움이 되지 않는다. 거품은 순전히 미적 역할만을 할 뿐이다.

소듐라우릴설페이트와 그 계면활성제 계열은 매우 효과적이고 가격도 저렴하여 거의 모든 유형의 세정 제품에 사용된다. 샴푸뿐 아니라 세척액, 세탁 세제, 심지어 치약에도 들어 있어서 양치질을 하면 입이 거품으로 채워진다. 다시 말하지만, 거품의 역할은 순전히 보여주기 위한 것이다. 봐, 나는 이를 닦고 있어! 소듐라우릴설페이트의 성공은 결국 샤워할 때 머리카락을 씻는 용도로 비누를 대체하는 제품뿐만 아니라, 신체의 나머지 부분을 씻는 용도로 비누를 대체할 다른 제품도 만들어 내게 되었다. 바로 '바디워시'의 출현이었다. 바디워시는 샴푸 같은 작은 병과 짜낼 수 있는 용기에 담겨졌다. 소듐라우릴설페이트 계열의 계면활성제는 투명하기 때문에, 특히 투명한 병에 들어있을 때 샴푸처럼 색깔을 첨가하고 향을 첨가해주면 더욱 멋져 보인다.

하지만 바디워시의 매력이 단지 미적인 것에만 있는 것은 아니다. 샤워나 목욕을 할 때 비누는 젖는 순간 엄청나게 미끄러워진다는 단점이 있다. 만약 센물로 목욕을 할 때 비누를 사용한다면 비누가 물속의 칼슘과 반응해 당신은 찌꺼기로 가득찬 물에 앉아 있게 될 뿐만 아니라, 비누가 손에서 미끄러져 뿌연 물속으로 들어가 완전히 사라져버리게 될 위험도 있다. 또한 샤워 중에 비누가 손에서 빠져나오면 보통 튕겨나와 총알처럼 욕조에 부딪히고 그 안에서 빙빙 돌다 발을 디딜 만한 곳에 가라앉는데, 그럴 경우 균형을 잃고 미끄러져 머리를 다칠 수도 있다. 하지만 바디워시는 그렇지 않다.

바디워시는 병 안에 담겨 있다는 장점도 가지고 있다. 고체비누는 보통 노출된 표면 어딘가에 놓여 있어야 한다. 드라마 등에서 자주 등장하는 액체비누와는 달리 고체비누는 거품과 칙칙한 찌꺼기 등 외관이 별로 매력적이지 않아 확실히 텔레비전에 잘 받는 외모는 아니다. 그리고 다시 건조해진다 해도 비누는 단단하고 믿음직한 모습으로 돌아오지 않는다. 단한 번의 사용만으로도 비누는 모양이 나빠진다.

1980년대에 미네통카Minnetonka라는 회사는 액체비누를 욕실에서 화장실과 부엌으로 옮기는 방법에 대해 생각하기 시작했다. 비슷한 제품일지라도 샴푸나 바디워시 같지 않으면서도 식기세척용 세제와는 다른 느낌을 내는 무언가가 필요했다. 한마디로 완전히 새롭고 매력적인 제품으로 사람들에게 팔아야 했다. 그들은 펌프 디스펜서pump dispenser라는 아이디어를 떠올렸는데, 그것은 천재적인 발상이었다. 이전에 화장실에서 다른 누군가가 이미 사용했던 젖은 비누를 집어 들까 걱정했던 사람은 이제 세정제를 손바닥에 바로 뿌린 듯한 깔끔한 경험을 즐길 수 있었다. 하지만 액체비누가 바로 정착되지는 않았다. 모든 사람이 감동받은 것은 아니었기 때문이다. 어떤 사람들에게는 그것이 사소한 문제에 대한 지나치게 복잡한 해결책인 것 같았다. 앞서 언급했듯이 나 같은 사람들은 작은 반려동물이 내 손에 오줌을 누고 있다는 느낌이 들어 마음에 들지 않았다.

1980년대의 대중들이 액체비누에 대해 양면적이었다면, 1990년대에는 그 균형이 확실하게 기우는 사건이 생겼다. 수술 후 상처를 감염시키고 시간이 지남에 따라 항생제에 내성이 있는 균주를 키워 치료하기가 매우 어려운 황색포도상구균Staphylococcus aureus이라는 세균이 있다. 이 균주는 1960년대에 처음 발견되었는데, 1990년대가 되자 항생제인 메티실린methicillin 치료에 내성이 생긴 황색포도상구균이 병원에서 전염이 되는 문제가 발생했다. 영국에서는 메티실린내성황색포도상구균Methicillin-Resistant Staphylococcus aureus, MRSA 감염이 모든 병원 감염의 50%를 차지했다. 유럽과 미국 전역에서도 비슷하게 높은 비율로 감염이 늘어났고, 때문에 병원 사망률이 급격히 증가했다. 2006년까지 영국은 MRSA로 인해 2,000명의 사망자를 냈고, 병원 측은 세균의 확산을 막기 위해 안간힘을 쓰고 있었다. 다행히 더 엄격한 손 씻기 제도가 도입되었고, 특히 의료진들에게 환자와 접촉 후 손을 씻도록 요구한 덕분에 지난 10년 동안 사망률이 감소했다.

병원 밖에서는 깨끗한 손의 이점을 찬양하면서 공중 보건 캠페인이 시작되었고, 항균비누의 홍보도 활발해졌다. 항균비누에는 소듐라우릴설페이트 및 그 사촌 분자와 함께 항균 분자인 트리클로산과 같은 약제가 들어 있다. 이 비누는 세균의 확산을 막는 데 전통적인 비누보다 더 나은 것으로 홍보되었다. 마케팅은 성공적이었고, 항균비누에 대한 수요는 엄청 났다. 하지만 이 비누가 기존 비누와 물보다 더 효과적이라는 증거는 전혀 없었다. 사실 미국 식품의약국 의약품평가연구센터 소장인 자넷 우드콕 Janet Woodcock 박사는 특정 항균비누가 실제로 어떠한 건강상의 이점도 주지 않을 수 있다고 말했다.

"소비자들은 항균 세척이 세균의 확산을 예방하는 데 더 효과적이라 고 생각할지 모르지만, 항균 세척이 일반 비누와 물보다 더 낫다는 과학적 증거는 없습니다. 사실, 어떤 자료에 따르면 항균 성분이 장기적으로는 오 히려 더 해로울 수도 있다고 합니다."

2016년 미국에서는 항균비누의 사용이 금지되었지만, 그 이후로 액체 비누는 곳곳에 파고들었다. 항균제가 제거된 액체비누는 현재 영국과 미 국에서 구입하는 비누의 대부분을 차지한다. 액체비누는 여전히 우리의 병원과 집, 그리고 비행기 화장실에 있고 지금 나는 화장실에서 이 액체비 누를 손에 약간 짜냈다.

'둥~' 비행기의 안내방송 소리가 들렸다.

"기장입니다. 우리 비행기는 이제 곧 난기류 지역을 통과하게 돼 안전 벨트 착용 지시등을 켰습니다. 승객 여러분 모두 자리에 앉아주시기 바랍 니다. 감사합니다."

화장실에 있는 동안 누군가 말을 거는 것은 뭔가 좀 이상하다. 방송이 나오기 직전까지 느꼈던 완전한 프라이버시는 방송이 나오는 순간 기장 이 문을 열고 머리를 들이민 것만 같은 느낌에 산산조각이 났다. 내 머릿 속의 편집증적인 부분은 심지어 그 안내방송이 액체비누 병 뒷면에 쓰여

∴ 팜유에서 얻어지는 라우르산의 구조

있는 성분들을 읽느라 많은 시간을 보내고 있던 나를 화장실에서 내쫓으려는 계략일지도 모른다고 생각했다.

내가 사용하던 액체비누 역시 소듐라우레스설페이트가 들어 있었는데, 이들 대부분은 팜유나 코코넛오일로 만들어졌다. 야자나무와 코코넛나무는 열대 기후에서 번성하는데, 자라기 쉽고 오일 생산량이 높기 때문에 세계 경제에 매우 중요한 역할을 하게 되었고 적절한 기후를 가진 모든 국가에서 안정적이고 수익성 있는 작물이 되었다. 매년 5,000만 톤의 팜유가 생산되어 케이크에서부터 화장품에 이르기까지 거의 모든 것에 들어간다. 다음에 슈퍼마켓에 가면 비스킷, 케이크, 초콜릿, 시리얼 등의 재료들을 살펴보라. 아마 모든 물건의 재료에서 팜유를 발견할 수 있을 것이다.

팜유는 그 특이한 화학 조성 때문에 액체비누를 만드는 데 특히 유용하다. 이 오일은 라우르산lauric acid이라는, 구조의 말단에 카복실산기carboxylic acid group가 있는 12개 탄소의 사슬 분자를 많이 함유하고 있다. 계면활성제와 아주 유사하지만 대전된 말단은 없다. 하지만 화학적으로 보면 쉽게 고정될 수 있는데, 그 크기가 중요하다. 라우르산은 계면활성제를 만들 때 보통 일반 비누에서 발견되는 탄소 원자 18개짜리보다 훨씬 작은 사슬 분자를 만든다.

라우르산은 그 자체로 작기 때문에 더 작은 계면활성제를 생성하는데, 더 작기 때문에 발포제로서 더 가볍고 효과적이다. 사실, 너무 좋아서 문제다. 액체비누의 인기로 인해 생산이 크게 증가했고 따라서 팜유와 코코넛오일에 대한 수요도 급증했다. 그 결과 말레이시아, 인도네시아와 같이 오일이 생산되는 국가의 꽤 넓은 지역에서 어마어마한 생물학적 다양성을 가지는 열대 우림이 야자나무 단일 재배로 대체되었다. 이것은 모든 면에서 부정적인 영향을 미쳤다. 그중 가장 심각한 것은 이미 멸종 위기에 처한 야생 동물의 서식지 파괴, 그리고 수 세기 동안 소외된 토착민 공동체의 이동이었다. 그러나 액체비누는 물론이고 팜유의 다른 용도에 대한 수요로 인해 이러한 일들은 반복되고 있다.

설상가상으로 우리가 만들려고 그렇게까지 애를 썼던 소듐라우레스설페이트로 만든 세제는 실제로 어떤 사람들에게는 부작용을 일으킬 수 있다. 지방과 오일을 너무 잘 제거하는 바람에 습진이나 피부염과 같은 피부 자극을 일으키기도 하기 때문이다. 이를 막기 위해 액체비누 제조업체는 비누에 변성제와 보습제를 추가하여 소듐라우레스설페이트가 피부에서 뽑아내는 천연 오일을 대체하게 했다. 그러나 이렇게 하면 다른 문제가 생기는데, 대부분의 액체비누가 손과 상호작용하지 않고 싱크대로 흘러내려가게 된다는 것이다. 액체비누 제조업체는 구체적으로 비누의 점도를 높이고, 비누를 액체가 아니라 사전에 형성된 거품으로 나오는 디스펜서를 만들어 이 문제를 해결하려고 했다. 거품 디스펜서는 필요한 양의 계면활성제를 많은 양의 공기와 함께 배출할 뿐만 아니라 결국 거품을 직접 사용하게 하기 때문에 실제로 꽤 훌륭하다. 샴푸, 바디워시, 치약의 거품처럼

흐르는 것들의 과학

미적인 효과를 주는 것뿐만이 아니다. 거품 디스펜서에서 거품은 계면활성제를 손에 전달하는 매개체가 된다.

다양한 종류의 액체비누는 모두 합쳐서 10억 달러 규모의 산업이 되었다. 우리는 세제를 사용하여 우리 자신을 깨끗하게 향기가 나도록 하고, 옷은 물론 머리카락까지 청결하게 가꾸고, 설거지를 하기도 한다. 가장 중요한 것은 액체비누야말로 인구 밀도가 높은 세계에서 우리의 건강을 유지시켜 주고 질병의 확산을 막아주는 가장 강력한 방법 중 하나라는 것이다. 하지만 우리가 그것들을 구매할 때 지불하는 비용의 대부분은 마케팅 비용이다. 세제의 필수 성분인 세정 성분 자체는 저렴하다. 그렇기 때문에 이 제품들이 어떻게 만들어지고 있는지, 그리고 열대 지역의 숲에 어떤 영향을 미치는지를 더욱 생각해야 한다.

나는 고체비누를 좋아한다. 손에 딱 잡히는 크기에, 이것을 사용하여 씻을 때 걱정이 사라지고 편안해지는 그 촉감을 즐긴다. 그렇다. 고체비누는 시장성이 떨어지지만 사실 나는 그래서 고체비누를 좋아한다. 비누가 필요하기 때문에 비누를 사는 것이지, 비누가 우리를 더 성공적이고 더 바람직하거나 섹시한 사람으로 만들어줄 것이라고는 생각하지 않는다.

비행기는 이제 격렬하게 흔들리면서 튀고 있었다. 문을 톡톡 두드리는 소리가 나더니 승무원이 괜찮은지 물었다. 몇 시간 동안 화장실에 틀어박혀서 액체비누가 올라오는 것에 대해 혼자 떠들어 댔을까봐 잠시 걱정했지만, 이내 그 질문이 난기류 때문임을 깨달았다. 이제 내 자리로 돌아갈 시간이다. 하지만 이 격리된 방을 떠나기 전에 나는 세면대 옆의 두 번째 병에 손을 대며 머뭇거렸다. 여기에는 또 다른 액체, 보습제가 들어 있었다. 이게 왜 여기 있는 거지? 손을 씻을 때마다 꼭 손을 보습해야 하는 건가? 우리의 실제 필요와 상관없이 상품을 소비해야 한다는 압박의 일부인 건가? 아니면 손을 너무 잘 세척하는 비누를 만들고 나니 해독제인 보습 크림을 주는 것일까? 아니면 내가 편집증에 걸린 것일까? 어쨌든 그것을 조금 짜 보았다. 이 액체는 멋진 병에 들어 있었고 레몬 같은, 거부하기 힘든 신선한 향이 났다.

흐르는 것들의 과학

0 9

냉각의
Cooling

LIQUID

LIQUID

refrigerant: 냉매

냉장고는 신선한 식품의 유통을 훨씬 더 효율적으로 만들어
음식물 쓰레기를 줄였고, 음식을 더 저렴하게 만들었다.

화장실에서 나오면서 커다란 타원형 출구를 지나쳤다. 그곳에는 둥근 창과, 자신을 돌리라고 유혹하는 듯한 커다란 빨간 손잡이가 있었다. 이상하게도 이 손잡이만 보면 비행기 문을 열어보고 싶은 욕망을 느낀다. 왜 그런지 모르겠다. 만약 그랬다면, 객실 안의 공기가 빨려나가며 나와 함께 안전벨트를 매지 않은 다른 사람들까지 밖으로 빨려나갔을 것이다. 벨트를 맨 사람들은 모두 그대로 있겠지만, 온도가 대략 -50℃로 떨어지는 데다 기압도 떨어져 호흡이 매우 어렵게 될 것이다. 이쯤 되면 비행 전 안전브리핑에서 배웠듯이, 머리 위의 선반에서 산소마스크가 떨어지게 된다.

비행기가 높은 고도로 비행하는 이유는 낮은 기압을 이용하기 위해서다. 낮은 기압에서는 공기의 밀도가 낮아 비행에 대한 저항이 줄어들어

연료 효율이 높아지고 더 멀리 날 수 있게 된다. 하지만 고공비행은 항공기 엔지니어들에게 이중적인 문제를 안겨준다. 승객들이 질식하거나 저체온증을 앓지 않도록 하는 방법을 찾는 것이다. 그들은 에어컨을 통해 이 문제를 해결했는데, 그 역사에는 지구상에서 가장 위험한 액체가 포함되어 있다.

나는 내 자리로 돌아와 수잔에게 사과의 미소를 지어 보였다. 이 미소는 내가 그녀의 독서를 방해하고, 그녀의 안전벨트를 풀게 만들고, 그녀가 일어나도록 강요하고, 실수로 그녀의 무릎에서 부스러기를 떼어낸 것에 대해 미안하다고 전하기 위함이었다. 물론 이 모든 것이 정말 내 잘못은 아니었지만 말이다. 이는 전부 비행기 좌석 배치 방식의 결과이며, 화장실에 가는 것은 어쨌든 아주 자연스러운 일이다. 꽤 오랫동안 가 있었더라도 말이다.

수잔은 내게 뭔가 말하는 듯한 미소를 지으며 자리에서 일어났다. '화장실에 가도 괜찮아요. 걱정하지 마세요.' 수잔이 통로로 비집고 나오자 나는 그녀를 지나 자리로 돌아왔다. 비행기가 덜컹거리며 흔들리는 동안 우리는 안전벨트를 맸다. 난기류는 우리가 통과하고 있던 공기의 밀도 변화로 인해 발생했다. 아래 구역의 날씨 패턴 때문에 우리는 저밀도와 고밀도의 공기가 섞여 있는 공기층을 통과하고 있었다. 비행기가 고밀도의 에어 포켓(역주: 비행기가 상승 기류가 있는 곳에서 나오거나 하강 기류 속으로 들어갔을 때 일시적으로 속도가 줄어 급격하게 하강하는 현상이나 부분)에 부딪히자 저항력이 증가하여 속도가 느려졌고, 그런 다음 저밀도 에어 포켓에 도달하자 낮은 밀도의 공기로 인해 날개에 작용하는 양력이 줄어들면서 비행기가 갑자기 하강했다.

흐르는 것들의 과학

바깥 공기압의 급격한 변화에도 불구하고 내 호흡은 꽤 정상적이었다. 기내 압력은 조금 낮았지만 안정적이었다. 이것은 에어컨 덕분이었다. 에어컨은 아인슈타인도 당시에 관심을 가졌던 매우 전문화된 공학 분야였다. 아인슈타인은 그의 혁신에 대한 공로로 여러 특허를 받기도 했다. 당시 그의 관심사는 장거리 비행 중에 사람들이 숨을 쉬게 하는 것보다는 지상에서 생명을 구하는 것에 더 쏠려 있었지만 말이다.

아인슈타인이 해결하려고 했던 문제는 바로 이것이었다. 1920년대에는 새로 발명된 냉장고가 인기를 얻고 있었고, 수백 년 동안 물건을 시원하게 유지하는 방법이었던 아이스박스는 가정에서 사라져가고 있었다. 하지만 초창기의 냉장고는 그다지 안전하지 않았다. 아인슈타인은 신문에서 베를린에 사는, 아이들이 일곱 명이나 되는 가족이 냉장고 펌프에서 누출된 가스에 중독되어 죽었다는 소식을 접하고 충격을 받았다. 당시 냉장고는 세 가지 유형의 액체 냉매 중 하나를 사용했다. 염화메틸, 이산화황, 암모니아였다. 이들은 모두 유독성 물질이지만 끓는점이 낮기 때문에 냉장고에 사용되었다.

냉장고는 내부에 들어있는 일련의 파이프를 통해 액체를 펌핑하며 작동한다. 그 안의 온도가 액체의 끓는점보다 높으면 액체는 끓는다. 액체가 끓기 위해서는 분자 사이의 결합을 깨기 위한 에너지(잠열이라고 한다)가 필요한데, 파이프의 액체는 이 열을 냉장고 내부의 공기에서 가져오면서 냉장고를 냉각시킨다. 따라서 끓는점이 낮은 액체가 필요하다. 냉장고에 사용되는 액체는 냉장고의 내부 온도인 약 5℃에서 끓어야 한다. 하지만 그것만으로는 모자라다. 실제로 냉장고에서 유체를 유용하게 사용하려면 펌프를 사용해 끓어서 기화된 용매를 압축하여 다시 액체로 되돌릴 수 있어야 한다.

기체를 액체로 압축하려면 잠열을 모두 제거해야 한다. 본질적으로 이 열은 기체에서 쥐어짜내져야 한다. 이 과정은 냉장고 뒤쪽에서 일어나는데, 압축기가 작동할 때 그 소리를 들을 수 있다. 냉장고에서 간헐적으로 나오는 윙윙 거리는 소리가 그것이다. 냉장고 뒷면이 뜨거운 이유와 냉장고 문을 열어 집안을 식히지 못하는 이유가 여기에 있다. 문이 열렸을 때 새어 나오는 냉기는 냉장고 뒤쪽에서 발생하는 열에 의해 상쇄된다. 이것은 열역학의 첫 번째 법칙으로, 무언가로부터 에너지를 빼앗아서 식히면 그 에너지는 어딘가로 가야 한다. 그냥 사라질 수 없다. 냉장고의 경우 에너지가 뒷면으로 나간다.

액체가 들어있는 파이프관에 펌프를 달고 밸브를 추가해 액체가 기체로 변하게 만든다는 것은 말로는 쉽게 들릴지 모르지만, 사실 상당히 복잡한 공학적 도전이다. 기체는 압력을 받고 있기 때문에 기체 내부의 분자들은 끊임없이 움직이며 파이프 안에서 충돌한다. 파이프와 펌프의 연결부에는 약한 부분이 있을 수밖에 없는데, 때문에 적절한 용매를 사용하지 않는다면 문제가 생긴다. 끊임없이 요동하는 분자들이 이곳에서 팽창하고 탈출하기 때문이다. 이것이 바로 초기 냉장고에서 일어난 일이다. 한밤중에 암모니아가 새어 나와 자고 있던 온 가족의 목숨을 앗아간 것이다.

아인슈타인은 이런 사건이 다시 일어나지 않게 하기 위해 무언가를 하고 싶었다. 변리사였던 그는 기계와 전기 기구의 기술적 복잡성을 이해하고 있었다. 그는 레오 실라르드Leo Szilard라는 물리학자와 함께 일하기 시작했고, 둘은 가정에서 안전하게 사용할 수 있는 새로운 유형의 냉장고를 발명하려고 했다. 그들은 외부 펌프를 모든 연결부와 함께 완전히 제거하고, 대신 움직이는 부품이 없는 시스템을 만들려고 했다. 여기에 성공한다면 앞서 일어난 사고와 같은 일이 일어날 확률이 확실히 더 적을 것이 분명했다.

1926년부터 1933년까지 실라르드와 아인슈타인은 액체를 기체로 변환했다가 이를 다시 액체로 변환하는 다른 방법을 개발하여 새로운 냉장고를 만들려고 했다. 물론, 우리가 조금 전에 발견한 것처럼 기체로 증발하는 액체는 주변을 냉각시킨다. 하지만 그동안 사용되어온 방식에서는 기체를 액체로 다시 되돌릴 때 항상 펌프로 기체 분자를 다시 서로 가깝게 밀어붙여 액체가 될 때까지 압축시키는 방법이 사용되어 왔다. 다른 방법을 찾아야 했다.

실라르드와 아인슈타인은 여러 가지 아이디어를 가지고 있었다. 그들은 작업용 프로토타입을 만들고 여러 특허를 출원했다. 그중 하나에서는 열을 사용하여 액체 뷰테인이 일련의 파이프를 통과하게 하고, 그 과정에서 뷰테인이 암모니아와 만나 기체가 되면서 냉각 효과를 만들어 내도록 했다. 그 후에는 이 혼합기체와 물을 혼합하여 암모니아를 물에 흡수시키고, 파이프를 통해 뷰테인을 재순환시켜 냉각 과정을 지속시켰다.

실라르드와 아인슈타인이 생각한 두 번째 냉장고는 액체 금속인 수은을 활용한다. 수은이 일련의 파이프를 통과할 때, 이 파이프를 전자기력을 사용하여 진동시킨다. 이 때문에 생기는 파이프 내 액체의 진동은 냉매를 가스에서 액체로 압축하는 피스톤 역할을 했다. 기본적으로 하나의 액체가 움직이는 고체 부품 없이 다른 액체에 작용함으로써 냉각 효과를 냈던 것이다. 다른 디자인과 마찬가지로 동작 유체working fluid는 파이프에 밀폐되어 있었기 때문에 아마도 당시 사용 중인 모델보다 더 안전했을 것이다.

당시 그들의 프로토타입에 상업적으로 관심을 가졌던 스웨덴의 일렉트로룩스Electrolux는 특허를 한 개 사들였고, 독일 회사인 시트겔Citogel 역시 하나의 특허를 구입했다. 그러나 실라르드와 아인슈타인의 파트너십은 그리 오래 갈 수가 없었다. 독일에서 나치가 인기를 얻어가고 있었기 때문이다. 실라르드와 아인슈타인 같은 유대인들이 그 나라에 거주하며 일하는 것은 점점 더 어려워졌다.

실라르드는 영국으로 이주하여 역사의 흐름을 바꿀 발명품을 고안했다. 그러나 그것은 사물을 식히는 데 사용되는 것은 아니었다. 그보다는 가열하는 것으로, 바로 원자폭탄의 원리인 핵 연쇄 반응을 발견한 것이다. 한편, 적대적인 나치당이 점점 더 큰 권력을 잡는 동안 아인슈타인은 유럽을 순회했다. 아인슈타인과 실라르드는 결국 미국에서 협력을 계속할 수 있었지만, 때는 이미 너무 늦은 뒤였다. 미국의 과학자들도 냉장고를 더 안전하게 만들기 위해 노력했던 것이다. 이들은 펌프를 제거하기보다는 동작 유체를 더 안전하게 만드는 다른 방식으로 문제에 접근했다.

1930년, 화학자인 토마스 미즐리Thomas Midgley는 프레온 액체를 발명했다. 당시 프레온은 안전하고 값싼 것으로 환영받았고, 아인슈타인과 실라르드를 냉장사업에서 퇴출시켰다. 하지만 불행히도 프레온은 이후 전혀 안전하지 않은 것으로 밝혀졌다. 토마스 미즐리가 이 위험한 액체를 만들어낸 것은 잘 알려졌지만, 프레온이 안전하지 않다는 사실이 밝혀지기까지는 50년이 걸렸다.

1920년대에 제너럴 모터스General Motors에서 일하면서 토마스 미즐리는 테트라에틸납이라는 액체를 발견했는데, 이 액체를 휘발유에 첨가하면 거의 완전연소가 가능하여 휘발유 엔진의 성능이 좋아졌다. 그러나 테트라에틸납에는 치명적인 단점이 있었는데, 바로 납이 들어있어서 독성이 매우 높다는 것이었다. 연구 과정에서 납에 중독된 미즐리는 1923년 1월에 이렇게 기록했다. '유기성 납을 1년 정도 연구한 끝에 폐에 이상이 생겼고, 따라서 모든 작업을 중단하고 신선한 공기를 많이 공급받아야 한다는 것을 알게 되었다.' 그는 분명한 위험에도 불구하고 계속 나아갔다. 수년이 걸렸고, 그동안 일부 생산 노동자들은 납 중독과 환각, 사망으로 고통을 겪었다. 결국 1924년 미즐리는 테트라에틸납의 안전을 입증하는 기자회견을 열었다. 그는 액체를 손에 붓고 증기를 들이마셨다. 그는 다시 한번 납 중독으로 고생했지만, 그것이 테트라에틸납이 상업 생산에 투입되는 것을 막지는 못했다.

이후 테트라에틸납은 전 세계 휘발유에 첨가제로 사용되었으나 1970년대부터 그 독성에 대한 누적된 증거 때문에 단계적으로 폐기되기 시작했다(테트라에틸납은 영국에서 2002년 1월 1일에야 완전히 금지되었다). 그 결과, 단적인 예로 아이들의 혈액에서 납 농도의 비율이 급격히 감소했다. 또한, 테트라에틸납 사용 금지로 인한 사회적 효과가 널리 퍼졌다. 납 연료 사용률과 폭력 범죄 간에는 통계적으로 유의미한 상관관계가 나타났다. 납이 신경 퇴행성 물질로 작용하기 때문이다. 과학자들은 납이 함유된 휘발유(유연휘발유)를 금지하는 것이 도시 지역에 사는 사람들의 IQ

수준을 크게 높였다고 추측하기도 했다.

하지만 이 모든 것은 미즐리가 안전한 냉각에 대한 문제를 연구하기 시작한 이후의 일이었다. 1920년대 후반에 그는 해결책을 찾아냈다. 그의 팀은 끓는점이 낮은, 뷰테인 같은 작은 탄화수소에 초점을 맞추었다. 이 물질의 단점은 가연성이 높다는 것과 잠재적인 폭발성이다. 그래서 담배 라이터나 캠핑 스토브의 연료로 사용되는 것이다.

그들은 탄화수소 분자의 수소 원자를 불소와 염소로 대체하여 염화불화탄소chlorofluorocarbon, CFC라는 새로운 분자군을 만들었다. 이 과정은 그들이 처음에 연구를 시작했던 작은 탄화수소보다 더 위험한 것을 만드는 것일 수도 있었다. 만약 이 새로운 분자가 분해된다면, 이것은 부식성과 독성이 강한 물질인 불화수소를 형성할 것이다. 그러나 미즐리 연구팀은 불소-탄소 결합이 너무 강하여 액체가 불활성inert(역주: 화학적 반응 능력이 거의 없거나 전혀 없는 성질)이기 때문에 그런 분해는 거의 일어나지 않을 것이라고 생각했다. 그리고 그들의 가설은 사실로 증명되었다. CFC는 실제로 화학적으로 불활성이다. 이 물질은 냉각 문제에 대한 완벽한 화학적 해결책인 것 같

$$
\begin{array}{c}
F \\
| \\
F - C - Cl \\
| \\
Cl
\end{array}
$$

∴ CFC 프레온의 분자 구조

흐르는 것들의 과학

았다. 왜냐하면 이 액체가 냉장고 뒤에서 새어 나온다 해도 아무도 죽지 않을 것이기 때문이다. 이 점에 대해서는 미즐리가 옳았다. 하지만 CFC의 안전성에 대해서는 틀렸다.

CFC가 도입된 이후에도 냉장고 뒤에서는 누출이 발생했지만 그때 발생되는 주된 문제는 냉장고가 정지하는 것뿐이었다. 냉장고는 아무도 죽이지 않았다. 그리고 CFC의 생산 비용이 매우 저렴해서 냉장고의 인기는 크게 급증했다. 영국에서는 1948년 2%였던 냉장고 소유 비율이 1970년대 들어서 거의 100%로 증가했다. 정말 기적이었다. 식료품 창고와 아이스박스를 사용했던 나라가 모든 사람들이 음식과 음료를 시원하게 보관할 수 있는 수단을 가진 곳으로 거듭났다. 냉장고는 신선한 식품의 유통을 훨씬 더 효율적으로 만들어 생선, 유제품, 육류, 채소의 음식물 쓰레기를 줄였고, 음식을 더 저렴하게 만들었다. 냉장고가 불러온 변화는 냉장 혁명이라고 불릴 만한 것이었고, 이 모두가 겉보기에는 무해한 CFC 덕분이었다.

나는 답답한 비행기에 앉아 냉방이 좀 필요하다고 느꼈다. 좀 더 신선한 공기를 마시려고 좌석 위에 있는 노즐을 만지작거렸다. 노즐이 뻑뻑했기 때문에 의자에서 몸을 일으켜 잡아 돌려야 했다. 마침내 노즐을 열자 시원한 공기가 쏟아졌다. 나는 다시 자리에 앉으면서 재채기를 심하게 했다. 좌석에 묻어 있던 먼지가 날린 탓이었다. 그것은 어쩔 수 없는, 갑작스럽고 억누를 수 없는 재채기였는데, 동시에 비행기 에티켓을 심각하게 위반하는 행위였다. 특히 팔꿈치로 재채기를 막지 않아 더 그랬다. 앞에 앉은 여자가 몸을 돌려 의자 사이의 틈으로 나를 흘끗 쳐다보며 못마땅한 기색을 보였고, 복도에 서 있던 한 남자는 노골적인 증오의 표정을 지었다. 승객들은 의심의 여지없이 내가 독감이나 그보다 더 끔찍한 무언가에 걸렸으며, 여행하지 말라는 의사의 충고를 무시하고 무모하게 비행기에 탑승했다고 생각했을 것이다. 하지만 사실 이건 우리 모두가 한두 번 저질러 본 범죄라고 생각한다. 어쨌든 바이러스가 비행기 안에서 빠르게 퍼지는 것은 사실이다. 모두가 비교적 작은 공간에 너무 밀집되어 있기 때문이다. 나는 끔찍한 기분을 느꼈다. 설상가상으로 재채기는 조금 젖어 있었다. 앞좌석에 앉은 사람들이 한두 방울의 물방울을 느꼈을 수도 있다. 수잔이야말로 가장 큰 모욕감을 느낄 만한 상황이었지만 그녀는 책에 집중하느라 그런지 아무 말도 하지 않았다. 나는 앉았을 때 공기 중에 날아 든 먼지 때문에 재채기가 생긴 거라고 모두에게 설명하며 사과하고 싶었지만 어떻게 시작해야 할지 알 수 없었다. 대신 손수건을 꺼내 코와 앞의 비닐시트 커버를 닦았다.

에어컨 시스템은 본질적으로 공기를 위한 냉장고다. 예를 들어 자동차에서 에어컨 시스템은 실내 공기를 냉매가 들어 있는 구리 튜브 사이로 통과시켜 냉각시킨다. 차가운 공기는 물을 품는 능력이 떨어지기 때문에 에어컨에 물방울이 맺힌다(공기가 상승하고 차가워지면 구름이 형성되는 이유이기도 하다). 따라서 에어컨의 부수 효과로 공기가 제습된다. 덥고 습한 나라에서 에어컨은 자동차, 버스 또는 기차로 여행할 때 이를 견딜 수 있게 하는 유일한 수단이다. 하지만 에어컨은 많은 에너지를 소비하기도 한다. 예를 들어 싱가포르에서는 냉방이 가정과 사무실 에너지 소비의 약 50%를 차지한다. 미국에서는 열차, 비행기, 선박, 트럭, 자동차 등 전체

운송 부문이 에너지 사용량의 25%를 차지하고 있는 한편, 에어컨을 통한 건물의 난방과 냉방은 거의 40%를 차지하고 있다.

내부를 냉각시켜 냉장고 뒷부분이 뜨거워지는 것처럼, 자동차나 건물의 에어컨도 열을 다시 주변으로 방출하여 외부의 공기 온도를 상승시킨다. 이 효과는 대체로 미미하지만, 밀집 도시 지역에서는 에어컨으로 인한 온도 상승이 확연하다. 애리조나주립대학교의 과학자들은 에어컨 때문에 도시 지역의 평균 야간 기온이 1℃ 이상 증가했음을 보여줬다. 높은 수치로 보이지는 않지만, 지구 평균 기온이 2℃ 상승하면 심각한 기후 변화가 일어날 가능성이 높다는 것을 명심해야 한다.

때문에 에어컨의 에너지 효율을 높이는 것은 전 세계적으로도 매우 중요한 과제다. 자랑스럽게도 여기에 나는 작게나마 기여를 할 수 있었다. 냉각 시스템의 효율성을 높이려면 금속 파이프를 통해 열을 신속하게 전도해야 한다. 우리가 에어컨 파이프에 구리를 사용하는 이유다. 구리는 비싸지만 아주 좋은 열전도체다. 하지만 기온이 40℃에 달하는 매우 더운 날 답답한 사무실에서는 때때로 구리 튜브조차도 방을 시원하게 유지하기에 충분하지 않을 수 있다. 이때 액체 냉매가 튜브를 통해 흐르는 방식을 잘 활용하면 도움이 될 수도 있다.

파이프에서 나오는 물과 같은 균일한 흐름은 예측이 가능하지만, 그 속도는 흐름 내에서 일관성이 없다. 일반적으로 흐름의 바깥 부분, 그러니까 파이프 벽에 가장 가까운 부분(경계층이라 불리는)은 안쪽 부분보다 느리다. 이 두 층 사이에는 열적 상호작용이 많지 않아 열이 전달되는 속도가 느려진다. 냉각 시스템은 난류라는 것을 만들 수 있다면 효율이 훨씬 더 높아진다. 난류는 액체가 마구 뒤집히고 소용돌이를 일으켜 모든 것을 완전히 섞어버리는 혼란스러운 흐름 상태다. 압력을 높이는 것은 난류를 일으키는 한 가지 방법(수도꼭지를 끝까지 틀어서 물이 파이프에서 콸콸 나오게 하는 것처럼)이지만, 많은 에너지를 소비한다. 차라리 경계층을 조정하는 게 더 낫다. 구리 파이프 내부에 나선형 홈을 만들어 액체를 끊임없이 혼합시켜 균일한 흐름을 깨뜨리는 방법이다. 이것은 난류를 일으키는 가장 바람직한 수단이 되었는데, 냉매가 열을 더 효율적으로 추출할 수 있게 하여 추가적인 에너지 소비 없이 에어컨의 효율을 크게 증가시킨다. 천재적인 발상이 아닌가!

하지만 이것은 내 발명이 아니었다. 아인슈타인도 더 나은 냉장고를 만드는 데에는 실패했으니, 그리 나쁘지만은 않다.

이렇게 난류를 만들어 내는 시스템은 20세기에 발명되었는데, 당시 나는 철자를 배우고 있었고 아인슈타인은 사망한 후였다. 하지만 내가 학교에 들어가고 대학을 다니고 박사 학위를 받을 때까지 에어컨 분야는 그 이상으로 발전하지 못했다. 에너지 효율이 더 중요한 문제가 되었고, 나선형 홈의 구리 파이프를 만드는 비용을 더 낮춰야만 한다는 압박감이 업계에 만연했다. 그러다 내가 제트 엔진 합금에 대한 박사 과정을 마치자 옥스퍼드대학교의 브라이언 더비Brian Derby 교수가 이 문제를 해결하고자 내게 도움을 청했다. 이 문제는 제트 엔진 합금과는 아무 관련이 없었기 때문에, 당연하게도 나는 어떻게 진행해야 할지 확신하지 못했다.

홈이 있는 구리 튜브(파이프)는 치약을 짜는 것과 상당히 비슷한 과정을 거쳐 만들어진다. 튜브 안에 치약 대신 총알이 있고, 총알의 지름은 튜

흐르는 것들의 과학

브 노즐보다 약간 커서 쥐어짜거나 압착해도 삐져나오지 않는다고 상상해보자. 대신 총알을 노즐에 욱여넣으면 구리 튜브가 늘어나 총알 주위를 감싼다. 총알에는 나선형 홈이 있기 때문에, 쥐어짜면 총알이 회전하며 구리 튜브 안쪽에 홈을 새긴다. 기발하지 않은가! 여기서 유일한 문제는 총알을 만들 때 탄화텅스텐이라는 초경질 물질로 만든 여러 가지 부품을 볼트로 조립해 만들어야 한다는 것이다. 거대한 구리 압착기 내부의 압력이 너무 높아지면 종종 볼트가 끊어져 총알이 떨어져 나갔고, 결국 모든 것이 엉망이 되어 이를 해결하는 데 수백만 파운드가 들었다.

기적적으로 우리는 이 문제를 해결하는 액체를 발견했다. 우리는 탄화텅스텐 총알의 내부를 액체로 바꾸고 나머지는 고체로 유지함으로써 두 개의 총알 반쪽을 단단히 붙일 수 있다고 믿었다. 아주 정밀한 용접의 일종이라고 할 수 있다. 그리고 많은 발견과 마찬가지로 그 트릭을 알고 나면 쉽게 할 수 있다. 만들어진 두 부품을 압축해서 고온 가열로에 넣기만 하면 됐다. 가열로 안에서 액체는 두 조각 사이로 스며들어 서로를 결합시켰다. 액체가 일단 식으면 고체로 굳어지며 매끄러운 탄화텅스텐 한 덩어리만 남게 된다. 하지만 그렇다고 해서 총알이 바로 실용적으로 쓰일 수 있다는 뜻은 아니었다. 그래서 나는 미국 세인트루이스에 있는 거대한 구리 파이프 공장을 방문해 나의 탄화텅스텐 총알이 첫 번째 테스트를 받는 것을 지켜볼 때 엄청나게 긴장했다. 만약 총알이 깨지면 수만 달러의 테스트 비용이 들 것이라는 것을 알고 있었다. 하지만 다행히, 그리고 자랑스럽게도 액상의 결합은 효과가 있었고, 우리는 유럽 특허에 '액상 결합 방법Method of liquid phase bonding'(WO1999015294 A1)을 신청했다.

보다 효율적인 냉각법을 찾는 과정은 모두 순조로웠지만, 더 큰 문제가 있었다. 사람들은 냉각 시스템의 성능을 향상시키는 데 많은 노력을 기울였지만, 냉장고와 에어컨이 작동을 멈춘 후에 어떤 일이 일어날지에 대해서는 아무도 생각하지 않았다. 사람들은 쓰레기 더미로 가서 냉장고 틀에서 나온 강철과 구리 파이프 등 귀중한 금속을 회수했다. 아무도 CFC를 수집하지 않았다. CFC는 구리 파이프가 절단되자마자 빠르게 증발하면서 마지막으로 파이프를 냉각시키고 흔적도 없이 사라졌다. 하지만 아무도 그에 대해 걱정하지 않았다. CFC는 이미 헤어스프레이 캔과 다른 일회용품에서도 추진제로 사용되고 있었다. 모두가 CFC는 불활성이며, 어떤 해도 끼치지 않을 것이라고 믿었다. 일단 기체가 되어 날아가면 바람을 따라 흩어질 거라고 생각했을 뿐이다. 정확히 그런 일이 일어났다. 하지만 수십 년동안 CFC는 성층권으로 올라가서 태양으로부터 나오는 자외선에 의해 분해되어 우리에게 많은 해를 끼칠 수 있는 분자로 변하기 시작했다.

태양은 우리가 볼 수 있는 빛과 볼 수 없는 빛을 방출한다. 자외선은 후자다. 자외선은 우리에게 황갈색의 피부색을 선사하는 빛이며, 많은 에너지를 가지고 있어서 우리를 그을릴 수 있을 정도다. 장기간 노출되면 DNA가 손상되고 결국 암을 유발할 수 있다. 선크림을 꼭 발라야 하는 중요한 이유다. 이 액체의 역할은 자외선이 피부에 닿기 전에 흡수하는 것이다. 하지만 당신과 자외선 사이에는 훨씬 더 효과적인 또 다른 장벽이 있다. 오존층이다. 오존은 지구를 위한 선크림과 같고, 선크림처럼 한 번 바르면 실제로 볼 수 없다. 우리 비행기는 지금 오존층을 통과하고 있지만 창밖을 내다본다고 해도 이를 느낄 수는 없을 것이다.

오존은 산소와 관련이 있다. 우리가 호흡하는 산소는 두 개의 산소 원자로 이루어진 분자다(O_2). 오존은 세 개의 산소 원자(O_3)가 결합된 분자인데, 그닥 안정적이지 않고 반응도 무척 빠르기 때문에 대기 중에 오래 머물지 않는다. 또 오존에는 스파크(역주: 작은 입자 또는 불꽃이 방전되는 현상)가 발생하는 동안 가끔 감지할 수 있는 냄새가 있다. 공기 중의 일부 O_2는 스파크의 높은 에너지를 만나면 O_3로 변하고, 그 결과 이상하고 매캐한 냄새를 낸다. 우리가 숨을 쉬는 대지 위의 공기 중에는 오존이 많지 않지만, 성층권에는 태양으로부터 나오는 자외선을 흡수하는 보호층을 형성하기에 충분한 오존이 있다. 그러나 CFC 분자가 오존층으로 들어가면 태양빛에 포함되어 있는 고에너지 광선과 상호작용한 후 분해된다. 이것은 자유 라디칼free radical(역주: 짝이 없는 전자를 가진 원자 또는 원자군. 짝을 이루기 위해 다른 원자나 분자로부터 전자를 빼앗으며 화학반응을 잘 일으킨다)이라고 불리는 매우 반응성이 높은 분자를 만들어 낸다. 그런 다음 이들은 오존과 반응하여 그 농도를 감소시켜 오존층을 약화시킨다.

1980년대쯤 대기 과학자들은 CFC가 오존층에 끼치는 영향이 막대하며, 이것이 엄청난 결과를 초래했다는 것을 깨닫기 시작했다. 1985년 영국 남극 조사단의 과학자들은 남극 대륙 위의 오존층에 2,000만 km^2에 이르는 구멍이 있다고 보고했고, 얼마 지나지 않아 전 세계에 걸쳐 오존층의 두께가 얇아지고 있다는 것이 밝혀졌다. CFC는 이 문제의 주범으로 지목되었고, 때문에 몬트리올 의정서라는 국제 금지 조치가 시행되어 1989년에 발효되었다. 냉장고에서 CFC가 퇴출되었다. 드라이클리닝에서도 마찬가지다. 그러나 세계 공동체의 이런 신속한 대응에도 불구하고 CFC는 여전히 유통되고 있으며, 오존층에는 다른 구멍들이 생겼다. 2006년에는 티베트 상공에 250만 km²의 구멍이 발견되었고, 2011년에는 북극에서 기록적인 오존 손실이 발생했다. 이는 21세기 말까지 오존층이 이 모든 피해에서 회복될 수 없음을 시사한다.

CFC의 전성기 시절, 화학자들은 탄소와 불소에 기반한 분자의 성질을 탐구하는 데 많은 시간을 보냈다. 그들은 과불화탄소perfluorocarbon 또는 PFC라고 불리는 놀라운 분자군을 발견했다. CFC와 달리 PFC에는 염소가 들어 있지 않다. PFC는 탄소와 불소 원자로만 만들어진 액체다. 가장 간단한 PFC는 모든 수소 원자가 불소 원자로 대체된 탄화수소와 비슷하다.

불소 결합은 대단히 강하고 매우 안정적이기 때문에 PFC의 불활성을 높인다. 전화기를 포함한 거의 모든 것을 PFC에 빠뜨려도 아무런 손상 없이 평소처럼 계속 작동할 것이다. 노트북을 PFC가 담긴 통에 넣어도 된다. 실제로 그렇게 하는 사람들이 있는데, 노트북이 작동하는 동안 이 액체가 노트북을 내부의 팬보다 훨씬 더 효율적으로 냉각시켜 컴퓨터가 더 빠른 속도로 작동할 수 있게 하기 때문이다. 하지만 그보다 더 기적적인 것은 PFC가 고농도의 산소를 실제 그 부피의 20%까지도 흡수할 수 있다는 사

∴ PFC의 분자 구조

실이다. 즉, PFC가 인공 혈액으로 작용할 수 있다는 것이다.

혈액 대체제는 오랜 역사를 가지고 있다. 출혈은 사망의 주요 원인이며 사람들에게 더 많은 피를 주입하는 유일한 방법은 수혈이다. 하지만 성공적인 수혈을 위해서는 아무 피나 사용할 수 없다. 사람의 혈액은 모두 같은 유형이 아니기 때문이다. 한 사람에서 다른 사람으로 혈액을 옮기는 것은 혈액형이 일치하는 경우에만 성공할 수 있다. 칼 란트슈타이너Karl Landsteiner라는 과학자는 1900년대에 혈액형을 발견하고 이를 A, B, O 및 AB로 분류했다. 1930년에 그는 이 통찰력으로 노벨상을 받았고, 10년 후 제2차 세계대전 당시 엄청난 사상자가 발생하면서 세계 최초의 혈액은행이 설립되었다.

그러나 기증된 혈액과 환자를 맞추는 것은 꽤나 어려운 일이었기 때문에, 과학자들은 혈액형을 일치시킬 필요가 없으면서도 혈액은행의 부담을 일부 없앨 수 있는 믿을 만한 합성 혈액을 찾고 있었다. 1854년에 일부 의사들은 우유를 사용해서 어느 정도 성공을 거두었지만 의료계에서는 이를 받아들이지 않았다. 한때는 동물에게서 추출한 혈장을 사용하려했지만 독성이 있는 것으로 밝혀진 적도 있었다. 1883년에는 링거액이라는 물질이 개발되었다. 링거액은 오늘날에도 여전히 사용되고 있는 나트륨, 칼륨, 칼슘염의 용액이지만, 혈액을 대체하기보다는 혈액량을 늘리는 확장제로 사용되고 있다.

PFC의 등장으로 사람들은 실용적인 인공 혈액이 실제로 만들어질 수 있다고 믿기 시작했다. 1966년 미국의 의료 과학자인 리랜드 클락Leland Clark과 프랭크 골런Frank Gollan은 쥐가 액체 PFC를 흡입하면 어떻게 될지 연구하기 시작했다. 그들은 쥐들이 액체 PFC에 완전히 잠겼을 때에도 여전히 숨을 쉴 수 있고, PFC 제거 후에도 다시 공기를 호흡할 수 있다는 것을 알아냈다. 즉, 물고기처럼 PFC 액체에서 산소를 얻다가도 다시 포유류로 돌아가 공기에서 산소를 얻을 수 있다는 것을 확인한 것이다. 이 '액체 호흡'은 폐가 PFC에 용해된 산소를 흡수할 수 있기 때문만이 아니라, 이 액체가 쥐들이 내뿜는 이산화탄소를 모두 흡수할 수 있기 때문에 가능한 것으로 보인다. 또한, 추가 연구 결과에 따르면 쥐는 수 시간 동안 액체 호흡을 할 수 있으며, 이를 기반으로 인간이 액체 호흡을 할 수 있는 방법을 알아내는 것을 궁극적인 목표로 한 연구가 계속되어 왔다. 1990년대에는 최초로 인간을 대상으로 한 실험이 실시되었다. 폐 질환을 앓고 있는 환자들에게 폐 치료를 위한 약물이 담긴 PFC를 사용하여 액체 호흡을 하도록 요청한 것이다. 이 치료법은 당장은 효과가 있어 보이지만, 부작용이 없는 것은 아니다(역주: 생식기능을 저하시키고 암과 호르몬 불균형을 유발할 수 있다).

이 이상한 기술이 어디로 이어질지는 아무도 확신할 수 없지만, PFC가 어떤 식으로든 널리 퍼지게 된다면 우리는 한편으로 그것이 잠재적으로 환경에 미치는 영향을 연구해야만 할 것이다. 세계는 CFC 액체를 금지하고 환경에 덜 해로운 유체로 대체함으로써 오존층의 치명적인 손실을 피할 수 있었다. 요즘 냉장고에 있는 냉매는 뷰테인일 가능성이 높다. 가연성이 매우 높은 액체이기 때문에 냉장고 뒤에서 새어 나오면 위험할 수도 있지만, 아인슈타인 시대에 사용된 액체보다는 더 안전할 뿐더러 지구에도 훨씬 더 좋은 선택이다. 우리를 보호하는 자외선 차단층인 오존을 CFC로 파괴하기에는 너무 귀중하다.

흐르는 것들의 과학

뷰테인의 위험성은 냉장고에 사용할 때는 그리 심각하지 않을 수 있지만, 항공기 공학자에게는 그 위험성이 너무 크다. 요즘의 항공기 에어컨 시스템에서는 액체 냉매를 사용하지 않는다. 대신 공기를 비행기 밖에서 흡입하여, 일련의 압축과 팽창 사이클을 통해 내부를 식히게 된다. 일반적으로 비행기 밖은 정말 추워서 에어컨이 잘 작동되지만, 비행기가 활주로에 있을 때는 지상의 공기가 더 따뜻하기 때문에 에어컨이 잘 작동하지 않는다는 단점이 있다. 그렇기 때문에 활주로에 있는 비행기에 갇혀 이륙을 기다리는 동안에는 찌는 듯한 기분이 들 수 있다.

비행기의 에어컨 시스템은 온도와 습도를 조절하는 것 이상의 역할을 한다. 객실 내부의 기압을 안정시키도록 설정되어 있기 때문이다. 1만 2천 미터 상공의 외부 공기에는 사람들이 쉽게 숨을 쉴 수 있을 만큼 산소가 충분하지 않다. 따라서 객실 내부의 공기압은 바깥 공기압보다 훨씬 높아야 한다. 이것은 비행기 동체의 외판을 풍선과 본질적으로 동일한 스트레스 상태로 만들어 비행기를 빵빵하게 만든다. 이 팽창은 균열을 일으킬 수 있기 때문에 균열이 발생할 가능성을 최소화하기 위해 에어컨 시스템이 이를 조절하여 균형을 이루게 한다. 객실 내부의 압력은 사람들이 정상적으로 숨을 쉴 수 있을 만큼 충분히 높지만, 동시에 비행기 외판이 지나친 스트레스를 받지는 않을 정도로 설정된다. 비행기가 하강함에 따라 에어컨 시스템은 지상의 압력 수준으로 평형을 이루기 위해 더 많은 공기를 기내로 불어넣는다. 이것이 우리의 귀가 멍해지는 이유다.

비행기는 비상 상황을 대비해서 액체 산소를 싣지 않는다. 기내 압력이 손실될 경우 머리 위에 떨어지는 마스크에서 나오는 산소는 화학적 산소 발생기로 만든다. 마스크는 화학 반응을 통해 기체 산소를 생성하기 때문에, 항공기에 장착된 모든 것의 필수적인 특징대로 매우 작고 가볍게 만들어진다. 산소마스크가 떨어진 비행기에 타본 적은 없지만, 그 시스템이 얼마나 잘 숨겨져 있는지는 궁금했다. 머리 위의 사물함을 살펴보며 이것이 어떻게 작동하는지 알아내려고 애쓰고 있었는데 승무원이 바쁘게 내게 다가왔다. 그는 내게 카드를 건넸다. 처음에는 어리둥절했지만 곧 샌프란시스코에 가까워졌다는 것을 깨달았다. 이제 세관신고서를 작성할 때였다. 이 때문에 나는 또 다른 액체인 잉크가 필요해졌다.

흐르는 것들의 과학

10

지울 수 없는
Indelible

LIQUID

LIQUID

ink: 잉크

볼펜은 펜의 진수를 보여준다.
만년필의 사회적 지위나 섬유펜의 세련미는 없지만,
대부분의 종이 위에 잉크를 남기며 해야 할 일을 한다.

트레이 테이블을 펼치고 그 위에 입국신고서를 올려놓았다. 펜이 필

요했다. 내게 펜이 있었나? 기억이 나지 않았다. 재킷 주머니를 뒤져봤지

만 아무것도 없었다. 가방이 발밑에 있었지만 테이블이 놓여 있어서 그 안

을 뒤질 만큼 몸을 굽힐 수가 없었다. 테이블에 얼굴을 묻고 아래에 놓인

가방에 손을 뻗었다. 어색했다. 그냥 테이블을 접어 두었어야 했는데, 도

대체 왜 안 그랬는지 모르겠다. 간신히 양손을 짐에 찔러 넣고 보이지 않

는 가방의 세계를 탐색하며 촉감만으로 휴대폰과 노트북 어댑터, 양말 몇

개 등을 확인했다. 테이블에 묻은 얼굴이 수잔을 향했기 때문에 결국 그녀

쪽으로 얼굴을 찌푸린 꼴이 되었다. 그녀는 마치 관심을 구하는 어린아이

를 보듯이 나를 흘낏 살피고는 기분이 나쁘다는 듯한 표정을 지었다. 어쨌

거나 드디어 목표물에 적중했다. 가방 바닥에 펜처럼 원통형으로 느껴지

는 뭔가가 있었다. 진주를 찾은 잠수부가 수면으로 향하는 것처럼 나는 고개를 들며 가방 깊숙이 있는 물체를 꺼냈다. 정말 펜이었다. 가방에 넣은 기억이 전혀 나지 않고, 애초에 소유하거나 구입한 기억도 없지만 말이다. 펜은 온갖 잡동사니 더미 속에서 눈에 띄지 않은 채 그대로 있었다. 시간이 지나며 점점 쌓여간 잔돈과 초콜릿 포장지들 사이에서 무시당하며 가방 안에 머물러 있었다. 볼펜이었다.

볼펜은 펜의 진수를 보여준다. 볼펜은 만년필의 사회적 지위나 섬유펜(펠트펜)의 세련미는 없지만 대부분의 종이 위에 잉크를 남기며 해야 할 일을 한다. 옷에 새거나, 옷을 망가뜨리는 일은 거의 없고, 몇 달 동안 가방 바닥에 방치되어 있었어도 다시 사용하려고 하면 처음 사용하는 것처럼 작동한다. 이 모든 일을 하면서도 비용은 매우 저렴하기 때문에 일상적으로 생각 없이 나눠주기도 한다. 사실 대부분의 사람들은 볼펜을 공동 소유물로 간주한다. 누군가에게 서류에 서명할 수 있는 볼펜을 빌려주고 나서 그들이 당신에게 돌려주는 것을 깜박한다 해도, 당신은 그들을 도둑이라고 낙인찍지 않을 것이다. 애초에 그 펜을 어디서 구했는지 기억조차 못할 것이다. 아마 당신도 그 펜을 다른 사람에게서 빼앗았을 가능성이 아주 높다. 하지만 볼펜이 그렇게 성공을 거둔 것이 그 단순함 때문이라고 본다면, 틀렸다. 사실과 전혀 다르다.

펜에 필요한 것은 잉크다. 잉크는 두 가지를 하도록 고안된 액체다. 첫 번째는 종이 위로 흘러나가는 것이고, 두 번째는 고체로 변하는 것이다. 흐르는 것은 원래 액체가 하는 일이기 때문에 어렵지 않다. 그리고 고체로 변하는 것도 대부분의 액체가 하는 일이다. 하지만 잉크가 번져서 읽을 수

　　　　　　　　　　　　　　흐르는 것들의 과학

없게 되지 않도록 정확한 순서대로, 그리고 꽤 빠른 시간 내에 둘 다 해내는 것은 보기보다 훨씬 까다롭다.

역사학자들은 펜을 최초로 사용한 이들이 기원전 3000년경의 고대 이집트인들일 것이라고 믿고 있다. 그들은 보통 대나무나 그와 비슷한 뻣뻣하고 속이 빈 줄기의 갈대 식물로 만든 갈대펜을 사용했다. 줄기를 말린 뒤 칼로 그 끝을 미세하게 깎고 다듬어 잉크가 잘 묻어 있도록 만들었다. 펜이 제대로 작동하기 위해서는 크기가 중요했다. 관의 직경이 충분히 좁으면 잉크와 갈대 표면 사이의 표면장력이 중력보다 커져서 펜대에 묻은 소량의 잉크를 흘러내리지 않고 제자리에 잡아둘 수 있게 된다. 일단 갈대가 이집트인들이 종이로 사용했던 파피루스와 접촉하게 되면 잉크는 모세관 작용을 통해 파피루스 섬유로 빨려 들어간다. 양초와 오일램프에서 위킹을 하는 것과 같은 힘에 의해서다. 마른 섬유가 잉크의 수분만 흡수함에 따라 남은 색소는 표면에 달라붙고, 물이 완전히 증발하면 잉크 자국이 파피루스에 영구적으로 남는다.

이집트인들은 고착제 역할을 하는 아카시아나무의 수액을 오일램프의 검댕soot과 결합해 검은 잉크를 만들었다. 수지가 접착제로 작용해 합판을 붙였던 것과 마찬가지로, 이집트인들은 아카시아나무의 수액을 접착제로 사용하여 검댕의 블랙 카본black carbon(역주: 탄소로 이루어진 물체가 불완전연소해서 생기는 그을음)을 파피루스 섬유에 밀착시켰다. 카본은 소수성(역주: 물을 물리치는 성질)을 가져 본래 물과 섞이지 않지만, 아카시아 수액을 첨가하면 카본이 물에 섞여 매끄럽고 자유롭게 흐르는 검은 잉크를 만들 수 있게 된다. 소위 '아라비아 검gum arabic'이라 불리는 이것은 오늘날에도 여전히 사용되고 있으며, 아라비아 고무액이나 아라빅검 등의 이름으로 대부분의 미술용품 가게에서 살 수 있다. 수액의 단백질은 고무가 여러 가지 색소와 결합할 수 있게 해준다. 이로 인해 수액은 수채 물감, 염료, 잉크 등 다양한 착색제를 만드는 데 사용될 수 있다. 하여간 이집트인들은 카본을 사용했고, 결과적으로 이것은 좋은 선택이었다. 카본을 기반으로 한 잉크는 만들기 쉽고 반응성이 매우 낮은데, 이러한 카본 블랙 잉크의 화학적 안정성 덕분에 수천 년 전의 이집트 문서도 변화 없이 보존되어 있는 것이다.

이만하면 그럭저럭 쓸 만하다고 생각할지 모르지만 사실 카본 잉크는 완벽하지 않다. 예를 들어 세관 양식을 작성하는 데는 좋지 않다. 잉크가 수성이라서 빨리 마르지 않아 얼룩이 지기 쉽기 때문이다. 마른다 해도 수액에 의해 필기면에 붙은 검댕 색소의 접착력이 그리 강하지 못해 기계적

∴ 금세공자 아문 소벡모세Amun Sobekmose(기원전 1500~1480)의 『사자의 서』에서 나온 파피루스 조각

흐르는 것들의 과학

으로 문지르면 닦아낼 수 있다. 대부분은 여기에 큰 관심이 없었겠지만 어떤 사람들은 여기에 관심을 갖고 이를 개량하기 위해 노력했다. 이로부터 더 나은 잉크를 찾기 위한 수백 년에 걸친 실험이 시작되었다.

그들은 몰식자^{gall} 잉크를 찾아냈다. 기독교인들이 성경을 쓰곤 했던 잉크로, 이슬람교도들은 이것으로 코란을 썼고, 셰익스피어는 희곡을 썼다. 국회의원들은 의회의 법을 이 잉크로 쓰곤 했다. 몰식자 잉크는 무척이나 좋아서 20세기까지 흔하게 쓰였다.

몰식자 잉크는 식초가 든 병에 쇠못을 넣어 만든다. 식초는 철을 부식시키고, 대전된 철 원자가 가득한 붉은색 또는 갈색 용액을 남긴다. 바로 이 용액에 몰식자가 합류한다. '참나무 혹'이라고도 알려진 몰식자는 가끔 참나무에서 나타나는데, 말벌이 참나무 싹에 알을 낳을 때 만들어진다. 싹이 자라면서 말벌은 참나무 싹의 분자 메커니즘을 조작하여 유충을 위한 먹이를 만든다. 이것은 나무에게는 불행일 테지만 문학의 발전에는 크게 기여했다. 이렇게 만들어진 몰식자는 탄닌 농도가 높아 잉크의 엄청난 혁신을 이끌었기 때문이다.

식물 세계에서 흔히 발견되는 탄닌은 식물의 화학 방어 체계의 일부이지만, 어쨌든 우리는 '탄닌의 맛'을 찾아냈다. 기억할지 모르겠지만 차와 레드 와인의 떫은맛이 바로 탄닌 때문이다. 탄닌은 단백질과 화학적으로 결합하는 데 뛰어난 색 분자여서 단백질로 만들어진 물질에 결합하여 색을 낼 수 있다. 전통적으로 우리는 이 분자를 단백질 콜라겐의 비율이 높은 가죽을 염색하는 데 사용해 왔고, 이로부터 피부를 햇볕에 노출시켜 갈색으로 그을리는 행위를 칭하는 단어 '태닝^{tanning}'과 '가죽을 무두

질하다$^{to\ tan'}$는 동사가 유래됐다(역주: 탄닌의 색은 일반적으로 우리가 가죽의 색이라고 인식하는 갈색을 띤다). 또한 레드 와인과 차가 우리의 옷과 치아에 그렇게 심한 얼룩을 남기는 것도 주로 그 안에 들어 있는 탄닌 때문이다. 그러니 탄닌을 잉크에 사용하는 것은 그리 놀랄 일이 아니다. 잉크는 본질적으로 의도된 얼룩이기 때문이다. 하지만 탄닌의 농도가 높은 액체를 만들기란 어렵다. 바로 이 때문에 철-식초 용액이 사용된다. 이 용액은 몰식자에서 나온 탄닌산과 반응하여 수용성과 유동성이 높은 탄닌화철이라는 물질을 만들어 낸다. 탄닌화철이 종이 섬유와 접촉하면, 모세관 작용을 통해 종이의 모든 작은 틈으로 흘러 들어가 고르게 분포된다. 그리고 물이 증발하면서 탄닌산염이 종이 안에 침착되면, 지속적인 '블루블랙'색의 자국을 남긴다. 몰식자 잉크의 영속성은 카본 잉크보다 훨씬 뛰어나다. 색소가 종이 표면에 달라붙기만 하는 게 아니라 그 안에 스며들기 때문에, 문지르거나 씻어서 이를 제거할 수 없기 때문이다.

　그러나 몰식자 잉크의 잘 지워지지 않는 성질은 잉크로 글을 쓰는 사람들에게 단점으로 작용하기도 했다. 내가 세관 양식을 작성하기 위해 사용하는 볼펜은 펜촉을 잉크통에 담그지 않아도 되었기 때문에 몸통의 바깥쪽에 잉크가 묻을 일이 없었다. 덕분에 볼펜을 아무렇게나 잡았음에도 불구하고 내 손끝은 아까 비누로 씻었을 때처럼 깨끗했다. 그러나 필기의 역사에서 오랜 시간 동안 이것은 결단코 가능한 일이 아니었다. 잉크는 어디든 묻곤 했다. 글을 쓰는 이들의 손에도 당연히 묻었을 것이다. 게다가 몰식자 잉크는 매우 영구적이어서 쉽게 지워지지 않았다. 물론 비누로 씻어도 잘 지워지지 않았다. 사람들은 불평했고, 아이러니하게도 이러한 불평들 중 일부 역시 몰식자 잉크로 기록되었다. 특별히 불만이 많았던 10세기 무렵 마그레브(현재 알제리, 리비아, 모로코, 튀니지를 포함하는 아프리카 북서부 지역)의 칼리프caliph는 공학자들에게 이에 대한 해결책을 요구했다. 마침내 974년에 그는 최초로 역사에 기록된 만년필을 받았다. 이 펜은 그 안에 잉크통을 가지고 있었고, 거꾸로 잡고 있어도 잉크가 절대 새지 않았다고 한다. 하지만 아마 실제로 그렇지는 못했을 것이다. 당시 공학자들의 노고를 무시하려고 하는 말이 아니다. 그 후에도 천 년에 걸쳐 만년필은 수없이 다른 모습으로 개량되었고, 이 여러 번의 반복 후 19세기 후반에서야 믿을 만한 만년필 메커니즘이 만들어질 수 있었기 때문이다. 16세기의 레오나르도 다빈치도 더 나은 만년필을 만들고자 했는데, 그가 끊김 없이 글씨가 또렷이 나타나는 펜을 만들었다는 증거가 있다. 당시 흔히 쓰이던 깃펜은 글씨를 쓸 때 글자가 보였다 사라지는 경향이 있었다. 그리고 17세기 무렵에도 만년필은 분명히 사용되고 있었다. 사무엘 페피스Samuel Pepys(역주: 영국의 해군이자 국회의원. 약 10년간 꾸준히 작성한 일기로 유명하다)가 그의 일기에서 만년필을 언급했는데, 별도의 잉크통을 가지고 다닐 필요 없이 펜만 가지고 다닐 수 있다는 것이었다. 하지만 만년필은 완벽하지 않았다. 그는 여전히 깃털 펜과… 그렇다, 몰식자 잉크를 선호했다.

19세기 들어서는 만년필 특허가 크게 급증했다. 그들은 모두 잉크가 자유롭게 흐르도록 만들어졌지만, 아무도 잉크가 한꺼번에 튀어나와 페이지에 엄청난 얼룩을 남기지 않도록 그 흐름을 제어하는 기술을 고안하지는 못했다. 그렇다고 잉크통의 입구를 너무 작게 만들 수는 없었다. 구멍이 작으면 막혀서 잉크가 전혀 나오지 못했고, 반대로 중간 크기의 구멍만

되어도 잉크는 필기면 위에 산발적으로 튀어나왔다. 만년필 발명가들은 왜 이런 일이 발생하는지 그 이유를 서서히 밝혀내기 시작했다. 그것은 잉크통 내부의 공기 영향과 진공vacuum 형성 때문이었다.

용기에서 액체를 쏟아내려고 할 때는 그 액체를 무언가로 대신해야 한다. 그렇지 않으면 용기 안에 진공이 형성되어서 그 어떤 액체도 더 이상 흘러나오지 않게 된다. 입으로 병 입구 전체를 막은 채 음료를 마시려고 하면 이 사실을 알아차릴 수 있다. 마시는 액체를 대체하기 위해 공기가 안으로 들어가려고 몸부림치면서 액체가 꿀렁꿀렁 움직이게 된다. 한 번 꿀렁거릴 때마다 공기가 병 안으로 들어가고, 그렇게 함으로써 액체가 나오는 것을 막는다. 이 과정을 교대로 하면서 액체가 나오고, 공기가 들어가고, 액체가 나오고, 공기가 들어가고, 꿀렁, 꿀렁, 꿀렁거린다. 마실 때 병의 입구를 부분적으로 열어두면 공기가 더 원활하게 유입될 수 있기 때문에 어떠한 끊김도 없이 계속해서 음료를 마실 수 있게 된다. 그래서 컵이나 유리잔과 같이 입구가 넓은 용기에 있는 물이 마시기가 더 쉬운 것이다.

초기 만년필에는 잉크통에 공기를 공급할 수 있는 방법이 없었기 때문에 필기면에 잉크가 일정하게 흐르기 어려웠다. 잉크통의 꼭대기에 구멍을 뚫어서 이 문제를 확실하게 해결하려고 할 수도 있겠지만, 이렇게 하면 펜을 거꾸로 놓았을 때 잉크가 사방으로 새어 나갈 것이다. 이 문제는 많은 사람들을 상당히 곤란하게 만들었다. 1884년, 루이스 워터맨Lewis Waterman이라는 미국인 발명가가 완벽한 금속 펜촉을 만드는 데 성공하기 전까지는 말이다. 워터맨은 중력과 모세관 작용의 조합으로 잉크가 가운

데 홈 아래로 흘러내릴 수 있도록 했고, 이 홈을 통해 들어오는 공기는 반대 방향으로 잉크통을 향해 통과하도록 만들었다. 그가 만든 만년필은 만년필의 황금기를 가져왔다. 그가 디자인한 만년필은 그 시대의 휴대폰과도 같았다. 이것은 사람들의 의사소통 방식을 바꾸어 놓았고, 누구나 무척 가지고 싶어 하는 물건이 됐다. 만년필을 가지고 있다는 것은 언제 어디서나 글을 쓸 수 있어야 하는 그런 중요한 사람이라는 표시였다. 초기 휴대폰이나 최초의 노트북, 그 이후 나온 다른 휴대용 기기들과 마찬가지로, 만년필은 '쿨'한 물건이었다.

하지만 이 만년필에도 불가피한 또 다른 문제가 있었다. 몰식자 잉크는 산성이 매우 강해서 새 금속 펜촉을 부식시켰다. 또한 몰식자 잉크에는 작은 미립자 물질도 들어 있어 글자를 쓸 때 이것이 잉크에 뭉쳐있거나, 잉크가 나오지 않도록 펜촉을 막는 경우도 있었다. 사람들은 이 보이지 않는 장애물이 무엇이든간에 글씨가 잘 써지지 않으면 분노로 펜을 흔들어 이를 털어내려 했지만, 그 과정에서 카페나 무심코 지나가는 행인들의 옷에 잉크를 뿌려 놓는 경우가 많았다. 만년필은 완벽해졌을지 모르지만 잉크는 그렇지 않았다. 이제 몰식자 잉크를 바꿀 때였다.

그러나 그것은 복잡한 문제였다. 잉크의 특별한 화학작용과 펜촉을 부식시키지 않으면서 흘러내리는 능력, 종이와의 반응, 영구적인 자국을 만들면서 빠르게 건조해지는 능력 등 이 모든 것을 한꺼번에 고려해야 했다. 공학 전문 용어로 '다중 최적화 문제multiple optimization problem'였다. 결국 많은 해결책이 생겨났고, 각 펜의 제조업체는 그들의 디자인에 따라 서로 다른 해결책을 받아들였다. 그래서 만년필을 구입하면 제조업체가 그에 맞게 특별히 고안된 잉크를 사용하라고 요구하는 것이다. 예를 들어 필기구 제조업체 파커Parker는 1928년에 얼룩 문제를 해결하기 위해 큉크Quink 잉크를 개발했다. 그들은 합성염료를 알코올과 결합하여 펜 안에서는 잘 흐르지만 종이에 닿았을 때는 매우 빨리 건조되는 잉크를 만들었다. 하지만 안타깝게도 이 잉크는 당시 펜을 만드는 데 사용되기 시작한 셀룰로이드 등의 플라스틱을 화학적으로 공격했다. 또 큉크에는 내수성이 없어서 종이가 젖으면 잉크가 다시 흐르기 시작해, 잉크를 구성하는 데 사용되는 여러 색소들을 분리하는 경우가 많았다. 예를 들어 검은 잉크는 노란색과 파란색으로 분리되어 결국 글씨를 알아볼 수 없게 만들었다.

이 모든 문제에도 불구하고 대부분의 펜 제조업체들은 만년필을 전도유망한 제품으로 보았으며 잉크를 최적화하기만 한다면 믿을 만한 휴대용 필기구를 만들어 낼 수 있다고 확신했다. 그러나 헝가리 발명가 라슬로 비로Laszlo Biro는 완전히 다른 생각을 가지고 있었다. 그는 최적화 문제를 근본부터 뒤엎고자 했다. 발명가가 되기 전에 언론인으로 일했던 그는 신문 인쇄기에서 사용하는 잉크가 훌륭하다는 것을 알아챘다. 인쇄기의 잉크는 극도로 빠르게 건조되고, 번짐이나 얼룩이 거의 생기지 않았다. 하지만 이 잉크를 만년필에 쓰기에는 너무 점도가 높았다. 잉크는 흘러내리지 않고 펜에 껌딱지처럼 달라붙었다. 그래서 그는 잉크를 바꾸는 대신 펜을 다시 디자인해야겠다고 생각했다.

라슬로 비로의 신문 기사는 긴 종이에 잉크를 압착하는 일련의 롤러로 만들어진 인쇄기에서 찍혀 출력되었다. 전국의 수요를 충족시키기 위해 수백만 장의 신문을 찍고 이를 하룻밤 사이에 배달하려면 매우 빨리 인쇄되어야 했다. 종이는 시간당 수천 장의 속도로 인쇄기를 통과했기 때문에 잉크가 즉시 마르지 않으면 여러 면이 하나의 신문으로 합쳐질 때 잉크가 얼룩질 수밖에 없었다. 그런 요구를 충족시키기 위해 라슬로가 그렇게 열망했던 인쇄 잉크가 발명되었다. 라슬로는 펜을 어떻게 개량할 것인가를 고민하면서 훨씬 더 작은 규모로 인쇄 과정을 다시 만드는 방법에 대해 생각했다.

펜 끝에 계속 잉크를 묻힐 수 있는 롤러 같은 게 필요했다. 결국 그는 작은 공을 사용한다는 생각을 떠올렸다. 하지만 어떻게 공에 잉크를 묻히고 그 공에 묻은 잉크를 종이 위에 굴려 바를 수 있을까? 그는 인쇄 잉크가 너무 걸쭉해서 중력이 펜의 잉크를 잉크통에서 공으로 끌어당길 수 없을 것이라 생각했다. 이때, 이상한 물리학이 그의 구원자로 등장했다. 바로 비뉴턴 유동non-Newtonian flow이다.

액체의 흐름 속도와 흐름에 가해지는 전단력, 즉 점도 사이에는 상관관계가 있다. 그래서 꿀과 같은 걸쭉한 액체는 높은 점도를 가지고 천천히 흐르는 반면, 물과 같이 잘 흐르는 액체는 점도가 낮고 같은 힘으로도 빠르게 흐를 수 있다. 대부분의 액체는 액체에 가하는 힘을 증가시켜도 점도가 그대로 유지된다. 이것을 뉴턴 유동Newtonian flow이라고 한다.

그런데 이상하게도 어떤 액체는 뉴턴 유동의 법칙을 따르지 않는다. 예를 들어 옥수수 전분을 약간의 찬물과 섞고 부드럽게 저으면 잘 흐르는 액체가 형성되지만, 빨리 저으려고 하면 점성이 생겨서 고체처럼 되어버린다. 이렇게 형성된 혼합물의 표면을 주먹으로 치면 액체처럼 튀어오르지 않고 오히려 단단한 고체처럼 주먹에 저항한다. 이것을 비뉴턴식 거동

non-Newtonian behaviour이라고 부른다. 이러한 액체에는 그 흐름을 결정하는 점도를 단 하나로 결정할 수 없다.

이 옥수수 전분 액체는 때때로 우블렉oobleck이라고 불린다(닥터 수스의 책 『바르톨로뮤와 우블렉』에서 유래한 이름이다). 우블렉의 비뉴턴식 거동은 전적으로 그 내부 구조 때문이다. 미세한 수준에서 보면 우블렉은 옥수수 전분이 물속에 걸죽하게 떠다니는 형태인데, 작은 전분 입자들로 가득 차 있다고 볼 수 있다. 전분 입자들이 느리게 움직일 때는 서로의 주위를 돌아 지나갈 수 있을 정도로 여유 있는 시간을 가진다. 만원 열차에서 천천히 움직이는 승객과 비슷하다. 이때가 전분 입자들이 정상적으로 흐르는 경우다. 하지만 우블렉을 빠르게 저어주거나 표면을 때려 입자가 빠르게 흐르도록 압력을 가하면 전분 입자들은 서로 돌아다닐 시간이 충분하지 않아 제자리에 멈춰 서게 된다. 마치 객차 입구에서 승객들이 갑자기 움직이려 하면 오히려 정지할 수밖에 없고 뒤쪽에 있는 승객들도 이에 밀려 움직일 수 없는 것처럼, 몇몇 전분 입자들의 훼방이 나머지 입자들을 멈춰 서게 하는 것이다. 그래서 액체 전체가 제자리에 꽉 잠기며 점점 더 점성이 커지게 된다.

비뉴턴 액체에는 우블렉만 있는 것이 아니다. 만약 유화 페인트로 벽을 칠해본 적이 있다면 페인트가 통 안에 있을 때는 거의 젤리처럼 매우 진득하다는 것을 알 수 있을 것이다. 하지만 통의 옆면에 있는 사용법에 따라 페인트를 전체적으로 섞으면, 젓는 동안 페인트는 유동적이 되고 멈추자마자 다시 젤리처럼 변한다. 이것 또한 비뉴턴식 거동이지만, 여기에서는 우블렉과 달리 힘이 가해졌을 때 액체의 점성이 증가하기보다는 오

흐르는 것들의 과학

히려 더 유동적이 된다. 이번에도 그 이유는 액체의 내부 구조에서 비롯된다. 유화 페인트는 그 안의 현탁액suspension(역주: 입자가 유체와 혼합될 때 유체에 용해되지 않는 물질의 상태)에 작은 기름방울이 많이 들어 있는 물일 뿐이다. 작은 기름방울이 침전되면 그들은 서로를 끌어당겨 작은 결합을 이루어 그들 사이에 물을 가두고 약한 구조를 형성한다. 젤리처럼 말이다. 페인트를 저으면 작은 기름방울이 서로를 붙잡고 있는 분자 결합이 깨지면서 물을 방출하며 페인트를 유동적으로 만든다. 페인트 브러시로 페인트를 벽에 뿌려 스트레스를 가하는 경우에도 같은 일이 일어난다. 그러나 페인트가 벽에 붙어서 더 이상 스트레스를 받지 않으면 기름방울 사이의 결합이 다시 형성되고, 페인트의 점도가 다시 높아져 쉽게 흘러내리지 않는 두꺼운 막이 만들어진다. 이론은 그렇다. 좋은 페인트는 페인트를 제조한 화학자들이 기름방울의 결합과 크기, 그 수를 얼마나 잘 조절할 수 있는지에 달려 있다. 이 요소들의 균형을 제대로 맞추려면 많은 노력이 필요하다. 그래서 좋은 페인트 한 통은 그만큼 가격을 지불할 만한 프리미엄의 가치가 있는 것이다.

화가나 도장업자가 아니더라도 부엌에 가면 비뉴턴 액체를 쉽게 발견할 수 있다. 유화 페인트처럼 토마토케첩은 스트레스를 받으면 묽어진다. 병을 치기 전까지는 꿈쩍도 하지 않고 있다가 충분한 전단 압력을 가하면 갑자기 묽어져 병 밖으로 튀어나온다. 그래서 케첩이 병에서 나오는 속도를 조절하기가 그렇게 어려운 것이다. 힘이 충분히 세지 않으면 케첩은 아주 천천히 흐르지만, 일단 큰 타격을 주면 점도가 갑자기 떨어져 접시 전체에 철썩하고 뿌려지고 만다.

비뉴턴 거동 중 가장 위험한 유형 중 하나는 모래와 물이 섞여서 만들어진 유사quicksand라고 불리는 물질이다. 유사는 압력이 가해지면 그때까지 가지고 있던 반고체 특성이 사라지고 묽어져 유동성을 가진 액체로 변하는데, 이를 액상화liquefaction라고 한다. 그래서 유사에 발을 들여놓을 때 빠져나오려고 몸부림을 치면 칠수록 액체는 더욱 묽어지고 더 많이 가라앉게 되는 것이다. 하지만 당신이 영화에서 보았던 것과는 달리 유사에 가라앉아 죽지는 않을 것이다. 유사는 몸보다 밀도가 높은 액체이기 때문에 일단 허리까지 잠기면 몸은 다시 떠오르게 된다. 그렇지만 유사의 밖으로 나가기란 매우 어렵다. 움직이지 않으면 주위의 액체가 두껍게 굳어지고, 몸부림치면 액체가 묽어져 단단한 발판을 마련하기가 어렵기 때문이다. 다시 말해 구조될 때까지 꼼짝하지 못한다. 그때가 바로 치명적인 상황이다.

하지만 유사보다 더 위험한 것은 지진이 일어나는 동안 발생하는 액화다. 비뉴턴 유동의 또 다른 치명적인 예로, 지진의 진동으로 인한 스트레스는 토질을 액화시켜 엄청난 피해를 입힌다. 2011년에 일어난 뉴질랜드 지진은 크라이스트처치 시를 강타하여 상당한 액화를 일으켰다. 건물들은 파괴되었고 수천 톤의 모래와 토사가 도시로 쏟아졌다.

이렇게 비뉴턴식으로 묽어지는 현상은 사실 라슬로 비로가 걸쭉한 신문용 잉크를 만년필에 사용하는 데 필요로 했던 바로 그 특성이었다. 그는 펜의 잉크가 비뉴턴식으로 묽어질 수만 있다면 글씨를 쓰는 동안에는 잉크가 쉽게 흐르더라도, 일단 잉크가 필기면에 들어가면 다시 점도가 높아져 번지지 않을 것이라 가정했다. 라슬로는 화학자인 동생과 함께 완벽한 펜을 만들려고 했다. 제2차 세계대전이 발발했을 때 아르헨티나로 이주하는 등 많은 고생을 한 끝에, 마침내 그들은 의미 있는 효과를 거둘 수 있었다. 그들의 펜에는 회전하는 작은 공과 여기에 잉크를 공급하는 잉크 통이 있다. 펜으로 글씨를 쓸 때 이 작은 공은 빙그르르 돌며 잉크의 점도를 바꿀 정도의 압력을 가해 잉크가 공으로 흘러가게 하고, 남은 잉크는 펜이 종이에 닿을 때까지 다시 점착성이 있는 끈적끈적한 상태로 되돌아간다. 다시 펜이 종이에 닿으면 잉크가 흘러나오고, 펜을 들어 올려 잉크의 스트레스를 덜어주면 잉크는 다시 진해지고, 공기에 처음 노출된 잉크 용매는 빠르게 증발하여 색소만 종이에 남기고 영구적인 자국을 만든다. 정말이지 천재적인 발상이다!

예상할 수 있겠지만, 수년 동안 이러한 고성능 잉크의 성분은 영업 비밀이 되었다. 그것이 얼마나 좋은지 알고 싶다면 종이에 볼펜으로 글씨를 쓴 다음 손가락으로 번지게 해 보라. 정말 힘들 것이다. 볼펜에 들어 있는 비뷰턴 잉크가 만년필의 더 잘 흐르는 유체 잉크보다 유리한 것은 그것뿐만이 아니다. 비뷰턴 잉크는 모세관 작용으로 흐르는 것이 아니기 때문에 다른 펜에서처럼 종이에 스며들 때 배어나지 않는다. 또한 볼펜의 잉크는 셀룰로오스 섬유뿐만 아니라 광택을 내기 위해 종이의 상면에 첨가되는('사이징sizing'이라 한다) 세라믹 분말이나 가소제와 접촉할 때 표면장력이 낮아지도록 화학적 배합이 되었다. 만년필 잉크나 기타 유체 잉크는 '사이징'으로 인해 표면장력이 높아지면 그 성분들 위에서 작은 물방울로 분해된다. 만년필로 광택이 나는 잡지 표지에 메모를 하거나 신용카드 뒷면에 서명을 해본 적이 있다면 쉽게 알아차렸을 것이다. 잉크는 그대로 머물러 있지 않는다. 그러나 볼펜의 잉크는 어디에서나 쉽게 마르고, 거꾸로 잡고 쓰더라도 그 자리에 정확히 머물러 있다. 이는 잉크가 중력 때문에 흐르는 것이 아니라 종이 위로 굴러가기 때문이다.

볼펜을 거꾸로 잡고 쓰면 볼펜의 또 다른 장점을 발견하게 된다. 볼펜도 만년필처럼 잉크통에 진공이 형성되면 작동하지 않을 것이다. 하지만 그것을 막는 간단한 방법이 있다. 잉크통의 상부를 개방하는 것이다. 볼펜의 잉크는 꽤 점성이 높아 웬만한 스트레스를 받지 않고는 흐르지 않기 때문에 잉크가 떨어지지 않는다. 얼마나 깔끔한가? 그 말은 다행스럽게도 우리 중 건망증이 있는 사람들이 몇 달 동안 가방 바닥에 볼펜을 두어도 잉크가 새어 나와 물건을 온통 더럽히지 않는다는 뜻이다. 심지어 볼펜의 끝부분을 다시 원위치시키는 것을 잊은 채 주머니에 무방비 상태로 놓아둔다 해도 잉크는 새어 나오지 않는다.

몇 달 동안 뚜껑이 벗겨져 있더라도 볼펜을 쓸 수 있다는 사실은 아주 훌륭하고 글쓰기에도 매우 바람직했기 때문에, 초기 제조업체들은 펜에 뚜껑을 붙일 필요가 전혀 없다고 생각했다. 그러면 펜을 사용하지 않을 때 잉크통과 공을 다시 펜 본체에 넣는 것은 어떨까? 그렇게 하기는 쉬웠다. 결국, 밀어 넣을 수 있는 볼펜이 탄생했다. 똑딱이면 쓸 수 있고, 다시 똑딱이면 볼펜이 쏙 들어간다. 아, 마그레브의 칼리프가 살아있었다면 개폐식 볼펜의 완전한 깔끔함과 경쾌한 똑딱 소리에 얼마나 기뻐했을까!

비로 형제는 아르헨티나로 이주한 후 최초의 상업용 볼펜을 생산했다. 그들은 엄청나게 많은 수의 볼펜을 누구에게나 팔았다. 이들의 고객 중에는 영국 공군도 있었다. 영국 공군은 비행사들로 하여금 높은 고도에서 항상 잉크가 새어 나오던 만년필 대신 볼펜을 쓸 수 있게 했다. 이 점을 떠올리며 나는 손에 들고 있던 볼펜을 새삼 존경의 눈으로 바라보았다. 조종사들과 승무원들이 가장 먼저 그 탁월함을 높이 평가했고, 나는 그들이 사용했던 볼펜의 후손을 이용해 높은 고도에서 세관 양식을 작성하고 있는 것이다. 오늘날 가장 큰 볼펜 제조업체인 프랑스 회사 빅^{bic}에 따르면, 처음 발명된 이후 1,000억 개 이상의 볼펜이 만들어졌다고 한다.

라슬로 비로는 1985년에 죽었지만 그의 유산은 계속 남아 있다. 아르헨티나에서는 매년 9월 29일 그의 생일을 발명가의 날로 기념하고 있으며, 오늘날까지 영국에서는 볼펜을 바이로^{biro}라고 부른다.

그의 뛰어난 성취에도 불구하고 볼펜을 싫어하는 많은 사람들이 있다. 그들은 볼펜의 발명이 손글씨의 예술을 훼손했다고 비난한다. 물론 휴대성, 번짐 방지, 누수 방지, 오랜 지속성, 경제성 등을 이용해 사회적으로 널리 쓰이는 펜을 만든 대가로 선의 두께를 조절하여 글씨를 표현할 수 없게 된 것은 사실이다. 볼펜에서 선의 두께는 펜 끝의 볼 베어링 크기에 따라 결정된다. 볼펜의 잉크는 종이 위에 쌓이면 흐르지 않기 때문에, 그 선의 두께는 만년필이나 다른 뉴턴 유체 잉크를 사용하는 다른 펜과는 달리 필기 속도를 늦추거나 높여도 변하지 않는다. 볼펜을 사용하는 것은 실용성이 강한 데 비해 글쓰기 스타일의 개인적 표현력은 약하다. 하지만 나는 개인적으로 볼펜이 사회에 미치는 영향이 자전거와 같은 수준이라고 생각한다. 볼펜은 오래된 문제를 해결했고 매우 믿을 만한 것을 생산했으며, 대부분의 사람들이 공공 재산으로 간주할 정도의 저렴한 가격으로 이용할 수 있는 유체 공학의 한 부분이 되었다.

세관 양식을 다 작성하자, 내 볼펜에 큰 경외심을 느낀 나는 그것을 가방에 다시 집어넣고 또 다시 몇 달 동안 방치되게 둘 수가 없었다. 이것을 어떻게 할지 고민하다가 수잔이 나를 보고 있다는 걸 알았다. 지금까지 나와 함께 비행한 수잔과는 다른 모습이었다. 수잔이 미소 짓고 있었다. 그녀는 세관 양식을 앞에 두고 내게 손짓을 했다. 그녀는 엄지와 검지를 맞대어 글을 쓰는 흉내를 내면서 내 바이로를 빌릴 수 있느냐고 물었다.

LIQUID

cloud: 구름

하늘의 아름다움의 상당 부분은
구름의 수분함량 때문이다.

    '둥~' 하는 소리와 함께 안내방송이 나오고, 기내방송이 시작되었다. "신사 숙녀 여러분, 우리 비행기는 샌프란시스코 지역으로 접근하고 있습니다. 좌석 등받이와 트레이 테이블을 똑바로 세워주시기 바랍니다. 안전벨트를 단단히 고정하시고 기내의 모든 수하물은 여러분 앞좌석 아래나 머리 위의 사물함 안에 넣어주십시오. 감사합니다."

    비행기가 내려가고 있었고, 귀가 울리기 시작했다. 비행 중의 가사 상태suspended animation(역주: 동물의 동면과 같은 생물학적 기능의 일시적인 둔화 또는 정지 상태)를 체험한 후 내 인생이 다시 시작될 거라는 기대감이 들었다. 이 비행은 전능함을 맛보는 대가로 내 인생을 잠시 멈추게 했다. 이 높은 곳에서 구름은 내게 비를 내릴 수 없었고, 런던의 집에서 그랬듯이 폭군처럼 빛을 가리며 내 기분을 흔들 수도 없었다. 이 높은 곳에서 결코 지지 않는 빛은 이글거리는 태양을 넘어 창문으로 흘러들어와 내 얼굴을 따뜻하게 했다. 하지만 비행기가 갑자기 구름층으로 내려가면서 사정이 달라졌다. 태양이 사라졌을 뿐만 아니라 갑자기 하얀 안개로 대체되어 지금까지 느꼈던 모든 전능함과 안정감을 내게서 빼앗아갔다. 화이트 아웃이다!

우리가 내려온 구름층은 다른 모든 구름처럼 거의 순수한 물의 작은 방울로 이루어져 있었다. '거의' 순수하다는 의미가 지닌 흥미로운 점은 빗물이 순수하지 않은 이유와 창문이 빗물로 얼룩지는 이유, 안개가 일부 장소에서 형성되는 이유가 바로 이 때문이라는 것이다. 구름 속의 물은 순수하지도 순진무구하지도 않다. 이 물은 사람을 해칠 수 있다. 밤낮으로 지구 여기저기에서는 번개 폭풍이 격렬하게 몰아치고 있는데, 전 세계적으로 초당 50번의 번개가 꽤 일정한 속도로 번쩍이고 있다. 매년 번개로 인한 사망자는 1,000명 이상이며 부상자는 수만 명에 달하는 것으로 추정된다. 미국 기상청은 총 사망자의 수와 사망자의 세부 사항을 지속적으로 관리하고 있는데, 다음은 2016년의 일부 항목을 보여주는 표다. 표에 나타나듯이 나무 아래로 피하는 것은 좋은 생각이 아니며, 위험한 상황은 거의 어디에서나 생길 수 있음을 알 수 있다. 그렇다면 비행기가 번개에 맞으면 어떻게 될까? 대답할 가치가 있는 질문이다.

구름의 삶은 빨랫줄의 젖은 세탁물이나 포장도로의 웅덩이, 윗입술에 번들거리는 땀방울, 광대한 바다의 일부로부터 시작된다. 매초마다 일부 H_2O 분자는 젖은 세탁물, 웅덩이, 윗입술, 바다 및 기타 수역을 떠나 공기 중으로 들어간다. 물의 끓는점은 100℃이며, 이는 순수한 물이 해수면 높이에서 기체로 변하는 온도다. 그렇다면 액체 상태의 물은 어떻게

흐르는 것들의 과학

DAY	STATE	CITY	AGE	SEX	LOCATION	ACTIVITY
Fri	LA	Larouse	28	F	In tent	Attending Music Festival
Fri	FL	Hobe Sound	41	M	Grassy Field	Family Picnic
Fri	FL	Boynton Beach	23	M	Near Tree	Working in yard
Wed	MS	Mantachie	37	M	Outside Barn	Riding Horse
Wed	LA	Slidell	36	M	Construction Site	Working
Mon	FL	Manatee County	47	M	Farm	Loading Truck
Fri	FL	Daytona Beach	33	M	Beach	Standing in water
Sat	MO	Festus	72	M	Yard	Standing with dog
Mon	MS	Lumberton	24	M	Yard	Standing
Sun	LA	Pineville	45	M	Parking Lot	Walking to car
Thu	TN	Dover	65	F	Under tree	Camping
Thu	LA	Baton Rouge	70	M	Sheltering under tree	Roofing
Thu	AL	Redstone Arsenal	19	M	Outside building	Outdoor maintenance
Thu	VA	Bedford County	23	M	Along roadway	Walking
Sat	NC	Yancey County	54	M	Putting on rain gear	Riding Motorcycle
Tue	CO	Arvada	23	M	Sheltering under tree	Golfing
Tue	AL	Lawrence County	20	M	In yard under tree	Watching Storm
Wed	AZ	Coconino County	17	M	Near mountain top	Hiking
Fri	UT	Flaming Gorge	14	F	On reservoir	Riding jetski

∴ 미국 기상청이 수집한 번개로 인한 사망자 현황표

이 온도에 도달하지 않고 기체가 되는 것일까? 물이 훨씬 낮은 온도에서 속임수를 써 세탁물과 윗입술이 말라버리고, 웅덩이가 증발되고, 바다가 저절로 메말라 버린다면 끓는점을 정의하는 게 도대체 무슨 의미가 있단 말인가?

여기에서 우리는 고체와 액체 또는 기체의 정의가 보이는 것처럼 명확하지 않으며, 과학자들이 세상을 분류하고 사물을 깔끔하게 구별하고자 하는 의지가 우주의 복잡성에 의해 끊임없이 방해받고 있다는 것에 주목할 필요가 있다. 물이 어떻게 시스템을 속이고 구름을 만드는지를 이해하려면 엔트로피entropy라는 중요한 개념을 생각해봐야 한다.

빨랫줄의 옷에 매달려 있는 물은 100℃ 이하의 온도에 있지만 공기와 접촉하고 있다. 공기 중의 분자들은 세탁물에 충격을 가하고 혼란스럽게 움직이면서 충돌한다. 때로는 이 혼란한 와중에 H_2O 분자가 떨어져 나가 공기 속으로 들어가는 경우가 생긴다. 이렇게 되려면 약간의 에너지가 필요한데, 젖은 옷에 H_2O 분자를 붙이고 있는 결합이 끊어져야 하기 때문이다. 옷에서 에너지를 빼앗으면 세탁물이 차갑고 건조해질 것이다. 그러나 이것은 거꾸로 생각하면 공기 중에 떠다니는 H_2O 분자가 세탁물과 다시 충돌하여 세탁물에 달라붙으며 에너지를 얻게 될 수도 있다는 뜻이다. 물 분자가 이에 다시 들러붙었기 때문에 세탁물은 축축해질 것이다. 이렇게 보면 평균적으로 바람의 흐름에 의해 떨어져 나가는 것보다 더 많은 물 분자가 옷에 달라붙을 수 있을 것이라고 생각할 수도 있다. 하지만 바로 여기서 엔트로피가 작용한다. 세탁물 주위에 넘실대는 공기의 양이 너무 많고, 이 공기에 함유된 물 분자의 수는 너무 적기 때문에, 물 분자가 세탁물로 되돌아갈 확률보다는 대기권으로 날아오를 확률이 더 크다. 이렇게 분자의 세계가 뒤죽박죽으로 뒤섞여 퍼져나가는 경향은 계system의 엔트로피로 나타내어진다. 엔트로피 증가는 우주의 자연 법칙이며, 이 법칙은 물을 다시 세탁물에 결합시키는 응축력에 반대로 작용한다. 온도가 낮고 빨래가 바람에 덜 노출될수록 응축에 유리하게 되어 빨래가 젖어 있게 된다. 반대로 따뜻한 날에 빨래를 줄에 매달아 놓으면 엔트로피 덕분에 빨래가 마르게 된다.

또 엔트로피는 거리의 웅덩이를 없애고 샤워 후의 욕실을 말리며, 더운 날에는 우리 몸에서 땀을 제거한다. 전반적으로 엔트로피는 매우 편리하고 상당히 도움이 되는 편이다. 특히 우리가 잘 마른 옷과 욕실, 그리고 시원한 몸을 얼마나 좋아하는지를 감안하면 말이다. 하지만 이 자비로운 힘은 한편으로 벼락을 내리쳐서 매년 수천 명의 사람들을 쓰러뜨리는 살인 구름을 몰고 다니며 지구 대기의 진짜 대장이 누구인지를 상기시켜 주기도 한다.

뇌운thundercloud(역주: 천둥과 번개를 일으키는 수직으로 크게 발달한 적란운. 천둥구름, 벼락구름이라고도 한다)의 형성 과정은 기체 상태로 움직이는 기화된 H_2O에서부터 시작한다. 뜨거운 공기는 차가운 공기보다 밀도가 낮기 때문에 상승한다. 그래서 맑은 날에는 물 분자들이 널어놓은 세탁물에서 대기로 올라간다. 공기는 물이 포화 상태여도 투명하기 때문에 처음에는 구름이 보이지 않는다. 그러나 증기가 더 높이 올라갈수록 공기는 팽창하고 냉각되는데, 열역학적 균형은 H_2O 분자가 응축되어 다시 액체가 되는 쪽으로 기울어진다. 하지만 단일 분자가 공중에서 갑자기 다시 액체로 되돌아갈 수는 없다. 작은 물방울을 형성하려면 약간의 조정이 필요하다. 여러 H_2O 분자가 모여서 하나의 물방울이 되어야 한다. 혼란스럽고 교란된 대기에서는 이런 일이 쉽게 일어나지 않지만, 이미 공기 중에 있는 아주 작은 미립자 물질이 이 과정을 신속하게 진행시키는 경우도 있다. 공장의 굴뚝에서 내뿜는 연기나 나무와 식물에서 날려버린 작은 먼지 조각들이 그것이다. H_2O 분자는 이들에 자신을 붙일 수 있고, 점점 더 많은 분자들이 결합하면서 입자는 작은 물방울의 중심이 된다. 그래서 빗물을 모으면 흔히 침전물이 들어있고, 자동차 앞 유리나 집 창문에 빗물이 마르면 미세한 가루가 남기도 하는 것이다.

이 물리적 과정은 20세기에 진행된 가장 특별한 실험 중 하나의 핵심이 되는 것이었다. 과학자들이 날씨를 통제하기 위해 수행했던 이 방법은 '구름 씨뿌리기(인공 강우)'라고 불렸고, 1946년 미국 과학자 빈센트 셰퍼Vincent Schaefer에 의해 발명되었다. 셰퍼와 그의 팀은 요오드화은 결정체를 대기 중에 분산시키면 그 결정체가 먼지나 연기의 역할을 하고, 구름의 응집 방울, 즉 씨앗이 되어 눈과 비를 만들어 낼 것이라고 했다. 이 기술은 과학이자 예술이다. 하지만 수십 년 동안 널리 사용되어 온 만큼 많은 사람들이 그 효과에 대해 논쟁을 벌이고 있다.

그럼에도 불구하고 소련은 매년 모스크바에 구름을 심었다. 그들의 목표는 미리 비를 내리게 해서 공기 중의 습기를 제거해 노동절 축하 행사에 푸른 하늘이 보이도록 하는 것이었다. 한편 미군은 베트남 전쟁 중 다른 목적으로 이 기술을 사용했다. 미군은 호치민 루트에서 몬순 기간(장마철)을 연장하기 위해 이를 사용했는데, 뽀빠이 작전이라고 불린 이 작전의 주 임무는 '전쟁이 아닌 진흙을 만드는 것'이었다. 오늘날 중국, 인도, 호주, 아랍에미리트 등의 세계 각국 역시 가뭄을 해결하기 위한 수단으로 인공 강우 실험을 하고 있다. 물론 공중에 구름의 씨앗을 뿌린다고 해서 비가 바로 내리는 것은 아니다. 이 기술은 구름 형성이라는 날씨의 한 측면만을 통제할 수 있다. 따라서 공기의 수분 함량이 낮으면 구름 파종량이 적어 비가 내릴 수 없다. 하지만 공기가 물로 가득 차 있을 때 이 기술을 사용하면 스키장의 강설량을 높이거나 폭풍우가 내리는 동안 작물의 우박 피해의 위험을 줄일 수 있어 생산성을 높일 수 있다. 1986년 체르노빌 핵 참사가 일어난 후, '구름 씨뿌리기'는 대기에서 방사성 입자를 제거하기에 충분한 비를 만드는 데 사용되었다.

비행기는 구름을 만들기 위해 요오드화은을 사용할 필요가 없다. 화창한 날 하늘을 올려다보면 제트기 뒤에서 나오는 비행운을 자주 보게 된다. 이것은 잘 관리되지 않은 엔진에서 나오는 연기가 아니다. 엔진의 배기가스로 인해 생긴 구름이다. 연소 과정에서 나오는 작은 입자들은 엄청난 양의 상당히 뜨거운 가스와 함께 비행기에서 방출된다. 가스는 비행기를 앞으로 밀어낸다. 방출된 가스의 온도가 너무 높아 물이 형성되기에는 너무 뜨거울 것으로 예상할 수도 있지만, 높은 고도에서는 온도가 아주 낮아 배기가스가 빠르게 냉각된다. 방출 입자는 액체 방울 형성을 위한 응집 장소가 되고, 그 후 동결되어 처음에는 물이 되었다가 다음에는 작은 얼음 결정이 된다. 비행운은 높고 호리호리한 새털구름인 것이다.

대기의 조건에 따라 비행운은 수 분에서 길게는 수 시간까지도 지속될 수 있다. 최근에는 비행운의 수가 너무 많아서(전 세계적으로 하루에 10만 편의 비행이 있으며, 모두 비행운을 만든다) 많은 사람들은 비행운이 지구의 기후에 영향을 미칠 것이라고 의심하게 되었다. 상식적으로 보면 구름이 지구를 식힌다고 생각할 것이다. 구름이 낀 날 해변에 앉아 있었다면 이런 경험을 했을 것이다. 하지만 구름은 햇빛을 다시 우주로 반사하지 않는다. 구름은 또한 적외선의 형태로 땅에서 나오는 열을 가두었다가 지구로 튕겨내기도 한다. 겨울의 맑은 하늘이 흐린 하늘에 비해서 더 추운 기상 조건을 만드는 이유다. 이는 흐린 날에 땅에서 잃어버린 열기가 밤에는 구름에 의해 다시 튕겨져 나오기 때문이다. 그리고 구름은 형성되는 높이에 따라 다양한 형상(색, 밀도, 크기로 구분)을 갖는데, 그 효과도 다르게 나타난다. 결국 비행운이 지구의 평균 온도를 상승시키는 효과가 있는지, 또는 냉각시키는 효과가 있는지를 밝히는 것은 중대한 과학적 문제다.

이 질문에 답하려면 비행운이 없는 상태에서 지구의 기후를 연구하고 평균 기온을 비교할 수 있어야 한다. 하지만 성층권 어딘가에서 비행하는 항공기는 항상 존재한다. 비행기가 미국에서 밤에 착륙하면 극동과 호주에서 이륙하고 있고, 비행기가 거기서 멈추면 유럽 비행기들이 이륙하는 등 비행기는 연중무휴 24시간 전 세계적으로 일하고 있다. 어떤 순간에라도 백만 명 이상의 사람들이 공중에 떠 있는 셈이다. 최근에 이것이 사실이 아닌 것으로 기억된 유일한 때는 뉴욕의 쌍둥이 빌딩 테러 공격 이후였다. 2001년 9월 11일 이후 3일 동안 미국 전역의 모든 비행기는 지상에 묶여 있었다. 미국 전역 4,000개의 기상 관측소의 측정 결과, 9월 11일 낮과 밤의 온도 차이는 평소보다 평균 1℃ 높았다. 물론 이것은 한 가지 연구일 뿐이고 일 년 중 한 번의 가을에 측정한 것이다. 겨울과 봄, 여름에는 구름이 덮인 범위와 국지적인 기후가 다르기 때문에 비행운의 효과가 온도를 높이기보다 온도를 낮출 가능성도 있다. 이 분야에서 많은 연구가 진행되고 있지만 이것은 결코 해결하기 쉬운 문제가 아니다. 기후는 복잡하다. 확실히, 비행이 세계 문화의 중요한 부분이라는 점을 감안하면, 완전한 비행 금지 상황이 생겨 그로 인해 더 많은 데이터를 수집할 수 있을 것이라고 상상하기는 어렵다. 그럼에도 불구하고 과학자들은 구름의 씨를 뿌려 지구의 온도를 조절할 가능성과 기후 변화의 영향을 피할 수 있는 잠재

흐르는 것들의 과학

력에 대해 널리 논의해왔다. 많은 사람들은 구름을 더 하얗게 만들어 대기의 반사율을 높이면 태양 복사열$^{solar\ radiation}$을 조작할 수 있다고 생각한다. 의도적인 비행운의 제작은 이 이론을 테스트하는 분명한 방법이다. 이러한 실험은 매우 논쟁의 여지가 있지만, 어떤 사람들은 실험이 이미 비밀리에 수행되고 있다고 생각한다. 비행운 음모 이론가들은 일부 비행운이 너무 오랫동안 하늘에 머물러 있는 것을 보며, 이것이 에어로졸^{aerosol}과 다른 화학 물질에 의해 비행운이 만들어지는 경우에만 일어날 수 있다고 주장한다. 음모 이론가 중 일부는 더 나아가서 비행운이 정부가 화학적 수단을 통해 그 지역의 주민들을 심리적으로 조종하려고 그들의 영토에 액체를 뿌리고 있다는 증거라고 주장한다.

이런 음모는 우리가 마시는 물을 통해 조종되고 중독될 수도 있다는 정당한 두려움을 갖게 한다. 그런 위험은 실재한다. 수원$^{water\ supply}$은 역사적으로 한 공동체의 집단 중독에 커다란 책임을 져 왔다. 현대에도 마찬가지다. 예를 들어 2014년에도 미국 미시간 주 플린트 시 전체가 정부의 무능으로 인해 물속의 납에 중독되는 사건이 있었다. 2016년 시작되어 현재 100만 건에 가까운 사례가 발생한 예멘의 콜레라 사태는 깨끗한 물 공급의 붕괴로 인한 것이었다. 놀랄 것도 없이, 집단 감염과 중독에 대한 두려움은 시간이 지남에 따라 소설에서 흔히 볼 수 있는 모티브가 되었다. 아마도 이런 내용을 다룬 것 중에 가장 유명한 것은 영화 〈닥터 스트레인지러브〉일 것이다. 영화에서 등장하는 잭 D. 리퍼 장군은 미국에서 행하는 수돗물의 불소처리가 미국의 생활방식을 훼손하려는 공산주의의 음모라고 여긴다. 리퍼 장군은 '나는 더 이상 앉아서 국제 공산당의 음모가 우리의 소중한 체액을 모두 고갈시키고 오염시키는 것을 허락할 수 없다'고 말하며 소련에 대한 핵 공격을 시작한다.

이 영화는 한 국가가 핵전쟁을 일으킬 만한 상황을 분석한 가장 위대한 영화일 것이다. 물에 불순물을 섞는 것을 세계 분쟁의 잠재적 동기로 간주하는 것은 어쩌면 당연하다. 우리 모두는 깨끗한 마실 물이 필요하다. 물 없이는 살 수 없다. 물에 불순물이 섞이거나 오염되면 엄청난 규모의 죽음과 질병을 일으킨다. 19세기 콜레라 전염병은 수천만 명의 사람들을 죽였는데, 그 질병이 수인성 박테리아에 의해 야기되었다는 것을 당시에는 아무도 알지 못했다.

모든 다른 액체와 마찬가지로 물은 통제하기가 매우 어렵다. 물은 호수에서 강으로, 바다로, 그리고 하늘로 이동하면서 어디로든 가게 된다. 때문에 오늘날 수질 오염에 대한 두려움은 그 어느 때보다도 크다. 하지만 우리가 마시는 대부분의 물의 근원인 구름에서 흘러내리는 물도 안전하게 보호하기 어렵기란 마찬가지다. 구름은 영토의 경계를 모른다. 한 국가의 실험이나 재난, 행동은 세계의 다른 지역에 가장 직접적인 방식으로 영향을 미칠 수 있고 실제로도 영향을 준다.

〈닥터 스트레인지러브〉는 풍자극이지만, 우리 몸속에 넣는 물질의 잠재적 오염을 둘러싼 의심과 두려움은 실제적인 것이어서 아마도 결코 사라지지 않을 것이다.

리퍼 장군은 '이물질은 개개인을 따지지 않고 선택의 여지없이 우리 모두의 귀중한 체액에 유입되는데, 이것은 바로 골수 공산주의자들이 꾀하는 것이다'라고 말한다. 그러나 '공산주의자'를 '연방정부', '자본주의 기업', '과학자', 심지어 '환경론자'로 바꾸면, 예방 접종, 물 염소처리, 전력 발전 등 어떤 정책에든 반대하는 주장의 근거를 갖게 된다. 이런 사례는 수없이 많다. 산성비만 봐도 그렇다.

석탄은 종종 황산염과 질산염의 형태로 불순물을 함유하고 있는데, 이것은 석탄이 연소될 때 이산화황과 질소산화물 가스가 된다. 이 가스는 상승하여 대기의 일부가 되고 구름을 구성하는 액체방울에 용해된다. 액체방울은 이 가스로 인해 산성으로 변하고, 이 방울들이 빗물이 되어 지구로 다시 돌아오면 강과 호수와 토양을 산성화하고 물고기와 식물을 죽이며 숲을 파괴한다. 산성비는 건물, 다리 및 기타 기반시설을 부식시키기도한다. 그런데 이 비는 종종 원래의 배출물인 석탄의 가스가 나온 곳에서부터 멀리 떨어져서 내린다. 이렇게 처음에 가스가 배출된 곳이 아닌 다른나라에 산성비가 떨어지면 환경 문제는 물론 정치적 문제로 이어질 수 있다. 산성비의 원인은 19세기 산업혁명 때 확인됐지만, 산성비의 주요 생산국인 서구 국가가 산성비와 싸우기 위해 일치단결한 것은 1980년대가 되어서였다.

1984년 우크라이나의 체르노빌에서 발생한 핵 참사는 구름에 의한 또 다른 범국가적 문제를 야기했다. 발전소 폭발로 인한 방사성 원소가 공중으로 퍼졌다는 것이 분명해지자, 모두가 바람의 커다란 방향이 체르노빌의 영향을 받는 나라를 결정할 것이라는 것을 알고 있었다. 영국은 그런 영향을 받는 나라 중 하나였다. 잉글랜드와 웨일즈의 양치기들의 땅에는 방사능비가 떨어져 토양과 풀에 스며들었다. 만약 양들이 이 풀을 먹는 것을 막기 위해 신속한 예방 조치가 취해지지 않았다면, 그들 또한 방사능에 노출되었을 것이다. 체르노빌 폭발이 있은 지 26년이 지난 2012년이 되어서야, 마침내 영국 식품기준청은 영향을 받은 지역에서 양을 키울 수 있도록 허락했다.

세상은 연결된 곳이다. 구름과 구름이 만들어 내는 소나기를 통해 연결되고, 다른 의미에서 비행기 여행으로도 연결되어 있다. 그런데 양처럼 하얀 창밖의 빛을 바라보면서 구름이 근본적으로는 액체라는 사실을 받아들이는 것은 생각보다 어려웠다. 구름을 구성하는 개별 물방울은 물론, 너무 작아서 눈으로 볼 수조차 없을 테지만, 애초에 투명하기도 하다. 그렇다면 구름은 왜 하얀 것일까?

태양으로부터 온 빛은 구름 속의 많은 물방울을 똑바로 통과하지만 머지않아 물방울에 부딪혀 반사된다. 마치 태양이 호수 표면에서 반사되는 것처럼 말이다. 이것은 빛을 다른 방향으로 튕겨내고, 빛은 또 다른 물방울에 부딪혀 다시 반사된다. 이런 과정이 계속되어 빛줄기는 구름을 떠날 때까지 핀볼처럼 튕겨나간다. 이렇게 튕겨나가던 빛이 마침내 우리의 눈에 닿으면, 우리는 빛이 튀어나온 마지막 물방울에서 비롯된 빛의 핀프릭pinprick(역주: 아주 조그마한 빛)을 보게 된다. 구름에 부딪힌 빛의 다른 광선도 마찬가지다. 그래서 우리 눈에는 구름 전체에서 발생하는 수십억 개의 핀프릭이 보이게 된다. 어떤 광선들은 더 긴 경로를 택해 밝기를 잃어버려서 구름의 일부를 더 어두워 보이게 한다. 우리의 뇌는 이 모든 빛의 핀프릭을 이해하려고 한다. 즉, 구름이 지닌 밝고 어두움의 음영을 3차원 물체, 그러니까 현재 보고 있는 것과 관련이 있는 물질적 특성을 가진 물체로 해석하려고 하는 것이다. 구름이 마치 양모로 만든 것처럼 솜털 같고 때로는 떠

흐르는 것들의 과학

다니는 산처럼 빽빽하게 보이는 것도 이 때문이다. 물론 뇌의 또 다른 부분은 이 모든 것을 부정하고, 우리의 잠재의식에 이것이 전혀 물체가 아니며 빛의 속임수일 뿐임을 알려준다. 하지만 이 사실을 알고도 우리는 구름을 단지 물방울 덩어리라고 보기가 어렵다.

하늘이 지닌 아름다움의 상당 부분은 구름과 구름이 지닌 수분의 함량에서 기인한다. 구름의 수분함량은 우리가 수많은 방식으로 인식하는 빛에 영향을 미치며, 빛이 세계 각지의 장소에서 놀라울 정도로 다양하게 변하는 주된 이유 중 하나가 되기도 한다. 그러나 구름을 구성하는 작은 물방울이 더 빽빽해지면 빛이 위에서 아래로 튀어나오기 더 어려워지고 구름은 어두운 회색으로 보인다. 우리는 모두 이것이, 특히 영국에서 무엇을 의미하는지 알고 있다. 비가 올 것이다. 구름 속에 떠 있는 작은 구형 물방울이 커지기 시작하고 중력은 그 물방울에 더 큰 힘을 가하기 시작한다. 물방울이 작은 먼지 입자의 크기일 때에는 부력과 공기 대류의 힘이 중력보다 훨씬 더 크기 때문에 물방울은 먼지처럼 떠다닌다. 그러나 물방울이 커질수록 중력이 지배하기 시작하고, 결국 물방울을 지구 쪽으로 끌어내려 비로 변하게 한다. 이건 운이 좋을 경우다. 그렇지 않으면 물방울은 매년 수백 명의 사람들을 죽이는 먹구름storm cloud을 형성할 수 있다.

먹구름은 매우 특별한 상황에서 만들어진다. 물방울이 차가운 공기를 접하게 되면 수증기는 기체에서 액체로 다시 변한다. 젖은 옷을 빨랫줄에서 말릴 때 일어나는 일과는 정반대다. 수증기는 열의 형태로 에너지를 발산한다. 이것을 잠열이라고 부른다. 잠열은 H_2O 분자가 구름 안에 있는 동안 방출되어 구름 속의 공기를 더 따뜻하게 만든다. 알다시피,

따뜻한 공기는 상승하고 따뜻한 구름은 위로 불룩 튀어나온다. 둥실둥실 떠 있는 적운cumulus(역주: 지표면 위 500m~2km에 형성되며 여름철 맑은 하늘에 떠다니는 푹신한 구름. 뭉게구름이라고도 한다)이 이렇게 만들어지는 것이다. 하지만 여름날처럼 따뜻하고 습한 공기가 땅에서 솟아오르는 동안 이런 일이 일어난다면, 구름방울을 위로 밀어 올리는 대류의 힘은 공기뿐만 아니라 내리려던 비를 위로 되돌려 보낼 만큼 강할 수 있다. 물방울은 하늘로 수 킬로미터를 올라갈 것이고, 결국 공기가 냉각될 즈음 상승을 멈출 것이다. 대기권 높은 곳에 있는 빗방울은 얼어붙어 얼음 입자가 되어 다시 떨어지지만, 기후 조건에 따라 따뜻한 공기에 의해 또다시 위로 밀려나기도 한다. 이렇게 구름은 점점 더 커지고, 더 높아지고, 더 어두워지면서 적운에서 적란운cumulonimbus(역주: 대류권에 형성되며 수직으로 발달한 웅대하고 짙은 구름)인 먹구름으로 변한다. 이런 상황에서 물방울을 위로 밀어 올리는 대류의 속도는 시속 100km까지 증가하고, 얼음 입자는 더 많은 물방울을 품고 상승한 공기에 밀려 낙하하면서 구름은 복잡한 소용돌이 상태가 된다. 그리고 이 안의 모든 입자는 수 킬로미터에 걸쳐 격렬하게 충돌하게 된다.

과학계는 아직도 적란운 내부에서 어떻게 전하가 축적되는지를 확신하지 못한다. 하지만 우리는 지상에서와 같이 원자에서 비롯된 대전 입자의 움직임 때문에 전기가 발생한다는 것은 알고 있다. 모든 원자는 공통된 구조를 가지고 있다. 양성자라고 불리는, 양전기를 띠는 입자를 포함하는 중심핵은 전자라고 불리는 음전기를 띠는 입자로 둘러싸여 있다. 때때로 전자들 중 일부가 자유로워져서 움직이기 시작하는데, 이것이 전기의 기초다. 풍선을 모직 점퍼에 문지르면 풍선에 전하를 띤 입자가 만들

흐르는 것들의 과학

어진다. 그런 다음 풍선을 머리 위로 올리면 풍선의 전하가 머리카락에 있는 반대 전하를 끌어당기면서 머리카락이 움직이게 된다. 음전하는 궁극적으로 양전하와 재결합되기를 원하고, 이를 이루기 위해 풍선 쪽으로 머리카락을 쭉 뻗게 하여 머리카락을 결국 서게 한다. 전하량이 더 많으면 대전된 입자가 공기를 뛰어넘을 수 있을 정도로 에너지가 충분해지면서 스파크가 발생한다.

구름 속에서는 풍선을 부드럽게 문지르는 대신 물방울과 얼음 입자가 모두 엄청난 에너지로 서로 격렬하게 충돌한다. 얼음 덩어리가 구름 꼭대기로 올라갈 때 양전하를 띠고, 빗방울 중 일부는 구름 바닥으로 떨어지면서 음전하를 낸다. 수 킬로미터에 걸친 구름의 양전하와 음전하의 분리는 구름 내부에서 부는 바람의 에너지에 의해 일어난다. 그러나 양과 음 사이의 끌어당기는 힘은 여전히 존재하기 때문에 서로 다시 뭉치고 싶어 한다. 다시 말해 구름 안에 전압이 형성되고 있다는 것이다. 구름에서 형성되는 전압은 수억 볼트에 달할 정도로 너무 커져서 전자를 공기 자체의 분자로부터 떼어낸다. 이런 일은 매우 빠르게 일어나 조건에 따라 구름과 지구 사이, 또는 구름의 상단과 하단 사이에서 흐르는 전하의 방출을 촉발시킨다. 이 방전은 너무 커서 굉장히 뜨겁게 빛난다. 바로 번개다. 천둥은, 방전으로 인해 주변 공기가 수만 °C까지 가열되면서 급속히 팽창할 때 일어나는 소닉 붐sonic boom(역주: 항공기나 기타 물체가 음속보다 빠르게 움직일 때 발생하는 충격파. 지상에서는 천둥소리와 같은 굉음으로 들린다)이다.

번개의 에너지는 너무 커서 사람들을 말 그대로 증발시킬 정도이며, 그만큼 엄청난 사망자를 초래한다. 전기는 항상 저항이 가장 작은 경로를 따라 흘러가는데, 그런 점에서 액체와 같다. 하지만 액체는 중력장을 따라 흐르고 전기는 전기장을 따라 흐른다. 공기는 전기를 잘 전달하지 못하기 때문에 전기의 흐름에 높은 저항력을 가진다. 반면에 인간은 주로 물로 구성되어 있어 전기를 잘 전달한다. 따라서 뇌운에서 나오는 번개가 지구에 도달하는 저항이 가장 작은 길을 찾는다면, 사람은 최고의 이동 수단이 된다. 사람보다 더 크고 긴 나무는 전도성 경로가 더 많이 촉촉한 가지에 뻗어 있기 때문에 번개의 경로는 나무를 통과하는 데에서 시작할 수도 있지만, 만약 누군가가 나무 밑에 숨어 있다면 번개는 지구에 도달하는 마지막 순간에 그 사람에게 뛰어오를 수도 있다. 아니, 실제로 그렇게 한다.

전 세계적으로 가장 높은 구조물은 주로 건물이며, 오랫동안 서양의 어떤 마을이나 도시에서 가장 높은 건물은 교회였다. 많은 초기 교회의 첨탑은 나무로 만들어졌고, 번개가 치면 화염에 휩싸이곤 했다. 다행히 1749년 벤자민 프랭클린Benjamin Franklin은 건물 위에 금속 전도체를 놓고 그것을 도선으로 땅에 연결하면 번개가 쉽게 내려갈 수 있어 이로 인한 극심한 파괴를 피할 수 있다는 것을 깨달았다. 이 도선은 오늘날에도 여전히 사용되고 있으며, 번개로 인해 수십만 채의 고층 건물들이 손상되는 것을 막아주고 있다. 이와 같은 원리로 번개가 칠 때에는 차에 타는 것이 더 안전할 수 있다. 번개가 차에 부딪히면 번개는 승객을 통과하는 것보다 저항력이 덜한 금속 차체의 외부 표면을 따라 흐르게 된다.

비행기와 번개의 위험성을 짚어보자. 비행기가 먹구름을 뚫고 날 때 난기류가 발생하면 비행기가 흔들거리고, 압력이 변함에 따라 갑자기 떨어지거나 상승한다. 이 가운데 구름에 번개가 치면 비행기는 번개가 치는 전도성 경로의 일부가 될 가능성이 가장 높다. 우리가 알다시피 많은 구형 항공기는 알루미늄 합금 동체로 제작되었고, 자동차에서처럼 금속은 번개로부터 승객을 보호할 수 있었다. 그러나 현대 여객기를 만드는 탄소섬유 복합체는 전기를 잘 전도하지 못한다(탄소섬유를 함께 고정하는 에폭시 접착제는 전기 절연체다). 따라서 이를 보완하기 위해 항공기 등급의 탄소섬유에는 그 복합 구조에 전도성 금속섬유가 내장되어 있다. 이 금속섬유는 번개가 칠 때 번개를 항공기의 외피를 타고 흘러나가게 만들어 승객을 해치지 않도록 한다. 그래서 비행기가 평균적으로 1년에 한 번 정도 번개를 맞음에도, 50년 넘게 번개로 인한 비행기 사고가 기록된 적은 한 번도 없었다. 다시 말해 번개 폭풍우가 몰아치는 동안에는 비행기보다 나무 아래 땅바닥에 있는 것이 더 위험하다. 그러나 비행 전 안전브리핑에서는 이 점을 언급하지 않는다. 앞에서 말한 대로, 비행 전 브리핑은 실제로 안전에 관한 것이 아니다.

이제 비행기는 비교적 땅 가까이에 있다. 샌프란시스코 국제공항에 접근하면서 고도를 계속 낮추자, 낮은 구름 때문에 우리는 창밖을 보지 못했다. 샌프란시스코 베이 지역은 안개가 낀다. 안개는 구름처럼 공기 중에 물방울이 흩어져 있는 것이다. 본질적으로 지상의 구름이라고 할 수 있다. 통나무 불로 데워진 안락한 집에서 브랜디를 홀짝이며 집밖을 내다볼 때 안개는 비교적 무해해 보인다. 심지어 안개는 도시에 낭만적인 분위기를 불어넣어 신비로운 감성을 뿜어내기도 한다. 하지만 황무지를 걷거나, 고속도로를 달리거나, 스키를 타고 산을 내려가거나, 비행기에서 초속 10m의 속도로 하강한다면 안개는 오직 한 가지, 바로 사망 가능성을 의미한다. 오랜 기간 동안 안개에 가려진 바위를 식별할 수 없어서 생기는 해상 사고가 발생해 왔고, 때문에 안개는 여전히 항해 생활에서 매우 실제적이고 무서운 위협이다. 현대식 전기 비행 제어장치Fly-By-Wire(역주: 컴퓨터를 이용하여 항공기를 전기 신호로 제어하는 장치)가 장착되지 않은 한, 안개는 공항을 폐쇄하고 비행기의 착륙을 중단하게 하기도 한다. 안개는 무섭고 위험하다. 아마도 그래서 할로윈처럼 '죽은 자들의 축하 행사'가 안개와 박무(엷은 안개)가 자욱한 때에 자주 열리는 것일지도 모른다.

안개는 구름이 하늘에서 만들어지는 것과 같은 이유로 지상에서 형성된다. 축축하고 습한 공기는 냉각되고, 그 결과 공기 중의 H_2O는 미세한 물방울로 액화된다. 높은 고도에서와 마찬가지로 물방울이 형성되려면 응집 장소가 필요한데, 전통적으로 도시에서는 요리나 집을 따뜻하게 유지하기 위해 사용된 불에서 나오는 연기가 그 역할을 했다. 그러나 현대에는 응집 장소가 대개 공장의 굴뚝과 자동차의 배기가스가 되곤 한다. 그런 종류의 매연이 장기간에 걸쳐 쌓이면 스모그라고 불리는 두터운 안개가 형성되고, 종종 며칠 동안 맴돌며 대기 중의 오염물질을 포착하고 도시 위에 붙잡아두게 된다. 런던에서 기록된 스모그의 역사는 1306년으로 거슬러 올라간다. 에드워드 1세는 이 문제를 해결하기 위해 일정 기간 동안 석탄 사용을 금지했다(역주: 이후 석탄 사용은 유럽에서 계속 증가했고 18세기 중엽 영국에서 시작된 산업혁명은 석탄을 비롯한 화석 연료를 주 에너지원으로 사용하면서 산업의 기계화, 자동화를 이끌었다). 스모그가 너무 심한 나머지 런던 사람들은 그들 얼굴 앞에 있는 손도 볼 수가 없었다고 한다. 그러나 왕의 노력에도 불구하고 스모그는 수 세기 동안 런던을 계속 괴롭혔다. 1952년의 런던스모그사건The Great Smog은 너무 치명적이어서 4일 동안 4,000명의 사망자를 냈고, 정부로 하여금 최초의 대기 오염방지법clean-air laws을 통과시키도록 했다.

샌프란시스코는 자주 짙은 안개를 경험한다. 이는 태평양의 따뜻하고 습한 공기가 도시의 상공으로 넘어오고, 자동차 배기가스가 공기를 냉각시켜 안개를 만드는 복합적인 조건이 합쳐졌기 때문이다. 우리는 이제 그런 안개 속으로 내려가고 있었다. 비행기와 공항 모두 이러한 상황에 익숙한 데다 안전한 착륙 방법을 알고 있다는 것을 잘 인지하고 있었지만, 비행기가 땅으로 계속 내려갈수록 나는 점점 더 불안해졌다. 바깥에는 하얀 섬뜩함 외에는 아무것도 보이지 않았다.

'둥~' 안내방송이 울렸다. "승무원 여러분, 착륙을 준비하세요." 안전에 결정적인 순간이 왔다. 착륙이라니. 엔진이 쿵쾅거리는 소리와 에어컨의 웡 하는 소리만 빼고는 객실이 조용해졌다. 모두가 같은 불안감을 느끼고 있는 것 같았다. 가끔 안개가 걷히면 지상에서 나무나 자동차 같은 것이 눈에 띄기도 했지만, 곧 희끄무레한 안개가 다시 나타나 시야를 가렸다. 곧 엔진 소리가 나의 겁에 질린 귀로 파고들면서 비행기는 흔들리며 떨어졌다.

비행기가 더 낮아지자 점점 더 긴장감이 느껴졌다. 논리적으로는 비행이 장거리 여행의 가장 안전한 형태라는 것을 잘 알고 있지만, 항상 내가 예외가 되지는 않을까 걱정하게 된다. 바깥에는 짙은 안개가 깔려 있었고, 무표정하게 우리를 바라보는 승무원을 포함해 우리 모두는 안전벨트로 묶여 있었다. 승무원들은 일주일에 몇 번이고 이런 일을 경험한다. 도대체 이걸 어떻게 견뎌내는 걸까? 비행의 마지막 부분에서 우리의 생명은, 보이지 않고 예기치 못한 문제를 해결하는 조종사의 능력에 전적으로 달려 있는 것이 분명한데 말이다. 쿨한 수잔만이 아무렇지도 않아 보였다. 그녀는 책을 내려놓고 조용히 창밖을 바라보았다. 곧 일어날 지면과의 충돌이 성공할 것이라 확신하는 듯 했다.

흐르는 것들의 과학

1 2
단단한
Solid
LIQUID

earth: **지구**

이 힘은 결코 멈추지 않을 것이다.
지구의 모든 생명을 살아가게 하는
유동성에 의해 움직이기 때문이다.

비행기가 쿵 하더니 동체 전체가 떨리면서 천 개의 선반이 닫히는 듯
한 소리가 났다. 기장이 제트 엔진의 동력을 끄자 우리는 모두 비틀거리며
앞으로 쏠렸고 안전벨트가 몸을 꽉 죄었다. 활주로를 타고 내려가는 동안
비행기는 시속 210km에서 100km로 감속했다가 다시 60km로, 25km로
감속했다. 객실에는 안도감이 맴돌았다. 몇몇 사람들이 박수를 쳤다. 우리
는 다시 단단한 지구로 돌아온 것이다.

여기서 '단단한'은 실제로 옳은 단어가 아니다. 행성이 움직이는 한
지구는 특별히 단단하지 않기 때문이다. 지구는 뜨거운 액체 덩어리로 생
명을 시작해, 1억 년 동안 얇은 암석 지각이 표면에 형성될 정도로 충분
히 냉각되었을 뿐이다. 이 일은 약 45억 년 전에 일어났고, 그 이후로도 지
구는 식어가고 있지만 여전히 그 내부는 유동적이다. 지구 내부의 액체

는 역동적으로 흐르면서 우리를 보호해주는 지구 자기장을 만들어 지구를 살아있게 한다. 그러나 이런 유동성은 지진, 화산 폭발, 지각판의 섭입subduction(역주: 하나의 판이 다른 판 아래에서 움직이고 중력으로 인해 맨틀로 가라앉게 되는, 지각판의 수렴 경계에서 발생하는 지질학적 과정)을 일으키는 파괴력이기도 하다.

　지구 중심에는 확실히 단단한 고체가 있다. 철과 니켈로 이루어져 있는 금속의 핵, 내핵이다. 내핵의 온도는 약 5,000℃에 달하는데, 이는 정상적인 녹는점보다 수천 ℃가 높은 것이다. 하지만 지구 중심을 향하는 강력한 중력으로 인해 액체가 강제로 거대한 금속 결정체를 형성하기 때문에 고체로 있을 수 있다. 지구의 내핵은 용해된 금속층인 외핵으로 둘러싸여 있는데, 주로 철과 니켈로 구성되어 있으며 약 2,000km의 두께를 가지고 있다. 외핵의 금속 바다에서 일어나는 흐름은 지구의 자기장을 만들어 내는데, 매우 강력한 이 자기장은 지구 표면에서 나침반을 작동하게 하여 우리가 항해할 수 있게 할 뿐더러, 우주 멀리까지 뻗어나가 우리에게 도움을 준다. 지구 밖에서 자기장은 방패처럼 작용하여 쏟아지는 우주 광선과 태양풍으로부터 우리를 보호하는 데 중요한 역할을 한다. 자기 보호막이 없다면 우주 광선은 우리의 대기와 물을 빼앗아 지구상의 모든 생명체를 멸종시키고 말 것이다. 행성 과학자들은 화성이 얼마 전에 이러한 자기 보호막을 잃어 대기가 없는, 차갑고 죽은 행성이 되었다고 보고 있다.

　외핵의 액체금속 바다를 둘러싸고 있는 것은 500℃에서 900℃ 사이의 암석층, 즉 맨틀이다. 이 적열red-hot 온도에서 암석은 짧은 시간 동안에는 고체처럼 행동하지만 수개월에서 수년에 걸친 시간 동안에는 액체처럼 행동한다. 즉, 녹지 않았음에도 불구하고 흐른다는 것이다. 이런 유형

흐르는 것들의 과학

의 흐름을 크리프creep(역주: 고체 물질이 지속적인 기계적 응력의 영향으로 천천히 움직이거나 영구적으로 변형되는 상태)라고 한다. 이 암석 맨틀의 주요 흐름은 대류다. 액체금속 바다 근처의 뜨거운 암석은 솟아오르고 지각에 더 가까운 차가운 암석은 가라앉는다. 이것은 물이 끓는 동안 물이 담긴 냄비에서 볼 수 있는 것과 같은 유형의 흐름이다. 냄비 바닥에 있는 뜨거운 물은 팽창하여 냄비 상단의 차가운 물보다 밀도가 낮아지며, 차가운 물은 가라앉아 뜨거운 물을 대체한다.

맨틀 위에는 지구의 껍질과 같은 지각이 있다. 지각은 30km에서 100km 두께의 비교적 얇은 암석층으로 지구의 모든 산과 숲, 강, 바다, 대륙, 섬으로 덮여 있다. 안내방송이 다시 울리자 승무원은 비행기가 방금 우리가 지각층에 착륙했음을 확인시켜 주었다. "신사 숙녀 여러분, 샌프란시스코 공항에 오신 것을 환영합니다. 현지 시간은 오후 3시 42분이며 기온은 3℃입니다. 안전과 편안함을 위해 기장이 안전벨트 지시등을 끌 때까지 안전벨트를 착용한 채 앉아 계십시오."

지상으로 돌아왔다는 안도감은 우리가 지구의 지각을 확실히 의지할 만한 안정된 고체라고 느끼기 때문인지도 모른다. 하지만 안타깝게도 이건 사실이 아니다. 지각은 본질적으로 아래의 유동적인 맨틀 위에 떠 있으며, 더 위험하게도, 지각판이라고 불리는 여러 개의 조각들로 이루어져 있다. 맨틀은 대류하며 지각판을 움직이게 하여 서로 부딪히면서 뒤틀리게 만든다. 지구에는 우리가 일반적으로 알고 있는 대륙과 일치하는 7개의 주요 지각판이 있다. 예를 들면 북아메리카판에는 북아메리카와 그린란드 및 그 사이의 모든 해저가 포함되어 있고, 유라시아판은 유럽 대부분을 포함한다. 모든 지각판이 움직이지만 같은 방향으로 움직이지는 않는데, 그래서 단층선fault line(역주: 지각판들이 만나는 경계)이라고 불리는 지점에서 판이 충돌하게 된다. 이 지점에서 지각판은 서로 밀치면서 올라가 산을 형성한다. 판이 떨어져 나가는 곳에서는 용암이 아래 맨틀에서 튀어 오르며 새로운 지각이 형성된다. 단층선은 가장 격렬한 지진이 발생하는 곳이다.

　나와 함께한 승객들은 아마도 그 위험성을 인지했을 것이다. 샌프란시스코 같은 곳에 산다면 어떻게 이것을 모를 수 있겠는가? 샌프란시스코는 북아메리카 지각판이 태평양 지각판과 만나는 단층선에 위치하고 있어 대지진의 오랜 역사를 가지고 있으며, 앞으로도 더 많은 지진이 발생할 것이다. 1906년에는 대지진으로 도시의 80%가 파괴되었고 3,000명 이상이 사망했다. 1911년에도 지진이 있었고, 1979년에도, 1980년, 1984년, 1989년, 2001년, 2007년에도 지진이 있었다. 이것들은 단지 대지진만을 나열했을 뿐이다. 그 사이 지각에는 더욱 많고 작은 지각 변동이 있었다. 샌프란시스코와 같은 도시에 살면 우리 행성의 유체 역학을 이해하는 것이 얼마나 중요한지 분명히 알 수 있다. 그것은 왜 특정 지역에서 대규모 지진이 발생하고 재발하는지를 설명해 줄 뿐만 아니라, 매우 중요한 관련 지표인 해수면에 영향을 미치는 요인을 이해하는 데에도 도움이 된다.

　지구의 지각은 유동적인 암석 위에 놓여 있기 때문에, 높이가 수 킬로미터에 달하는 얼음의 무게에 짓눌리면 바로 맨틀 속으로 가라앉게 될 것이다. 이것이 바로 남극과 그린란드에서 일어나고 있는 일인데, 두 곳 모두 2~3km의 두꺼운 얼음으로 덮여 있다. 이 빙상ice sheet의 규모를 더 잘 느끼기 위해 남극의 빙상이 지구 표면의 모든 담수 중 60%가 된다는 것을

흐르는 것들의 과학

떠올려보자. 이는 약 2,600만 조 리터의 물인데, 무게는 약 2만 6,000조 톤이다. 지구온난화로 이곳의 얼음이 모두 녹으면 바다의 해수면이 50m 이상 상승하여 세계 해안도시 하나하나를 침수시키고 수억 명의 이재민을 만들 것이다. 이건 분명해 보인다. 그러나 아직 확실하게 알 수 없는 것은 남극에서 얼음의 무게가 방출되었을 때 일어날 일이다. 이렇게 되면 그 아래의 암석(지각)이 탈스트레스^{de-stress}되고, 그 땅덩어리는 압력이 약해져 부풀어 오를 수도 있다(빙하 후 지각의 반동^{post-glacial rebound}이라고 한다). 그린란드도 비슷한 상황에 처해있다. 그린란드 아래의 지각은 빙상에 들어있는 300만 조 리터의 물로 눌려지고 있는데, 빙하가 모두 녹으면 북아메리카 지각판이 상승할 것이다. 이때 대륙 높이의 증가폭이 해수면 상승폭보다 크다면 대홍수는 피할 수 있다. 앞으로 일어날 가능성이 높은 일을 알아내는 것은 우리의 미래, 특히 미래 세대들에게 매우 중요한 일이다. 지구온난화가 이미 진행되고 있기 때문에 온난화가 심화될 경우 이런 시나리오가 현실이 될 가능성이 여실히 높기 때문이다.

현재까지 알려진 바는 이렇다. 20세기 초부터 전 세계의 평균 해수면이 20cm 상승했다. 이 중 일부는 바다가 더 뜨거워짐에 따라 열적으로 팽창하는 물 때문이었다. 액체는 뜨거울수록 더 큰 부피를 차지한다. 한편 해수면 상승의 일부 요인은 그린란드와 남극 대륙의 얼음이 녹아서 생긴 것이고, 다른 빙하들 역시 녹고 있기 때문에 이 상승세는 계속되고 있다. 그리고 이런 상황은 전 지구적으로 일어나고 있다. 해수면 상승은 완전히 잠길 수 있을 정도로 작은 태평양의 섬에서부터 방글라데시와 같은 거대한 나라에 이르기까지 해안선을 가진 모든 땅의 사람들에게 영향을 미친다.

해수면이 1m 상승하면 방글라데시의 거의 20%가 물에 잠기고 3,000만 명이 실향민이 된다. 반면, 빙하 후 지각의 반동은 그린란드와 남극 빙상이 누르고 있는 지각의 일부와 연결된 해안에만 영향을 미친다. 다시 말해 지구의 얼음이 녹으면 승자와 패자가 있을 것이고, 그 모든 것은 북반구의 그린란드 또는 남반구의 남극 대륙 중 어느 곳이 먼저 녹느냐에 달려 있다.

북반구에서 얼음이 먼저 녹으면, 북아메리카 대륙과 그린란드는 평균 해수면보다 높게 튀어 올라 더 낮은 해수면을 갖게 될 것이다. 여분의 물은 모든 바다에 분포되어 전 세계에 영향을 끼칠 테지만, 북부 지각판의 높이 증가로 북반구에는 국부적인 영향만을 끼칠 것이다. 반대의 상황이 발생해 남극의 얼음이 그린란드보다 먼저 녹으면 남쪽의 지각판이 먼저 튀어 올라 북아메리카의 동해안 전체가 물에 잠기게 된다.

아직 밝혀지지 않은 것 중 하나는, 얼음이 얼마나 빨리 사라질 것인가에 대한 것이다. 얼음이 꼭 녹아야지만 대륙에서 떨어져 나가는 것은 아니기 때문이다. 얼음도 크리프할 수 있다. 크리프 덕에 빙하는 단단한 얼음임에도 산 아래로 흘러갈 수 있다. 크리프는 점성 액체가 스며나오는 것과 크게 다르지 않게 일어난다. 액체의 분자에 중력이 가해지면 분자를 서로 붙들고 있던 약한 결합 중 일부가 깨져 정해진 힘의 방향으로 움직이게 된다. 하지만 이러기 위해서는 움직일 공간이 필요한데, 이때 충분한 공간을 찾지 못하면 분자는 이웃 분자들에 압력을 가해 이들이 이동하도록 자극한다. 액체의 구조는 대부분 마구잡이로 되어 있어서 공간이 자주 열리고, 분자가 중력에 반응해 자유롭게 움직이고 섞이면서 액체가 흐를 수 있게 한다. 이러한 현상은 고체에서도 일어나지만 고체의 분자와 원자는 이웃

흐르는 것들의 과학

과의 결합을 끊을 수 있는 에너지가 상대적으로 충분하지 않기 때문에 그 과정이 훨씬 느리다. 또 고체는 매우 질서정연한 구조를 가지고 있기 때문에 원자가 움직일 공간을 찾기가 어렵다. 그래서 고체가 그렇게 천천히 흐르게 되는 것이고, 때문에 이것을 '크리프(역주: creep라는 단어에는 '살금살금 기어가다'라는 뜻이 있다)'라고 부르는 것이다. 고체에 더 높은 압력을 가하거나 고체의 온도를 높이면 크리프를 가속할 수 있다. 높은 온도에서 원자는 기존의 결합을 깨고 비어 있는 어떤 공간으로든 뛰어들 수 있게 하는 진동 에너지vibrational energy를 더 많이 가지게 된다. 이것이 지구 온도가 상승함에 따라 빙상에서 일어나는 일이다. 얼음산 전체가 중력에 의해 바다로 흘러가고 있다.

빙하 형태의 얼음은 비교적 빠르게 크리프한다. 예를 들어 2012년 그린란드의 빙하는 매년 약 16km의 속도로 바다를 향해 이동하는 것으로 측정되었다. 빙상이 -10℃에서 -50℃ 사이의 온도에 도달했기 때문에 그렇게 빨리 움직였던 것이다. 이 온도는 다소 차갑게 느껴질 수도 있지만 녹는점인 0℃보다 겨우 10~50℃ 낮은 것에 불과하다. 즉, 얼음 결정 내부의 H_2O 분자 에너지는 얼음 결정이 액체인 물로 변하는 데 필요한 온도와 크게 다르지 않다는 것이다. 이와는 대조적으로 산을 구성하는 암석은 1,000℃에서 2,000℃ 사이의 녹는점을 가지고 있는데, 큰 산의 암석에 있는 원자는 그 녹는점보다 수천 ℃가 낮아서 빙하보다 훨씬 더 단단한 고체처럼 행동한다. 따라서 산은 빙하보다 더 느리게 크리프하여 눈에 띌 정도의 거리로 흐르기까지 수백만 년이 걸린다. 지각의 아래쪽으로 갈수록 온도는 암석의 녹는점에 더 가까워지는데, 때문에 지각판은 매년 1~10cm의 속도로 산보다 빠르게 크리프하게 된다.

이 속도가 별 것 아닌 것처럼 느껴질 수도 있지만, 움직이는 지각판에 또 다른 지각판이 부딪히거나 밀치고 있으며 이로 인한 변형력(역주: 마찰이나 압축력에 의해 변형을 일으키는 힘)이 수백 킬로미터의 단층선 위에 작용하고 있다고 상상해보자. 누군가는 져 주어야 한다. 그렇지 않으면 지각판이 파열되어 미끄러질 때까지 장력tension이 계속 쌓이게 되어 급격하고 엄청난 탄성에너지를 방출해 지진을 일으킬 것이다. 1906년 샌프란시스코에서 발생한 지진에서 방출된 에너지의 양은 약 1,000개의 핵폭탄과 맞먹었다. 2012년 일본을 강타한 쓰나미를 일으킨 지진은 2만 5,000개의 핵폭탄과 맞먹는 규모였다. 지진으로 인한 피해가 그토록 널리 확산된 것은 이 엄청난 에너지 방출량 때문이다. 어느 도시에서든, 진원지가 수백 킬로미터씩 떨어져 있더라도 대지진은 여전히 파괴적일 수밖에 없다.

에너지 축적이 항상 지진을 일으키는 것만은 아니다. 때로는 암석이 크리프하면서 두 장의 종이가 서로 밀치듯 천천히 위쪽으로 구부러져 솟아 오르면서 압력을 방출하기도 한다. 이 경우 막대한 양의 힘이 필요한데, 그 힘은 지각판에 의해 생성된다. 이렇게 생겨난 물결 모양의 굴곡은 산맥을 만든다. 거대한 알프스, 록키, 히말라야, 안데스 산맥은 모두 판의 경계에 위치해 있으며, 수백만 년 동안의 크리프를 통해 형성되었다.

모든 산이 이런 식으로 만들어지는 것은 아니다. 아마도 가장 빠르고 인상적으로 산을 만드는 방법은 화산 폭발을 통해서일 것이다. 지구의 내부에서 붉게 녹은 암석의 뜨거운 흐름이 폭발하는 것을 보지 못했다면, 적어도 한 번은 꼭 보기를 바란다. 화산 폭발은 자연에서 가장 멋지고 인간을 겸손하게 만드는 광경 중 하나로, 마치 타임머신을 타고 지구 탄생의 순간으로 돌아가는 것과 같은 느낌이다. 어디를 돌아보든 황과 연기, 재 냄새와 함께 타버린 암석, 그리고 검은 뜬숯 덩어리가 있을 것이다.

살면서 화산이 폭발하는 것을 단 한 번 목격했는데, 거의 죽을 뻔했다. 당시 나는 과테말라에서 잠시 스페인어를 공부하며 살고 있었다. 1992년 여름이었고, 나는 중앙아메리카화산대Central America Volcanic Arc의 산악 정글 지역에 위치한 안티구아의 옛 도시에서 한 가족과 함께 머물고 있었다. 태평양 연안에 위치한 이 화산대의 화산들은 모두 지각 활동으로 만들어졌다. 지난 30만 년 동안 이 화산들의 폭발로 70km²의 산이 생겨났다고 추정된다. 이 지역에서 가장 화산 활동이 활발한 곳 중 하나는 안티구아와 가까운 파카야로, 2010년에 마지막 큰 폭발을 겪었다.

내가 안티구아에 있을 때, 지역 시장에서는 비공식적이지만 화산 방문 여행을 예약할 수 있었다. 나와 함께 머물고 있던 과테말라 가족은 내게 가지 말라고 했다. 1992년에도 과테말라는 무장하지 않은 채 교외로 나가는 젊고 어리숙한 관광객들을 주기적으로 강탈하는 도둑과 무법자들로 가득 차 있었기 때문이다. 하지만 나는 젊고 어리숙했기 때문에 그들의 충고를 전혀 듣지 않았다. 어느 날 오후 늦게 나는 똑같이 젊고 어리숙한 배낭여행객들로 가득 찬 트럭을 탔고, 과테말라의 두 젊은이가 정글로 차를 몰고 갔다. 해가 지고 있을 때엔 트럭이 파카야 기슭에 도착해서 나무들 사이로 올라가기 시작했다. 활화산인 파카야가 간헐적으로 분출하면서 연기와 재가 자욱했고, 화산이 녹은 암석을 공중으로 휙휙 날렸기 때문에 나무라고 할 만한 것은 하나도 없었지만 말이다. 이 분출물은 한때 화산 주위에 자라던 숲을 모두 태우고 파괴했다. 그래서 우리가 있던 산기슭에는 가파른 화산재 비탈과, 10미터마다 검게 그을린 나무 그루터기가 갈라져 있었다. 하이킹을 시작하면서 우리는 헐거운 뜬숯 더미를 따라 걸었고, 그 때마다 악취가 나는 연기가 사방으로 흩어졌다. 마치 요한계시록의 한 장면처럼 느껴졌다. 우리가 위쪽으로 계속 올라가자 길은 점점 가파르게 변했고, 타버린 뜬숯 덩어리를 통과하기가 더 어려워졌다. 하지만 열정 넘치고 모험적이었던 우리는 어둠이 내리자 마침내 정상에 오를 수 있었다.

곧이어 주위가 칠흑같이 까맣게 변했고, 안내자들은 자신들이 파카야가 어떤 상태인지 보기 위해 앞으로 나아가는 동안 우리에게 분화구 가장자리 근처 큰 바위 뒤에 머물러 있으라고 손짓했다. 곧 그들은 파카야가 깨어나 용암이 부글부글 끓고 있다고 말하며 재빨리 돌아왔다. 그래서 우리도 앞으로 '크리프'했다. 황 냄새가 풍겨오는 분화구는 100미터에서 200미터 아래쯤에 있는 것 같았다. 그리고 용암을 보았다. 결코 잊지 못할 순간 중 하나였다. 처음으로 우리 행성의 내부를 보는 것만 같았다. 우리는 마치 은신처의 야생동물을 지켜보는 것처럼 꼼짝도 하지 않았다. 그때 펑 하는 소리가 들렸다. 안내자들은 걱정하며 그들끼리 상의를 했다. 펑펑거리는 소리와 희미한 쿵 하는 소리가 더 들렸다. 파카야는 정말 깨어 있는 것 같았다. 녹은 용암을 공중에 쏘아 올리고 있었다. 쿵 하는 소리는 용암이 떨어지는 소리였다. 나중에 알게 된 거지만 각각의 크기는 약1~2km 정도였다. 우리에게는 안전모도, 내열복도, 심지어 부츠도 없었다(나는 운동화를 신고 있었다). 안내자들이 말하기를 이 상황에서 가장 좋은 방법은 그냥 뛰는 거라고 했다. 설득이 필요 없었다. 나는 다음번에 터질 용암이 내 머리에 흩날릴까 겁에 질려 도망쳤다. 뒤에서 내내 펑, 펑, 펑 하는 소리가

흐르는 것들의 과학

들렸고, 미끄러지고 넘어지면서 최대한 빨리 산더미 같은 뜬숯을 따라 내려갔다. 무사히 내려온 뒤 안티구아로 돌아가는 트럭 안에서 안내자들이 웃어댔다. 분명 죽을 뻔했는데 말이다. 나는 그들이 왜 도적을 걱정하지 않았는지 그제서야 알았다. 도적보다 무서운 것은 따로 있었기 때문이다.

지구의 거대한 지각 변동 속에서 파카야의 폭발은 미미한 축에 속한다. 우리 행성의 가장 큰 화산은 하와이의 빅 아일랜드에 있는 마우나 로아Mauna Loa인데, 이 화산은 마그마로 빅 아일랜드를 만든 장본인이다. 대부분의 화산 활동은 바다 아래에서 이루어진다. 하와이의 섬들은 모두 화산 활동에 의해 만들어졌고 오늘날에도 이 활동은 계속되고 있어 살기에 꽤 위험한 장소가 되었다. 큰 폭발은 용암을 약 800미터 이상의 공중으로 쏘아 질식할 정도의 뜨거운 화산재 기둥을 만들 수 있다. 이런 규모의 재앙은 언제나 전례가 있다. 바로 서기 79년 이탈리아의 베수비오Vesuvio 산이 폭발한 일이다. 폭발은 고대 로마도시 폼페이와 스타비아를 뜨거운 재로 덮었고, 많은 주민들이 대부분 즉시 사망했다.

∴ 베수비오 화산 폭발 희생자 중 한 명의 석고 모형

1883년 인도네시아의 화산섬인 크라카토아의 폭발은 그 규모가 너무 커서 수천 마일 떨어진 곳에서도 보고되었다. 폭발의 규모는 약 1만 3,000개의 원자폭탄과 맞먹는 것으로 추정되며, 이로 인해 3만 명 이상이 사망했다. 폭발의 여파로 섬의 대부분이 사라진 것으로 밝혀졌다.

이 거대한 폭발은 단지 과거의 일부가 아니다. 불행히도 우리의 미래에 불가피한 부분이기도 하다. 예를 들어, 최근에는 일본 남부의 해저 화산에서 용암이 대량으로 축적된 것이 발견됐다. 용암의 느린 삼출seepage(역주: 액체가 다공성 물질을 통해 누출되는 과정)은 해저에서 600미터 높이의 돔을 형성했다. 7,000년 전 이 화산 지역에서 일어난 대폭발은 일본의 섬들을 황폐화시켰다. 현재 또 다른 폭발이 때를 기다리고 있는 중일 수 있으며, 이는 일본에 엄청난 영향을 미칠 뿐 아니라 지구의 대기를 재로 가득 채울 가능성이 높다. 이렇게 발생한 재는 몇 년 동안 대기권에 머물며 태양을 차단하고 지구 전체의 온도를 낮추어 소위 '지구 겨울'을 만들어 낼 것이다.

하지만 이상한 점이 있다. 수십억 년의 화산 폭발과 수십억 년의 지각운동에도 불구하고 지구의 산들은 그리 높지 않다는 것이다. 우주에서 본 지구의 모습은 이 점을 가장 잘 보여준다. 지구 저 멀리에서 보면 우리는 크게 뾰족한 것이 없이 거의 완벽한 모양의 당구공 위에 살고 있다. 산들은 전체적으로 평활한 구체에 비교적 하찮은 주름을 만들 뿐이다. 키를 키울 수 있는 수십억 년의 세월이 있었는데도 말이다. 그런데 왜 그렇게 하지 않았을까? 산을 더 작게 만드는 과정은 두 가지다. 첫 번째는 침식이다. 비와 얼음, 바람은 산에서 작은 입자를 계속 문지르고 풍화시켜 산을 갈아낸다. 또, 산이 커질수록 그 무게가 증가하면 그 아래 암석에 압력을 가하게 된다. 시간이 지남에 따라 산은 '크리프'하고 흐르면서 다시 지각으로 돌아가게 된다. 그래서 빙상이 남극 대륙을 짓누르는 것처럼, 산들은 그들을 만든 지각판을 짓누르면서 커질수록 더 많이 가라앉는 것이다.

물론 승무원들은 비행기가 착륙할 때 이 모든 것을 언급하지 않았다. 이것은 아마 끊임없이 움직이고 예측할 수 없는 행성에 살면서 대처할 수 있는 가장 좋은 방법일 것이다. 지진의 근본 원인을 이해한다 해도 다음 지진이 언제 샌프란시스코에 닥칠지는 아무도 예측할 수 없다. 어쩌면 오늘일지도 모른다, 나는 수잔을 바라보며 그런 생각을 했다. 그녀는 걱정하는 것 같지 않았다. 어쩌면 그녀도 우리처럼 부정하며 살고 있을지도 모른다. 그렇지 않으면 이 얇은 지각 위에서 어떻게 행복하게 살 수 있을까? 수백만 년에 걸쳐 산을 쌓고 몇 분만에 도시 전체를 파괴할 정도로 어마무시한 힘을 만들어 내는 유동적인 행성 위에 살고 있는데 말이다. 그 힘은 새로운 섬들을 만들어 냈고 섬들을 집어삼키기도 했다. 또 얼음 아래로는 대륙 전체를 가라앉게 하고 있다. 녹아내리면서 해수면을 상승시켜 샌프란시스코를 포함한 모든 해안도시들을 가차없이 위협하는 그 얼음 말이다. 이 힘은 결코 멈추지 않을 것이다. 지구의 모든 생명을 살아가게 하는 유동성에 의해 움직이기 때문이다. 문명을 이끄는 종species으로서 살아남기 위해 우리는 이 힘과 함께 사는 법을 배워야 할 것이다.

수잔은 휴대전화에 달린 카메라를 사용해 빨간 립스틱을 바르고 있었다. 나는 그녀의 스타일이 마음에 들었다. 나는 여전히 그녀가 누구인지, 왜 그렇게 행동하는지, 어디로 가고 있는지 알 수 없었다. 다만 한 가지는 확실히 알고 있었다. 그녀의 이름은 정말 수잔이었다. 그녀가 내 볼펜으로 작성한 세관 양식을 읽어보았기 때문이다. 그녀는 펜을 가진 채 그대로 재빨리 통로로 나가더니 머리 위의 짐을 한 번에 휙 잡아당기고는 출구로 향했다. 한편 안내방송을 통해 우리는 이 비행기에서의 마지막이자 가장 낙관적인 메시지를 전달받았다.

"항공사와 승무원 전체를 대표하여, 이번 여행에 함께해 주셔서 감사합니다. 가까운 미래에 다시 뵙기를 기대합니다. 좋은 하루 보내세요!"

흐르는 것들의 과학

1—3

지속 가능한
Sustainable

L I Q U I D

LIQUID

environment: 환경

기술은 스스로 결점을 치유함으로써 더 오래 지속될 수 있게 하고,
결국 환경을 보전할 수 있게 해준다.

유동적인 행성에 살면서 우리가 확신할 수 있는 한 가지는 변화다. 해수면이 상승하고 있으며 지구의 맨틀이 흘러 대륙을 움직이고 있다. 화산이 폭발하여 땅을 새로 만들기도 하고 파괴하기도 한다. 허리케인과 태풍, 쓰나미가 계속해서 해안선을 강타하여 도시가 잔해로 변한다. 때문에 이런 미래를 직면하고 있는 우리가 품위 있고 문명화된 삶을 살기 위해 의지하는 모든 것, 즉, 집이나 도로, 수도 시스템, 발전소, 공항 등을 건설할 때 이에 대한 피해를 견디도록 만드는 것은 합리적인 선택이다. 우리가 의지하는 이 모든 것들은 지진과 홍수에서 살아남기 위해 강하고 단단해야 한다. 하지만 환경의 변화에 직면했을 때 도시가 더 민첩하고 탄력적으로 회복할 수 있도록 기반시설을 설계하는 편이 더 좋을 것이다. 억지처럼 들릴지도 모르지만, 이것은 사실 생물계가 수백만 년 동안 해온 일이다. 나무

를 생각해보자. 폭풍우에 나무가 피해를 입으면, 새 가지를 키워냄으로써 스스로 회복할 수 있다. 마찬가지로 우리의 피부도 상처를 입으면 스스로 치유된다. 그렇다면 우리의 도시도 이처럼 스스로 치유될 수 있을까?

1927년 퀸즈랜드대학교의 토마스 파넬Thomas Parnell 교수는 깔때기에 검은 타르를 두면 어떻게 될지 알아보기 위해 실험을 했다. 그가 발견한 것은, 며칠 동안 타르가 고체처럼 작용하여 넣어둔 곳에 그대로 머물러 있었다는 것이다. 하지만 몇 달, 몇 년 동안 '크리프'한 타르는 액체처럼 행동하기 시작했다. 깔때기를 따라 흘러내리면서 작은 방울을 형성하기 시작한 것이다. 첫 번째 방울은 1938년에 떨어졌고, 두 번째는 1947년에, 세 번째는 1954년에 떨어졌으며, 2014년에는 9번째 방울이 떨어졌다. 우리가 자동차를 타고 지나갈 때에는 그토록 견고하던 물질이 이런 행동을 보이다

∴ 퀸즈랜드대학교 피치(타르) 낙하 실험(1990년, 7번째 방울이 떨어지고 2년 후, 8번째 방울이 떨어지기 10년 전)

흐르는 것들의 과학

니 놀라울 뿐이다. 도로는 아스팔트로 만들어졌는데, 사실 아스팔트는 돌과 섞인 타르일 뿐이다. 그렇다면 어떻게 이럴 수가 있는 것일까?

타르는 재료 과학자들을 포함한 누구에게라도 처음 생각했던 것보다 훨씬 더 흥미로운 물질이다. 땅에서 추출되거나 원유의 부산물로 생산된 타르는 그저 재미없는 검은 찌꺼기에 지나지 않는 것 같다. 그러나 실제로 타르는 부패한 유기물 분자 구조로부터 수백만 년에 걸쳐 형성된 탄화수소 분자의 흥미로운 혼합물이다. 부패 산물은 더 이상 살아 있는 조직은 아니지만, 이 복잡한 분자는 타르 내에서 스스로 조직화되어 일련의 상호 연결된 구조를 만든다. 상온에서 타르 내부의 작은 분자는 내부 구조를 통과할 수 있는 충분한 에너지를 가지고 있어 물질에 유동성을 부여한다. 타르는 액체이지만 점성이 아주 높다. 땅콩버터보다 20억 배나 강한 점성이 파넬 교수의 실험에서 타르가 깔때기를 통해 떨어지는 데 왜 그렇게 오랜 시간이 걸렸는지를 설명해 준다.

타르의 독특한 톡 쏘는 냄새는 흔히 냄새가 나는 유기물질과 관련 있는 성분인 황을 함유한 분자에서 나온다. 도로 표면을 새로 깔고 있는 기술자들을 지나쳐 걷거나 운전할 때 타르를 데우는 냄새를 맡을 수 있는데, 이것은 타르 분자들이 움직이고 흐르도록 더 많은 에너지를 주는 것이다. 하지만 여분의 에너지는 더 많은 분자가 공기로 증발할 수 있게 만들기도 해 물질은 더 냄새가 나게 된다. 마치 음료가 가열될 때 향기가 더 강해지는 것처럼 말이다.

냄새나는 액체를 도로 건설에 사용하는 것은 바보 같은 짓으로 보일지 모르지만, 기술자들은 그 물질에 돌을 추가하여 복합물질을 만든다. 즉 액체와 고체가 섞여 있는 물질인데, 실제로 땅콩버터의 구조와 비슷하다. 땅콩버터는 땅콩 부스러기가 기름으로 뭉쳐져 있는 구조이기 때문이다. 아스팔트에서 돌의 강도와 경도는 아스팔트 위로 달리는 차량의 무게를 지탱하고, 도로의 노출로 인한 손상을 방지하는 데 도움을 준다. 도로에 가해진 힘이 너무 높아지면 돌과 돌을 붙이는 타르 사이에서 균열이 생기기도 하는데, 여기서 타르의 액체 성질이 드러난다. 타르는 이 균열에 흘러들어가 도로를 다시 봉합하여 수리하고, 평범하게 단단한 표면보다 훨씬 더 오래 지속될 수 있게 한다.

그러나 도로 위를 달려본 적이 있다면 도로의 자가수리 작용에도 한계가 있다는 것을 알아차릴 것이다. 도로는 결국 낡아서 분해되는데, 온도가 어느 정도 책임이 있다. 액체 타르는 온도가 20℃ 아래로 내려가면 점성이 너무 높아지면서 흘러내려 균열을 치유할 수 없게 된다. 온도가 더 낮아지면 시간이 지나면서 공기 중의 산소가 타르 표면의 분자와 반응하여 그 성질을 변화시킨다. 때문에 점점 더 점성이 생기면서 균열을 봉합할 수 없게 된다. 나이가 들면 피부가 덜 유연해지고 건조해지듯이, 시간이 지나면 도로의 피부도 색이 변하고 유동성이 떨어진다. 이때 움푹 들어간 작은 구멍이 생기는데, 구멍은 점점 커져서 결국 도로 표면을 완전히 파괴한다.

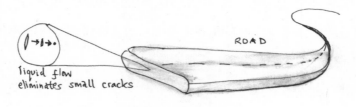

∴ 아스팔트 도로 내부의 액체 흐름으로 균열이 스스로 치유되는 방법

흐르는 것들의 과학

이것을 잘 보여주는 사례가 있다. 바로 내게 일어난 일이다. 나는 공항 셔틀버스를 타고 호텔로 가는 중이었는데, 도시에 도착하자마자 도로 재포장으로 인해 차선이 폐쇄되면서 교통 체증에 갇히고 말았다. 세 개의 차선이 하나로 합쳐지면서 셔틀버스는 기어가기 시작했다. 30분 동안 1마일도 채 움직이지 못했던 것 같다. 생체 시계에 따르면 새벽 2시였다. 나는 피곤했고 오줌을 누고 싶었다.

꼭 이렇게 도로를 수리해야 할 필요는 없다. 적어도 우리 재료 과학자들이 바라는 것은 그렇다. 전 세계의 과학자들과 공학자들은 도로의 수명을 늘리고 교통 체증을 줄이기 위한 전략을 부지런히 개발하고 있다. 네덜란드에서는 한 엔지니어 그룹이 작은 조각의 미세한 강철섬유를 타르에 통합했을 때 생기는 효과에 대해 연구하고 있다. 이 방법은 도로의 기계적 특성을 크게 바꾸지는 않지만 도로를 더 강력하게 만들 수는 있다. 타르에 섞인 강철섬유는 교번 자기장alternating magnetic field(역주: 교류에 의해 만들어지고 시간에 따라 세기와 방향이 바뀌는 자기장)에 노출되었을 때 그 내부로 전류가 흐르면서 가열된다. 뜨거워진 강철은 차례로 타르를 가열한다. 이때 타르의 일정 부분들은 더 유동적이 되는데, 이것들이 흐르면서 균열을 치유하게 된다. 기본적으로 이 공학자들은 타르의 자가 치유 특성을 극대화시켜 겨울철 낮은 기온으로 생기는 문제에 맞서고 있는 것이다. 이 기술은 현재 네덜란드 고속도로의 확장된 구간에서 테스트되고 있다. 특수 차량을 사용하여 주행 시 도로에 자기장을 적용하는 것이다. 미래의 모든 차량에 그런 장치를 장착할 수만 있다면, 도로에서 운전하는 그 누구나 도로에 활력을 다시 불어넣을 수 있게 될 것이다.

타르의 유동성 손실을 해결하는 또 다른 방법은 잃어버린 휘발성 성분, 즉 유동을 일으키는 분자를 보충하는 것이다. 가장 쉬운 방법은 도로 표면에 특수한 크림을 바르는 것이다. 본질적으로는 우리가 피부에 쓰는 것과 같은 보습 크림이다. 이 방법의 좀 더 정교한 버전은 알바로 가르시아Alvaro Garcia 박사가 이끄는 노팅엄대학교의 한 그룹이 테스트하고 있다. 이들은 타르에 해바라기오일을 담은 소형 캡슐을 넣었는데, 이 캡슐은 타르에 미세 균열이 형성되어 캡슐이 파열될 때까지 물질 내부에 그대로 남아 있는다. 일단 파열되어 방출된 오일은 타르의 유동성을 부분적으로 증가시켜 흐름과 자가 치유 능력을 촉진한다. 연구 결과에 따르면 해바라기오일이 방출된 지 이틀 후, 균열된 아스팔트 샘플은 최대 강도로 복원된다. 이것은 극적인 개선이다. 비용을 조금만 더 들이면 도로의 수명을 12년에서 16년으로 늘릴 수 있는 잠재력을 갖고 있는 것이다.

메이킹연구소the Institute of Making의 우리 연구팀은 이미 커진 균열을 효율적으로 수리하는 기술을 연구하고 있다. 타르를 3D 프린팅하는 것이다.

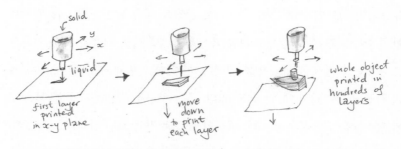

∴ 3D 프린팅 과정. 프린트 헤드는 고체를 액체로 변환하고(흔히 가열에 의해) x−y 평면에서 미리 정해진 패턴으로 분출한다. 일단 냉각되면 하나의 고체층이 만들어진다. 그런 다음 프린팅 플랫폼을 아래로 이동시키고 다른 패턴으로 다른 층을 프린팅한다. 수백 개의 층을 이렇게 프린팅하면 하나의 물체가 만들어진다.

흐르는 것들의 과학

3D 프린팅은 물체를 만들고 수리하는 비교적 새로운 기술이다. 수천 년 전 중국에서 처음 발명되었을 때의 프린팅printing은 인쇄 목판을 통해 잉크를 페이지에 전사하는 과정이었다. 세계의 나머지 국가들은 이 방식에 혁신을 일으켜 우리에게 책과 신문, 잡지의 세계를 제공했다. 정보 혁명이었다. 하지만 이 모든 것은 2D 프린팅에 대한 이야기다. 3D 프린팅은 한 단계 더 나아간다. 3D 프린팅은 얇은 2차원의 액체 잉크층을 한 페이지에 인쇄하는 대신, 여러 페이지 위에 많은 2차원 액체층을 인쇄한다. 각각의 액체층은 다음 페이지가 적용되기 전에 고형화되고, 그 결과로 3차원의 물체를 프린트하게 된다.

물론 3D 프린팅을 하기 위해 꼭 잉크를 사용할 필요는 없다. 액체에서 고체로 변할 수 있는 물질이라면 어떤 것이든 사용할 수 있다. 꿀벌을 보라. 꿀벌이 놀라운 육각형의 벌집을 만드는 것도 3D 프린팅이다. 부화

∴ 인간이 3D 프린팅 기술을 사용하기 훨씬 전부터 꿀벌은 벌집을 만들기 위해 이를 사용하고 있었다.

한 지 12일에서 20일 사이에, 일벌들은 꿀을 연한 왁스 조각으로 바꾸는 특별한 분비선을 발달시킨다. 그들은 왁스를 씹어 겹겹이 쌓아 벌집을 만든다. 말벌도 같은 수법으로 둥지를 만드는데, 나무섬유를 씹고 침과 섞어 유충을 위한 종이 집을 만든다.

인간의 3D 프린팅 기술은 이제 꿀벌과 말벌을 따라잡고 있다. 예를 들어, 플라스틱이 프린터에서 층별로 흩어져 벌집보다 훨씬 더 복잡하고 단단한 물체를 만들 수 있다. 심지어 움직이는 부분을 포함하는 물체의 3D 프린팅도 가능하다. 이 기술은 의료 분야에서 기능성 관절을 가진 보철물을 만드는 데 사용된다. 비용도 저렴할 뿐더러, 일체형으로 제작할 수도 있다. 3D 프린팅은 생물학적 물질을 인쇄하는 데에도 사용될 수 있다. 2018년 중국 과학자들은 선천성 기형을 앓고 있는 아이를 위한 귀 대체품을 만들기 위해 첫 번째 임상시험을 실시했다. 그들은 세포가 귀로 자라도록 하기 위한 지지체scaffold(역주: 원활한 세포 상호작용을 유발하여 새로운 기능적 조직의 형성에 기여하도록 설계된 물질)를 만드는 데 아이의 세포 조직과 3D 프린터를 사용했다.

3D 프린팅은 금속에도 적용된다. 네덜란드 회사인 MX3D는 용접기술을 차용해 녹은 강철 덩이를 용접하여 이어 붙인 강교steel bridge를 만드는 데 3D 프린팅을 사용하고 있다. 금속 물체를 3D로 인쇄하는 또 한 가지 기술은 금속 분말을 녹여 서로 결합하는 고출력 레이저를 사용하는 것이다. 이 공정은 금 장신구류에서 제트 엔진 부품에 이르기까지 다양한 제품을 만드는 데 사용되고 있다. 이 기술의 주요 장점은 물체를 속이 빈 상태로 만들 수 있어 무게와 사용되는 재료를 줄일 수 있다는 것이다. 최근 이 기술을 사용해 만든 물체는 냉각수, 윤활유, 심지어는 연료가 흐르는 동맥

을 갖추는 경향이 있다. 본질적으로 이런 디자인은 우리의 몸을 모방한다. 우리 몸의 일부는 고체인 살이고, 일부는 액체다. 혈액은 순환계와 동맥계를 통해 영양분을 전달하고 단백질과 기타 분자 성분을 상처 입은 신체 부위에 전달하여 피부와 뇌, 간, 신장, 심장 등에서 손상된 세포를 대체할 새로운 세포를 성장시킨다. 이것은 3D 프린팅 덕분에 우리가 모방할 수 있는 자연계의 한 부분으로, 기술이 스스로 결점을 치유함으로써 더 오래 지속될 수 있게 해준다.

물론 이처럼 순환 액체에 의존하는 우리의 신체는 그에 따른 결과로 배출해야 할 폐기물을 만들어 낸다. 다시 나의 사례로 돌아와 샌프란시스코의 호텔 앞에서 내린 나는 내 신체의 액체 배출이 가장 급했다. 화장실에 가야 했다. 체크인을 하는 동안 발을 동동 구르며 방으로 달려갔다. 문구멍에 출입카드를 휙휙 긁으며 허둥대다가 마침내 문을 열 때는 소변을 거의 지릴 뻔 했다. 하지만, 휴, 다행이었다!

실내 욕실이 주는 즐거움은 마음대로 소변을 볼 수 있다는 것 이상으로 크다. 욕실은 우리가 깨끗해지고, 상쾌해지고, 즐길 수 있는 곳이다. 그리고 이 모두는 자유로이 흐르는 깨끗한 물의 존재 여부에 달려 있다. 선진국 대부분의 사람들은 물을 공급하고 폐기물을 제거하는 기반시설이 거의 눈에 보이지 않기 때문에 이것을 당연하게 여긴다. 하지만 이것은 우리 도시의 생명과 관련된 중요한 연결고리이고, 물이 충분히 많은 샌프란시스코와 같은 곳에서도 이를 운영하려면 놀랄 만큼 많은 비용이 든다. 폐기물을 보관하고 정화하여 오염시키지 않고 강과 바다로 되돌리려면 많은 여과기와 침전탱크 및 재처리 장치가 필요하다. 이 모두에는 돈과 에너지가 든다. 폐수가 생태계를 덜 오염시키려면 재처리 공장에서 나오는 모든 것을 희석하기 위한 더 많은 물과 돈이 필요하다. 때문에 샌프란시스코만큼 큰 도시에서 식기세척기나 세탁기, 샤워기, 욕조, 화장실 등에서 나오는 폐수를 처리하기란 쉽지 않다. 또, 식수는 더 많은 여과와 펌핑, 모니터링이 필요한 곳에서 공급되어야 한다. 물은 깨끗한 상태에서 다시 더러운 상태로 순환될 때마다 에너지를 소비하고 폐기물을 생산한다. 그리고 이 과정은 환경에 영향을 미친다.

제조업 역시 엄청난 양의 물을 사용한다. 그래서 제조업을 통해 생산된 물건을 구매하면 당신의 '물 발자국water footprint'도 증가하게 된다. 일주일에 두 번만 샤워를 하고 절수형 수세식 변기를 사용하더라도 물 발자국은 여전히 상당할 것이다. 종이, 고기, 섬유과 같이 물을 많이 사용하면서도 단 한 번 사용되는 제품들 때문에 미국인들의 물 발자국은 하루 평균 2,200리터가 될 것으로 추정된다. 햄버거를 먹고 신문을 읽고 티셔츠를 사는 것 등 겉보기에는 평범한 활동조차 사람의 물 발자국에 큰 영향을 미친다. 그래서 호텔 욕실의 안내판이 물의 귀중함을 상기시켜 주고 매일 새 수건을 요구하지 말라고 권하고 있는 것이다.

수십 년이 지나면 세계 인구는 100억 명으로 증가할 것이고, 따라서 깨끗한 물을 갖추는 것이 세계 여러 지역에서 점점 더 치열해질 것으로 추정된다. 현재만 해도 10억 명의 사람들이 깨끗한 물에 접근할 수 없고, 세계 인구의 3분의 1이 일 년 내내 물 부족을 경험한다. 깨끗한 물에 접근할 수 없는 경우 빈곤과 영양실조, 질병 등의 확산이 일어날 가능성이 높다. 이 문제는 농촌뿐만 아니라 대도시에도 영향을 미친다는 점을 강조해야

흐르는 것들의 과학

겠다. 예를 들어 브라질의 상파울루 시는 2015년에 가뭄으로 인해 저수지가 비워지면서 심각한 물 부족을 경험했다. 인구 2,170만 명의 이 도시는 한때 물이 고작 20여 일치밖에 남지 않는 최악의 위기를 경험하기도 했다. 다른 많은 거대 도시들 또한 기후 변화와 인구 증가, 그리고 부의 증가에 따른 1인당 물 발자국의 증가로 인해 유사한 문제에 직면해 있다.

우리 모두에게 물은 필수불가결한 존재다. 하지만 지속가능한 건강한 사회를 위해서는 다른 액체도 필요하다. 이 중 일부는 놀라울 정도다. 액체 유리가 그렇다. 많은 음식과 음료가 유리에 보존되어 운반된다. 유리는 그 용도에 맞는 훌륭한 재료다. 화학적으로 불활성인 유리는 병이나 단지의 내용물과 반응하지 않기 때문에 제품이 더 오래 지속되게 한다. 하지만 유리는 깨지고, 깨지면 다른 용기로 만들기 위해 다시 액체로 녹여야 한다. 이런 과정은 수천 년 동안 계속되어 왔다. 바로 폐기물을 재사용하는 순환 시스템이다.

이렇게 음식과 음료 용기의 재료로 사용되는 유리도 단점이 있다. 유리는 밀도가 높아 전 세계로 운반하는 데 많은 에너지가 소요된다. 또 녹는점이 너무 높아 다시 녹이는 데에도 많은 에너지가 필요하다. 이 두 가지 요인 때문에, 주로 화석 연료를 태워 동력을 얻는 현재 지구에서 유리 용기는 결국 기후 변화로 인한 문제를 악화시킨다.

따라서 20세기에는 더 가볍고 유연한, 그리고 새로운 포장재로 재용융remelt하는 데 훨씬 적은 에너지가 필요한 플라스틱 포장재가 각광을 받기 시작했다. 물론 이것은 이론일 뿐이다. 현실은 상당히 다르다. 지금까지 다양하고 많은 포장 플라스틱이 개발되었는데, 각각 식품과 액체, 전자

제품 등을 보존하고 포장하는 능력이 대단했다. 아무도 생각하지 못했던 것은 이 플라스틱이 모두 수집되어 재활용되고 녹았을 때 어떻게 될지에 대한 것이었다. 이 플라스틱 혼합물은 원래의 기능을 수행할 수 없는, 질이 떨어지는 플라스틱을 만든다. 플라스틱을 구성하는 탄화수소 분자들은 각각 그 종류에 따라 특정한 방식으로 화학적 결합을 이루기 때문이다. 이 결합은 플라스틱 내부의 강도, 탄성 및 투명성을 결정하는 특정 구조를 만든다. 그래서 서로 다른 플라스틱을 함께 녹이게 되면 결국 엉망진창이 된다. 이와 같이 플라스틱을 다시 사용하려면 신중하게 처리해야 한다. 일반적으로 사용되는 플라스틱의 종류는 200개가 넘고, 시중에 나와 있는 많은 품목은 화려한 배색의 두세 가지 다른 플라스틱으로 포장되어 있어 플라스틱을 분리하는 것은 비용이 많이 드는 작업이 되었다. 우리는 플라스틱을 액화시켜 지속 가능한 시스템을 만들 방법을 아직 찾지 못했다.

유감스럽게도 플라스틱 포장의 대부분은 전 세계적으로 재활용되지 않으며, 이는 끊임없이 환경 재해를 일으키고 있다. 매립지에는 플라스틱이 넘쳐나고, 가볍게 만들어진 플라스틱 포장재는 바람에 쉽게 옮겨진다. 플라스틱은 떠다니기 때문에 강에 도달하면 결국 바다와 대양으로 이동하여 생태계를 오염시킨다. 이러한 상황은 점점 더 빠른 속도로 일어나고 있다. 현재 속도로 보면 2050년에는 바다에 물고기보다 더 많은 플라스틱이 있을 것으로 추정되고 있다.

플라스틱 포장 문제에 대한 쉬운 답은 없다. 이미 언급했듯이 유리를 사용하려면 많은 에너지가 필요한데, 이 에너지가 재생 가능한 자원으로 생성되지 않는 한 이러한 에너지 사용은 지속될 수 없다. 종이가 플라스틱을 대체할 수 있지만, 플라스틱보다 에너지와 물을 더 많이 사용한다는 단점이 있다. 결국 포장을 덜 하는 것이 현실적인 해결책이다. 그러나 대부분의 농업과 제조업의 경우 물 사용이 많은데, 이처럼 포장을 덜 해도 폐기물이 많아진다면 이러한 상황은 전 세계의 물과 식량 공급에 더 많은 압력을 가할 수 있다. 이렇게 우리는, 액체가 흔히 그렇듯 지속 가능한 포장 시스템의 문제가 한 바퀴 돌아 제자리로 왔다는 것을 보게 된다.

그래서 나는 이번에 참가하는 지속 가능한 기술에 관한 학회에 많은 것을 기대하고 있었다. 여기에 참석하기 위해 8,000km를 비행한 것이다. 참석자들은 스스로 회복하는 도시와 3D 프린팅 타르에 대한 우리의 연구에 관심이 있을까? 아니면 물의 염분을 제거하는 더 저렴한 방법, 또는 지속 가능한 포장재를 만드는 것들 중 어느 것에 더 초점을 맞출까? 어느 쪽이든 액체의 거동을 이해하는 것이 필수적이라는 것을 나는 알고 있었다. 그리고 시계를 보았다. 학회의 개막 강연이 곧 시작될 예정이었다. 나는 시차를 이기기 위해 얼굴에 물을 뿌린 다음 컨벤션 센터로 내려갔다.

센터에 도착했을 때 예상치 못한 것을 보게 되었다. 수잔이 무대로 성큼성큼 걸어가고 있는 것이었다. 눈이 머리에서 튀어나올 뻔했다. 그녀 옆에 앉아 11시간을 보냈는데, 그녀가 엔지니어였다니! 심지어 그녀는 그저 학회에 참석한 한 엔지니어가 아니라, 내가 세계 반 바퀴를 돌아 참석하려 한 바로 이 학회의 기조연설자였다. 그녀는 우리가 직면해 있는 복잡한 세계의 지속 가능성 문제에 대해 누구보다 똑부러지고 폭넓게 이야기했다. 하지만 나는 비행기에서 그녀와 대화 한 번 시도하지 않은 나 자신에게 너무 화가 나 연설에 집중하기가 어려웠다.

수잔의 발표가 끝나자 나는 그녀에게 다가가 이야기를 나누고 싶어 견딜 수가 없었다. 그녀가 주변을 가득 메운 다른 사람들을 참을성 있게 상대하는 동안 나는 줄을 서서 기다려야 했다. 내 차례가 오자 나는 미소를 지으며 쿨한 척했다. "멋진 발표였어요." 그녀는 자신을 어떻게 아는지 알아내려고 잠시 어리둥절한 표정으로 바라보다 딱 하는 소리를 냈다. "펜을 돌려받고 싶으시겠죠." 그녀가 말했다.

흐르는 것들의 과학

Epilogue

수 상 한
액체의 미래

LIQUID

epilogue: 에필로그

이 책을 여기까지 읽어 온 당신에게,
이런 액체의 거동이 그리 놀랍게 느껴지지는 않기를 바란다.

런던에서 샌프란시스코로 가는 나의 여행 이야기가 이것 하나는 보여주었기를 바란다. 바로 우리가 등유에서 커피, 에폭시에서 액정에 이르기까지 수많은 액체를 이해하고 통제할 수 있기 때문에 하늘로의 비행이 가능하고, 비행을 즐겁게 즐길 수도 있게 되었다는 것 말이다. 언급하지 못한 액체가 많지만, 모든 것을 너무 포괄적으로 다루려고 하지는 않았다. 대신 이 책에서는 액체와의 관계를 그려보고자 했다. 수천 년 동안 우리는 이 매혹적이지만 불길하고, 상쾌하지만 칙칙하고, 생명을 주면서도 폭발적이고, 맛있지만 독성이 있는 액체의 상태를 파악하려고 노력해왔다. 지금까지 우리는 액체의 힘을 활용하면서도 그 위험으로부터 우리 자신을 보호해왔다(쓰나미와 해수면 상승에도 불구하고). 앞으로 우리의 미래도 과거처럼 액체로 가득 차겠지만, 그만큼 액체와의 관계는 더욱 깊어질 것이다.

의료를 예로 들어보자. 대부분의 의료 검사에는 질병을 진단하거나 건강을 모니터하는 데 사용할 혈액이나 타액의 샘플이 필요하다. 이런 검사는 거의 항상 실험실에서 해야 하는데, 시간이 많이 걸리고 비용도 많이 든다. 또한 의료 검사를 받으려면 의사나 병원을 방문해야 하는데, 의료자원이 부족한 나라에서는 이것이 항상 가능한 것은 아니다. 그러나 '랩온어칩lab-on-a-chip'이라는 신기술이 이 모든 것을 바꿔놓아, 미래에는 가정에서의 진단이 거의 즉각적이고 저렴하게 이루어지게 될 가능성이 높다.

'랩온어칩' 기술을 사용하면 자신의 체액 샘플을 채취한 뒤 작은 기계에 공급하여 샘플의 생화학적 성분을 검사할 수 있다. 이 칩들은 실리콘 마이크로칩이 디지털 정보를 처리하는 것과 같은 방식으로 액체를 처리한다. 이때 혈액이나 다른 체액은 일련의 미세한 내부 튜브로 향하게 되는데, 이 튜브는 다양한 분석을 위해 액체 방울을 여러 방향으로 내보낸다. 이 칩들은 아직 초기 단계지만, 앞으로 몇 년 동안 더 많은 발전을 거듭할 것이다. 심장병에서 세균감염, 초기 암에 이르기까지 모든 것을 진단할 수 있는 잠재력을 가진 이 칩들은 IT산업에서 본 것과 유사한 의료기술 혁명의 선두에 있을 가능성이 높다. 하지만 이번에는 그 혁명의 중심이 액체가 될 것이다.

'랩온어칩' 기술이 작동하려면 작은 액체 방울을 이동시키고 조작할 수 있는 메커니즘이 있어야 한다. 생물학적 유기체는 이 메커니즘의 달인이다. 비가 내리는 동안 정원에 들어가면 잎이 물을 아주 효과적으로 밀쳐내어 빗방울이 튕겨나가는 것을 볼 수 있다. 예를 들어 연잎은 초소수성superhydrophobic 성질을 갖고 있는 것으로 오래전부터 알려졌으나, 전자현미

흐르는 것들의 과학

경으로 잎 표면이 특이하다는 것을 밝혀낸 최근에 이르기까지 아무도 그 이유를 몰랐다. 우리의 의심대로 연잎은 물을 밀쳐내는 왁스와 같은 물질로 코팅되어 있는데, 놀랍게도 이 물질은 수십억 개의 작은 미세한 돌기 형태로 표면에 배열되어 있었다. 이 왁스질 표면에 물방울이 떨어지면 물방울은 물방울과 표면 사이의 높은 표면장력 때문에 접촉 면적을 최소화하려고 한다. 연잎의 돌기는 이 왁스질 영역을 급격히 증가시켜 물방울이 돌기의 끝 부분에 위태롭게 자리 잡게 한다. 이 상태에서 물방울은 자유롭게 움직이게 되고 작은 먼지 입자를 모아 잎에서 빠르게 미끄러지면서 미니 진공청소기처럼 잎을 청소하게 된다. 반짝이고 깨끗한 연잎의 비밀은 바로 이것이었다.

물질을 초소수성으로 만들기 위해 표면을 조작하는 것은 앞으로 몇 년 안에 큰 사업이 될 것 같다. 이렇게 되면 '랩온어칩' 기술의 액체 방울을 내부 튜브로 안내하는 것뿐만 아니라 다른 많은 일도 할 수 있게 된다. 예를 들어 창문에 물이 달라붙지 않도록 해서 연잎처럼 깨끗하게 유지할 수 있을 것이다. 또 옷에 떨어지는 물을 거둬들여 작은 튜브를 통해 수집 주머니로 운반하고, 나중에 그 물을 마실 수도 있는 방수복을 개발할 수도 있다. 이 디자인은 온몸에 가시가 많은 도깨비도마뱀^{Thorny Devil}에게서 영감을 받은 것으로, 이 도마뱀은 피부에 떨어지는 빗물을 모은 다음 작은 수로의 모세관 유동을 통해 빗물을 처리하여 수분을 얻는다.

정기적으로 깨끗한 물을 공급받지 못하는 수십억 명의 사람들에게 이러한 물 수집 기술의 잠재력은 엄청나다. 특히 값싼 물 여과 기술을 숙달한다면 말이다. 이를 위해 새롭게 뜨고 있는 물질로 산화그래핀이 있는데,

∴ 가시가 많은 도깨비도마뱀은 소수성 물질과 모세관 유동을 이용해 피부를 통하여 물을 수집한다.

이것은 탄소와 산소 원자로 이루어진 2차원 구조로 되어 있다. 막의 형태로 되어 있는 산화그래핀은 대부분의 화학 분자에 장벽층으로 작용하지만 물 분자는 쉽게 통과시킨다. 그래서 이것은 일종의 분자로 된 체molecular sieve와 같다. 이 물질은 매우 효과적이고 값싼 정수 필터를 만들 수 있으며, 심지어 바닷물을 마실 수 있게 할 수도 있다.

알다시피 물은 생명을 주는 물질이며, 물이라는 액체가 존재하기 때문에 지구상의 생명체가 아주 단순한 화학 구조에서 우리를 구성하는 복잡한 세포로 진화할 수 있었다는 것이 일반적인 견해다. 하지만 이건 어디까지나 가설이다. 어떻게 그런 일이 일어났는지 확실히는 모른다. 전 세계과학자들은 40억 년 전 지구에서 생명체가 진화했을 때 존재했던 화학적 조건을 재현해 실험을 하고 있다. 현재로서 생명은 심해의 밑바닥에서 시작됐을 가능성이 가장 높다. 그곳의 열 배출구는 우리 세포에서 발견되는

흐르는 것들의 과학

다양한 성분을 가진 복잡한 화학 수프를 만들어 낸다. 21세기가 지나면서 이러한 지역과 심해를 탐험하는 것은 우리에게 중요한 개척 분야가 될 것이다. 우리가 달 표면보다 우리의 바다 밑바닥에 대해 알고 있는 것이 더 적다는 사실이 신기할 정도다.

바다 깊은 곳이 우리가 앞으로 나아갈 물리적 개척지라면, 두 개의 혁신적인 계산 기술은 이미 수면 위로 떠오르고 있는 중이다. 이 두 기술 모두 액체에 의존하고 있다. 세포와 컴퓨터는 모두 정보를 계산하지만 전혀 다른 방식으로 계산한다. 세포는 화학 반응을 통해 DNA에 저장된 정보를 계산하여 활동하고 증식한다. 그러나 실리콘 기반의 컴퓨터는 컴퓨터 프로그램에서 해독되어 들어오는 전기 신호에 반응하는 수십억 개의 고체 트랜지스터가 들어있는 칩을 읽는다. 이 신호들은 디지털 컴퓨터의 이진 언어인 일련의 1과 0을 통해 전달된다. 트랜지스터는 1과 0의 흐름에 논리 회로를 적용하여 그 결과를 다시 1과 0의 형태로 계산하고 컴퓨터 칩의 다른 부분으로 이동시킨다. 아주 기초적인 것처럼 느껴질 수 있지만, 초당 수십억 개의 간단한 계산을 함으로써 체스 그랜드마스터를 꺾거나, 달로 가는 로켓의 궤적을 계산하는 정도의 정교한 계산을 수행할 수 있다.

세포는 무언가를 계산할 때 트랜지스터 대신 화학 반응을 사용한다. 1과 0 대신 분자를 사용해 계산하고 통신한다. 트랜지스터나 와이어는 없고, 세포 내부를 돌아다니는 액체의 화학 반응만 있다. 이러한 화학 반응은 세포 전체에서 엄청나게 빠르게 동시에 발생하여 소위 병렬 컴퓨팅 시스템이 매우 효율적으로 만들어지는 셈이다. 관련된 분자들도 모두 매우 작다. 액체 한 방울에 10해(10^{21}) 개의 분자(1,000,000,000,000,000,000,000)

를 거뜬히 담을 수 있는데, 이는 계산력과 기억력의 어마어마한 잠재적 원천이 된다.

과학자들은 DNA를 이용해 액체 컴퓨터를 만드는 데 이 과정을 모방하려고 한다. 특히 DNA를 조작하고 시험관에서 계산하는 방법이 점점 더 정교해지고 쉽게 이용 가능해지면서 이 작업은 빠르게 발전하고 있다. 2013년 연구자들은 큰 이정표를 세웠는데, 디지털 사진의 데이터를 액체에 저장한 다음 그 데이터를 검색하는 데 성공했다. 이를 통해 새로운 패러다임의 컴퓨터가 만들어질 것이며, 앞으로는 모든 데이터를 액체 한 방울에 저장할 수 있을 것이다.

액체 컴퓨팅은 현재 개발 중인 놀라운 계산 시스템들 중 단연 선두주자다. 두 번째는 이진수 1과 0의 양자 버전에 의존하는 양자 컴퓨팅이다. 양자 컴퓨팅은 양자 역학의 법칙을 이용하여 이벤트의 모든 가능한 결과가 동시에 존재할 수 있게 한다. 즉, 계산이 완료될 때까지 정보를 나타내는 '1'과 '0'이 한꺼번에 컴퓨터에 저장된다. 따라서 어떤 문제에 대한 모든 가능한 답을 한 번에 계산하여 계산 속도를 크게 높일 수 있다. 이미 이런 작업을 수행할 수 있는 기계가 있기는 하지만 여전히 꽤 초보적이다. 하지만 한 가지는 확실하다. 그 기계들은 모두 매우 차가운 온도에 의존하여 작동하는데, 이는 매우 특별한 액체인 액체 헬륨의 도움으로만 도달할 수 있는 온도다.

헬륨은 -269℃로 냉각될 때까지 기체 상태로 남아 있는 가스다. 그리고 절대 영도보다 4.15℃ 높은 이 온도에서 헬륨은 액체로 변한다. 다행히도 우리는 이미 병원의 장비 덕분에 액체 헬륨을 어떻게 사용할지를 알고

흐르는 것들의 과학

있다. 뇌, 엉덩이, 무릎 또는 발목 부상을 입었거나 암 진단을 받은 적이 있다면 MRI 스캔을 받은 적이 있을 것이다. 여기에 초냉각 액체인 헬륨이 없었다면 모든 현대 병원에 필수적인 진단 도구는 작동을 멈췄을 것이다. 액체 헬륨의 차가운 온도는 MRI 기계가 인체 내부 자기장의 작은 변화를 정확하게 감지해 내부 장기를 그려볼 수 있게 한다. 불행히도 헬륨은 우주에서 가장 풍부한 원소 중 하나이지만 지구상에는 매우 드물게 존재한다. 병원에서의 액체 헬륨 부족 현상은 이제 꽤 흔히 볼 수 있으며, 서서히 공급이 바닥나고 있다. 이에 대해 지질학자들은 지구의 지각에서 새로운 헬륨 공급원을 끊임없이 찾고 있지만(보통 천연가스에서 발견된다), 그 중요성이 커지면서 이 중요한 물질의 가격은 지난 15년간 500%나 올랐다.

액체 헬륨은 유용하지만, 또한 상당히 통제하기가 어렵다. 액체 헬륨은 MRI 기계를 -269℃까지 성공적으로 냉각시킬 수 있지만, -272℃까지 몇 도만 더 냉각시키면 초유체superfluid 상태로 들어간다. 이 상태에서 액체의 모든 원자는 단일 양자 상태를 차지하는데, 수십억 개의 헬륨 분자가 마치 단일 분자인 것처럼 작용하여 액체에 특이한 힘을 부여한다. 예를 들어 점도가 없기 때문에 용기 밖으로 스스로 흘러나온다. 심지어 고체가 가진 원자 크기의 결함을 따라 고체 물질로도 흘러들어갈 것이다.

이 책을 여기까지 읽어온 당신에게, 이런 액체의 거동이 그리 놀랍게 느껴지지는 않기를 바란다. 액체는 이중성을 가지고 있다. 기체도 고체도 아니라 그 사이에 있는 무언가다. 한편으로는 흥미진진하고 강력하지만 다른 한편으로는 무법자이고 조금은 무서운 편이다. 그게 그들의 본성이다. 그럼에도 불구하고 액체를 통제하는 우리의 능력은 인류에게 긍정적인 영향을 미쳤다. 장담하건대, 21세기 말쯤이면 '랩온어칩'의 의료 진단 과 값싼 물의 정화 과정을 되돌아보면서 우리는 액체를 기대 수명을 연장 하고 집단 이주와 갈등을 예방하는 주요 발명품으로 환영할 것이다.

그때쯤이면 화석 연료, 특히 등유를 태우는 일과 작별 인사를 했으면 좋겠다. 등유는 우리에게 값싼 세계 여행과 화창한 휴일, 흥미진진한 모험 이라는 선물을 주었지만, 그만큼 지구 온난화를 일으키는 주범이라는 점 을 무시하기에는 문제가 너무 크다. 그렇다면 이를 대신할 액체는 무엇일 까? 그게 무엇이든 간에, 비행 전 안전 브리핑은 계속되지 않을까? 어쩌면 구명조끼나 산소마스크, 안전벨트 등의 소품은 더 이상 필요하지 않을지 도 모른다. 하지만 위험하고 즐거운 액체의 힘을 축하하기 위한 의식은 여 전히 필요할 것이다.

흐르는 것들의 과학

감사의 말

　편집자인 대니얼 크레위와 나오미 깁스에게 깊은 감사를 전한다. 이들은 인내심을 갖고 나를 지지해주었고, 비판적이고 날카롭게 원고를 살펴주었으며, 나의 비행 전 안내방송에 대한 집착을 참아주었다.

　나는 메이킹연구소에서 과학자, 예술가, 제작자, 기술자, 고고학자, 디자이너, 인류학자들과 함께 일한다. 그들 모두는 이 책을 만드는 데에 어떤 식으로든 도움을 주었다. 팀 전원의 우정과 지지에 감사를 전하고 싶다: 조 래플린, 마틴 고린, 엘리 도니, 사라 윌크스, 조지 워커, 대런 엘리스, 로메인 무니에, 네콜 슈미츠, 엘리자베스 콜빈, 사라 브라우어, 베스 먼로, 그리고 애나 폴로자스키.

　메이킹연구소는 다양한 학문 전반에 걸쳐 가르침과 연구를 양성하는 유니버시티칼리지런던의 일부이다. 수많은 동료가 이곳을 지적으로 활기

차게 만들고 있으며, 그중에서도 다음 사람들에게 감사를 전하고 싶다: 버즈 바움, 안드레아 셀라, 기욤 차라스, 야니스 벤티코스, 마이칼 라일리, 마크 리스고, 헬렌 체르스키, 레베카 쉬플리, 데이비드 프라이스, 닉 타일러, 매슈 보먼트, 나이젤 티슈너후커, 마크올리비에 코펜스, 파올라 레티에리, 앤소니 핑클스타인, 폴리나 베이블, 캐시 홀로웨이, 리처드 캐틀로우, 닉 레인, 아라시 프라사드, 매니시 티웨어, 리차드 잭슨, 마크 랜슬리와 벤 올드프레이.

영국은 특히 활기찬 과학과 공학 공동체를 가지고 있으며, 오랜 세월 동안 그 일부가 된 것은 즐거운 일이다. 다음 사람들의 지지에 감사하고 싶다: 마이크 애슈비, 애틴 도널드, 몰리 스티븐스, 피터 헤인즈, 아드리안 서튼, 크리스 로렌즈, 제스 웨이드, 제이슨 리스, 라울 푸엔테스, 필 퍼넬, 롭 리차드슨, 이아인 토드, 브라이언 더비, 마커스 듀사토이, 짐 알칼릴리, 알롬 샤하, 알록 자, 올리비아 클레멘스, 올림피아 브라운, 게일 카드류, 수즈 쿤두, 안드레스 트레티아코프, 알리스 로버츠, 그렉 풋, 티만드라 하크네스, 지나 콜린스, 로저 하이필드, 비비엔 페리, 한나 데블린과 리스 모건.

이 책이 자리를 잡기까지 여기에 조언을 더해준 사람들에게 특별한 감사를 전하고 싶다: 이안 해밀튼, 샐리 데이, 존 코미시, 리스 필립스, 클레어 프팃과 사라 윌크스, 안드레아 셀라, 필립 볼, 소피 미오도닉, 아론 미오도닉, 버즈 바움과 엔리코 코엔은 모두 이 책의 초안을 읽고 나에게 매우 유용한 피드백을 전해주었다.

이 책을 처음 시작하게 도와준 저작권 담당자 피터 탈락과 책 제작에 도움을 준 펭귄랜덤하우스의 팀에게도 감사를 전하고 싶다.

랄 히치콕, 조지 라이트와 다이앤 스토리가 보내준 지지와 책을 집필하며 도싯 지역에서 함께 보낸 많은 즐거웠던 날들에게 감사한다.

내 아이들인 라즐로와 아이다가 공유해준 액체에 대한 경계 없는 열정에 감사를 전한다. 이들은 책의 즐거운 실험 부분을 함께해주었다.

마지막으로, 내 사랑 루비 라이트에게, 나의 편집장이자 창조적 열망의 대상이 되어줌에 감사한다.

Ball, Philip, *Bright Earth: Art and the Invention of Colour*, Vintage Books (2001)

(**한국어판** : 필립 볼 지음, 서동춘 옮김, **브라이트 어스**, 살림, 2013)

Faraday, *Michael, The Chemical History of a Candle*, Oxford University Press (2011)

(**한국어판** : 마이클 패러데이 지음, 이은경 옮김, **촛불 하나의 과학**, 인간희극, 2019)

Fisher, Ronald, The Design of Experiments, Oliver and Boyd (1951)

Jha, Alok, *The Water Book*, Headline (2016)

Melville, Herman, *Moby-Dick*, Penguin Books (2001)

(**한국어판** : 허먼 멜빌 지음, 김석희 옮김, **모비 딕**, 작가정신, 2011)

Mitov, Michel, Sensitive Matter: Foams, Gels, Liquid Crystals, and Other Miracles, Harvard University Press (2012)

Pretor-Pinney, Gavin, *The Cloudspotter's Guide*, Sceptre (2007)

(한국어판 : 개빈 프레터피니 지음, 김성훈 옮김, **구름 읽는 책**, 도요새, 2014)

Roach, Mary, *Gulp: Adventures on the Alimentary Canal*, Oneworld (2013)

(한국어판 : 메리 로치 지음, 최가영 옮김, **꿀꺽, 한 입의 과학**, 을유문화사, 2014)

Rogers, Adam, *Proof: The Science of Booze*, Mariner Books (2015)

(한국어판 : 아담 로저스 지음, 강석기 옮김, **프루프**, MID, 2015)

Salsburg, David, *The Lady Tasting Tea: How Statistics Revolutionized Science in the Twentieth century*, Holt McDougal (2012)

Spence, Charles, and Bentina Piqueras-Fiszman, *The Perfect Meal: The Multisensory Science of Food and Dining*, Wiley–Blackwell (2014)

Standage, Tom, *A History of the World in Six Glasses*, Walker (2005)

Vanhoenacker, Mark, *Skyfaring: A Journey with a Pilot*, Chatto & Windus (2015)